普通高等教育船舶与海洋工程学科“十三五”规划系列教材

动力机械振动与噪声控制

主　编　杨农林

华中科技大学出版社
中国·武汉

内 容 简 介

本书从帮助船舶与海洋工程专业和动力机械工程专业的大学生掌握振动与噪声控制基本理论出发，系统地介绍了单自由度系统、二自由度系统、多自由度系统、振动主动控制技术、隔振与吸振装置设计、结构振动基础、声波波动方程、声源模型及声场特性、机械噪声控制基本原理等内容。

本书可作为普通高校相应专业的教材，也可供从事相关工程的技术人员参考。

图书在版编目(CIP)数据

动力机械振动与噪声控制/杨农林主编. —武汉：华中科技大学出版社，2018.12(2023.1 重印)
普通高等教育船舶与海洋工程学科“十三五”规划系列教材
ISBN 978-7-5680-4786-9

Ⅰ.①动…　Ⅱ.①杨…　Ⅲ.①动力机械-机械振动-高等学校-教材　②动力机械-噪声控制-高等学校-教材　Ⅳ.①TB533

中国版本图书馆 CIP 数据核字(2018)第 271448 号

动力机械振动与噪声控制　　　　杨农林　主编
Dongli Jixie Zhendong yu Zaosheng Kongzhi

策划编辑：万亚军
责任编辑：戢凤平
封面设计：原色设计
责任监印：周治超
出版发行：华中科技大学出版社(中国·武汉)　　电话：(027)81321913
　　　　　武汉市东湖新技术开发区华工科技园　　邮编：430223
录　　排：华中科技大学惠友文印中心
印　　刷：武汉邮科印务有限公司
开　　本：787mm×1092mm　1/16
印　　张：9.5
字　　数：249 千字
版　　次：2023 年 1 月第 1 版第 2 次印刷
定　　价：38.00 元

華中出版

普通高等教育船舶与海洋工程学科“十三五”规划系列教材

序

海洋是孕育生命的“摇篮”，也是养育生命的“牧场”，人类社会发展的历史进程与海洋息息相关。自古以来，人类在利用海洋获得“鱼盐之利”的同时，也获得了“舟楫之便”，仅海上运输一项，就占到了目前国际贸易总运量中的2/3以上。而今，随着科学技术的发展，海洋油气开发、海洋能源开发、海水综合利用和海洋生物资源开发及保护等拉开了21世纪——海洋新世纪的帷幕。传统的船舶工程因海洋开发而焕发青春，越来越明朗地成为21世纪一道亮丽的风景线。

船舶与海洋工程学科是一个有着显著应用背景的学科。大型船舶和海上石油钻井平台是这个学科工程应用的两个典型标志。它们就如同海上的城市，除了宏大的外观，其上也装备有与陆地上相类似的设施，如电站及电网系统、起吊设备、生活起居设施、直升机起降平台等，还装备有独特的设施，如驾控室、动力装置、推进系统、锚泊设备等。因此，该学科与其他相关学科有着密切的联系，如土木工程、动力工程及工程热物理、机械工程、电气工程、控制科学与工程等学科。将现代化的船舶与海洋工程的产品称为集科技大成之作，毫不夸张。

为了满足船舶与海洋工程学科本科生的学习需要，我们在多年教学、科研工作的基础上，参考兄弟院校的相关教材及国内外有关资料文献，编写了本系列教材。本系列教材涵盖了船舶与海洋工程专业和轮机工程专业的主要学习课程，包括船舶与海洋工程概论、轮机工程概论、船舶流体力学、船舶设计原理、船舶与海洋工程结构力学、船舶摇摆与操纵、海洋平台设计原理、海洋资源与环境、舰船电力系统及自动装置、船舶动力装置原理与设计、深海机械与电子技术、舰船液压系统等。本系列教材的编写，旨在为船舶与海洋工程学科相关专业的本科生提供系统的学习教材，同时也向从事造船、航运、海洋开发的科技工作者及对船舶与海洋工程知识有兴趣的广大读者提供一套系统介绍船舶与海洋工程知识的参考书。

教材建设是高校教学中的基础性工作，也是一项长期的工作，需要不断吸取人才培养模式和教学改革成果，吸取学科和行业的新知识、新技术、新成果。本套教材的编写出版只是近年来华中科技大学船舶与海洋工程学院教学改革的初步总结，还需要各位专家、同行提出宝贵意见，以进一步修订、完善，不断提高教材质量。

华中科技大学船舶与海洋工程学科规划教材编写组

2018年6月

前　言

降低动力机械产品的振动和噪声，是开发现代高性能船舶面临的重要课题。同时，提高海军舰艇尤其是潜艇的隐身性，对增强其作战能力与生存能力具有重要作用。振动与噪声控制是高等院校中船舶与海洋工程专业及动力机械工程专业的主干课程。现有的有关教材，大多侧重介绍振动的知识，而对如何控制振动介绍不多，对一些新的振动分析工具较少提及。本书将振动与噪声基础和控制理论结合起来，并以振动的主动控制为对象，系统介绍了从振动机理到控制的一整套方法。作为理论的应用，本书还重点讲述了船舶动力装置的隔振与吸振系统。通过一些例题分析，介绍了现代的计算技术如 Matlab、Ansys 等在振动分析中的应用。

全书共 9 章。第 1 章介绍单自由度系统；第 2 章介绍二自由度系统；第 3 章介绍多自由度系统；第 4 章介绍振动主动控制技术；第 5 章介绍隔振与吸振装置设计；第 6 章介绍结构振动基础；第 7 章介绍声波波动方程；第 8 章介绍声源模型及声场特性；第 9 章介绍机械噪声控制基本原理。

本书由杨农林担任主编，杨昀参与了本书资料的收集、整理以及部分文稿的翻译和审阅。本书可作为普通高校船舶与海洋工程和动力机械工程等相关专业的教材，也可供从事相关工程的技术人员参考。

本书在华中科技大学船舶与海洋工程学院领导的大力支持下编写而成，并承蒙多位同行的帮助，谨在此一并表示谢意。限于编者的学识和水平，加上振动与噪声控制技术的不断发展，书中疏漏和不妥之处在所难免，敬请读者批评指正。

编者

2018 年 6 月于华中科技大学

主要符号表

A	振幅,面积,吸声量
B	空气绝热体积弹性模量,滤波器带宽
$[C]$	阻尼矩阵
c	黏性阻尼系数,声速
D	耗散函数
E	材料杨氏模量,电动势
F	外力
$H(s)$	传递函数
I	冲量,声强
k	波数,刚度
$[K]$	刚度矩阵
L	级
$[M]$	质量矩阵
$\mathscr{M}$	放大因子
P	阻尼耗散能,声场绝对压力
p	声压
r	声压反射系数
s	传递率,断面形状系数
T	力矩,张力,绝对温度
T_{60}	混响时间
U	势能,声场体积速度
u	声场质点振动速度
$[u]$	振型矩阵
V	体积,动能
W	广义力的功,声功率
$[W]$	刚度动力矩阵
X	声抗
Z	声阻抗
Z_s	声阻抗率
α	吸声系数,剪切因子
β	剪切损耗因子
δ	对数衰减率
Δ	弹簧静伸长量,摩擦位移
ω	频率
$\bar{\omega}$	频率比

ζ	阻尼比
η	损耗因子
λ	特征值,波长
μ	振幅比,摩擦系数,质量比
ν	泊松比
ρ	密度
τ	周期,声透射系数
ψ	隔振效率
γ	比热比
ε	声能密度

下标：

A	声
c	临界
d	阻尼
e	等效
f	摩擦力

目　　录

第 1 章　单自由度系统

1.1　单自由度系统自由振动

本节讨论一定初始干扰条件(这种干扰可以是初始位移、初始速度或两者兼有)下系统根据自身固有特性维持的自由振动。考虑如图 1.1.1 所示的弹簧-质量系统，单自由度系统自由振动的微分方程为

$$m\ddot{x} + c\dot{x} + kx = 0 \tag{1.1.1}$$

下面将从方程(1.1.1)出发，讨论系统做自由振动的特性及对初始干扰的响应。

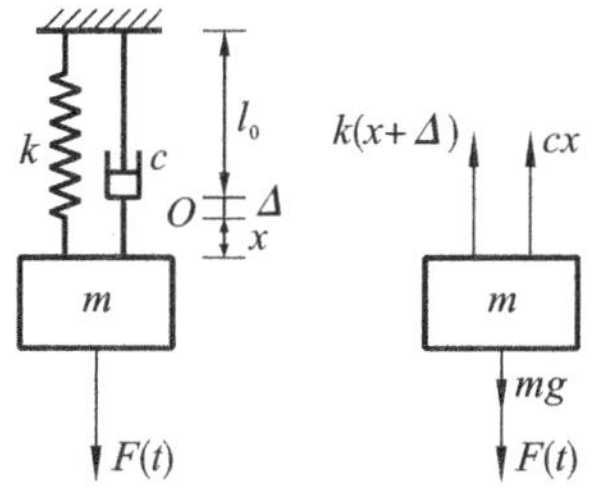

图 1.1.1　弹簧-质量系统

1.1.1　无阻尼系统的振动特性

1. 振动微分方程的解

当单自由度系统中没有阻尼元件时，振动微分方程为

$$m\ddot{x} + kx = 0 \tag{1.1.2}$$

方程(1.1.2)是最简单的二阶齐次常系数线性微分方程，可以设方程的解为 $x(t)=ce^{st}$，代入方程(1.1.2)得特征方程

$$ms^2 + k = 0 \tag{1.1.3}$$

记 $k/m=\omega_n^2$，由特征方程(1.1.3)可得特征值 $s_{1,2}=\pm i\omega_n$，方程(1.1.2)的解可写成

$$x(t) = c_1\cos\omega_n t + c_2\sin\omega_n t = R\cos(\omega_n t - \varphi) \tag{1.1.4}$$

当系统的初始条件为 $x(0) = x_0$，$\dot{x}(0) = \dot{x}_0$ 时，待定常数 c_1、c_2、R 和 φ 分别为

$$c_1 = x_0,\quad c_2 = \dot{x}_0/\omega_n,\quad R = \sqrt{x_0^2 + (\dot{x}_0/\omega_n)^2}$$

$$\varphi = \begin{cases} \arctan\dfrac{\dot{x}_0}{x_0\omega_n}, & x_0 > 0 \\ \pi + \arctan\dfrac{\dot{x}_0}{x_0\omega_n}, & x_0 < 0 \end{cases} \tag{1.1.5}$$

位移 $x(t)$ 随时间变化的规律如图 1.1.2 所示。

2. 振动特性

考察式(1.1.4)和式(1.1.5)的物理意义，可以把单自由度系统无阻尼自由振动的特性归

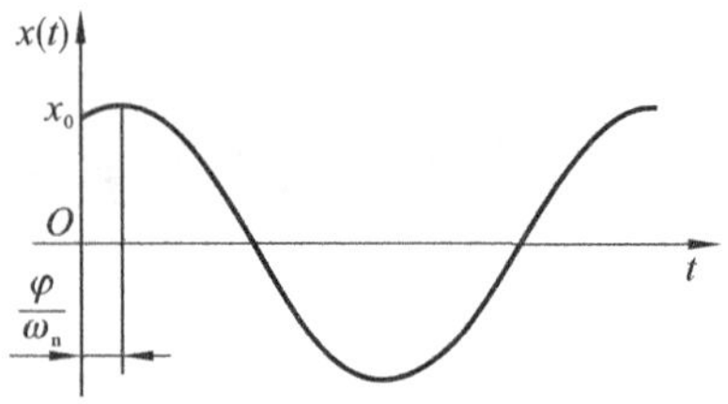

图 1.1.2　$x(t)$随时间的变换规律

纳为：

(1) 简谐振动。无阻尼单自由度系统受到初始干扰后做简谐振动。

(2) 固有频率。系统固有圆频率的表达式为

$$\omega_n = \sqrt{\frac{k}{m}} \tag{1.1.6}$$

系统固有频率为

$$f_n = \frac{1}{2\pi}\sqrt{k/m} \tag{1.1.7}$$

系统振动的周期为

$$\tau_n = 2\pi\sqrt{m/k} \tag{1.1.8}$$

其中，ω_n、f_n 和 τ_n 的单位分别是 rad/s、Hz 和 s。

从式(1.1.6)～式(1.1.8)可以看出，无阻尼单自由度系统做自由振动时，固有频率只与系统本身元件的参数有关，即系统固有频率的平方与系统的等效刚度成正比，与系统的等效质量成反比。系统振动周期的平方与系统的等效质量成正比，与系统的等效刚度成反比。因为系统的等效质量越大，在同样弹性回复力下加速度越小，回到平衡位置所需的时间越长；若系统的等效质量相同，系统等效刚度越小，在同样位移下弹性回复力越小，加速度也越小，回到平衡位置所需的时间也越长。

1.1.2　黏性阻尼系统的振动特性

1. 振动微分方程的解

具有黏性阻尼的单自由度系统做自由振动时，微分方程式同方程(1.1.1)，即 $m\ddot{x}+c\dot{x}+kx=0$ 。根据微分方程解的理论，可设方程(1.1.1)的解为

$$x = Ae^{st} \tag{1.1.9}$$

把式(1.1.9)代入方程(1.1.1)，得到特征方程

$$ms^2 + cs + k = 0 \tag{1.1.10}$$

特征值为

$$s_{1,2} = -\frac{c}{2m} \pm \sqrt{\frac{c^2}{4m^2} - \frac{k}{m}} \tag{1.1.11}$$

定义　临界阻尼系数 c_c 为使系统特征方程(1.1.11)具有两个相同实根(即式(1.1.11)中的根式值为零)时的阻尼系数，即

$$c_c = 2\sqrt{mk} \tag{1.1.12}$$

定义　系统无量纲的阻尼比或阻尼因子 ζ 为阻尼系数与临界阻尼系数之比，即

$$\zeta = \frac{c}{c_c} = \frac{c}{2\sqrt{mk}} \tag{1.1.13}$$

把式(1.1.13)代入式(1.1.11)得到用无量纲的阻尼比表示的特征值为

$$s_{1,2} = -\zeta\omega_n \pm \omega_n\sqrt{\zeta^2 - 1} \tag{1.1.14}$$

从式(1.1.13)可以看出阻尼比 ζ 与系统的阻尼系数、刚度和质量都有关，是系统的一个特征参数。因此，从式(1.1.14)出发，讨论系统的阻尼比 $\zeta > 1$、$\zeta = 1$ 和 $\zeta < 1$ 三种情况。

(1) $\zeta > 1$(过阻尼)。方程的解为

$$x(t) = A_1 e^{s_1 t} + A_2 e^{s_2 t} \tag{1.1.15}$$

当系统的初始条件为 $t = 0$ 时，$x(0) = x_0$ 和 $\dot{x}(0) = \dot{x}_0$，则

$$A_1 = \frac{\dot{x}_0 - x_0 s_2}{s_1 - s_2},\quad A_2 = \frac{\dot{x}_0 - x_0 s_1}{s_2 - s_1}$$

$$x(t) = \frac{1}{s_1 - s_2}[(\dot{x}_0 - x_0 s_2)e^{s_1 t} + (x_0 s_1 - \dot{x}_0)e^{s_2 t}] \tag{1.1.16}$$

过阻尼系统的 x-t 曲线如图 1.1.3 所示。

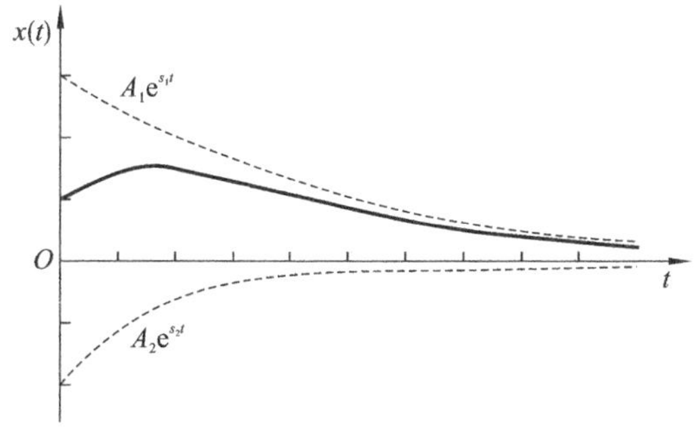

图 1.1.3　过阻尼系统的 x-t 曲线

(2) $\zeta = 1$(临界阻尼)。当阻尼比 $\zeta=1$ 时，$s_1 = s_2 = -\omega_n = s$，方程的解为

$$x(t) = (A_1 + A_2 t)e^{st} \tag{1.1.17}$$

当系统的初始条件为 $t = 0$ 时，$x(0) = x_0$，$\dot{x}(0) = \dot{x}_0$，则 $A_1 = x_0$，$A_2 = \dot{x}_0 - x_0 s$，于是 $x(t)$ 可写成

$$x(t) = e^{st}[x_0 + (\dot{x}_0 - \dot{x}_0 s)t] \tag{1.1.18}$$

临界阻尼系统的 x-t 曲线如图 1.1.4 所示。

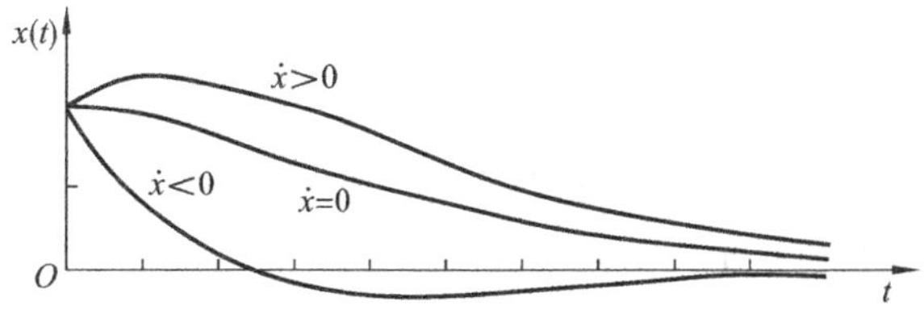

图 1.1.4　临界阻尼系统的 x-t 曲线

(3) $\zeta < 1$(弱阻尼)。弱阻尼时式(1.1.11)中根式的值小于零，s_1 和 s_2 是一对共轭复数，即

$$s_{1,2} = -\zeta\omega_n \pm i\omega_n\sqrt{1 - \zeta^2} \tag{1.1.19}$$

记

$$\omega_n\sqrt{1-\zeta^2}=\omega_d \tag{1.1.20}$$

称 ω_d 为系统有阻尼固有圆频率，单位为 rad/s。系统的响应为

$$x(t)=e^{-\zeta\omega_n t}(A_1e^{i\omega_d t}+A_2e^{-i\omega_d t})$$

或

$$x(t)=e^{-\zeta\omega_n t}(B_1\cos\omega_d t+B_2\sin\omega_d t) \tag{1.1.21}$$

当系统的初始条件为 $t=0$ 时，$x(0)=x_0$，$\dot{x}(0)=\dot{x}_0$，$B_1=x_0$，$B_2=\dfrac{\dot{x}_0+\zeta\omega_n x_0}{\omega_d}$，则系统的响应也能表示成

$$x(t)=Re^{-\zeta\omega_n t}\cos(\omega_d t-\varphi) \tag{1.1.22}$$

式中

$$R=\sqrt{x_0^2+\left(\frac{\dot{x}_0+\zeta\omega_n x_0}{\omega_d}\right)^2}$$

$$\varphi=\begin{cases}\arctan\left(\dfrac{\dot{x}_0+\zeta\omega_n x_0}{\omega_d x_0}\right), & x_0>0\\ \pi+\arctan\left(\dfrac{\dot{x}_0+\zeta\omega_n x_0}{\omega_d x_0}\right), & x_0<0\end{cases}$$

弱阻尼系统的 x-t 曲线如图 1.1.5 所示。

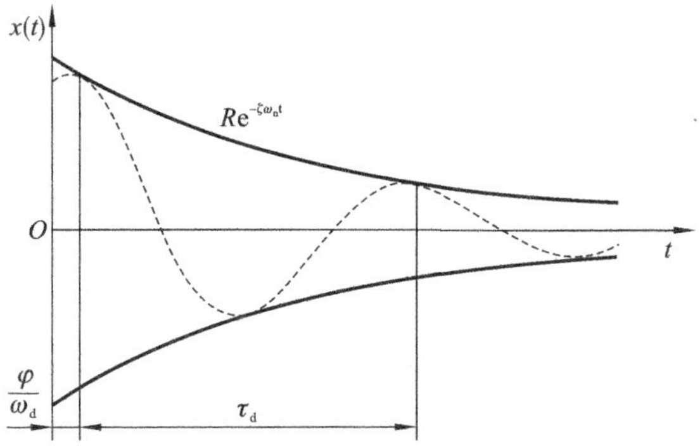

图 1.1.5　弱阻尼系统的 x-t 曲线

2. 振动特性

从黏性阻尼系统振动微分方程的解，可以归纳出系统的如下振动特性：

(1) 当系统具有过阻尼（$\zeta>1$）时，系统做如图 1.1.3 所示的衰减运动而不是振动，因而不作更多的讨论。

(2) 当系统具有临界阻尼（$\zeta=1$）时，系统做如图 1.1.4 所示的衰减运动，它也不是振动，但临界阻尼对仪器表头系统的设计具有重要意义。当表头等效单自由度系统的阻尼系数等于临界阻尼时，表头的指针在初始干扰下回零时间最短。

(3) 当系统具有弱阻尼（$\zeta<1$）时，如图 1.1.5 所示，系统做振幅按指数衰减的准周期振动。准周期为 $\tau_d=2\pi/\omega_d$，衰减振动曲线的包络线为 $\pm Re^{-\zeta\omega_n t}$。

从关系式(1.1.20)可以看出 $\omega_d<\omega_n$，因而 $\tau_d>\tau_n$。当阻尼比较小时，ω_d 和 ω_n 的误差相当小，即使当阻尼比 $\zeta=0.6$ 时，ω_d 和 ω_n 之比也有 0.866。因此，工程中讨论系统的固有频率或周期时，往往忽略系统的阻尼。

1.2　单自由度系统受迫振动

本节将讨论和自由振动有本质区别的由外界持续激励引起的振动，称为受迫振动。

外界激励引起系统振动的状态称为响应。对于线性系统，可分别求出对初始条件和对外界激励的响应，然后把它们合成得到系统的总响应。这是建立在叠加原理基础上的。

系统对外界激励的响应的求解方法，取决于激励的类型。简谐激励力引起的受迫振动具有基础性质，最能揭示振动规律，故将对它做较详细的讨论。周期性激励力，可用傅里叶级数将其作为许多谐波函数的叠加使之简化为简谐激励。对于非周期性任意激励力，将介绍脉冲响应和杜哈曼积分。

1.2.1　简谐激励的响应

1. 振动微分方程的解

如图 1.1.1 所示的黏性阻尼弹簧-质量系统，若设激励力 $F(t) = F_0\sin\omega t$，则系统受迫振动的微分方程形式为

$$m\ddot{x} + c\dot{x} + kx = F_0 \sin \omega t \tag{1.2.1}$$

式(1.2.1)是一个二阶常系数非齐次线性微分方程，它的解由两部分组成。在弱阻尼情况下，齐次解已由式(1.1.22)得到，另设非齐次解

$$x_2(t) = X_0 \sin(\omega t - \Phi) \tag{1.2.2}$$

式中：X_0 为受迫振动的振幅；ω 为受迫振动的圆频率；Φ 是质量位移 $x_2(t)$ 与激励力 $F(t)$ 之间的相位差。所以式(1.2.1)的全解为

$$x(t) = R \cdot e^{-\zeta\omega_n t}\cos(\omega_d t - \varphi) + X_0 \sin(\omega t - \Phi) \tag{1.2.3}$$

式(1.2.3)中等式右边第一项表示有阻尼自由振动响应，它是衰减振动，仅在振动开始后的一段时间内有意义，属于瞬态解。等式右边第二项表示受迫振动响应，它是持续的等幅振动，属于稳态解。下面来讨论稳态解。

对式(1.2.2)求导后代入式(1.2.1)，整理后得

$$[X_0(k - m\omega^2) - F_0\cos\Phi]\sin(\omega t - \Phi) + (c\omega X_0 - F_0\sin\Phi)\cos(\omega t - \Phi) = 0$$

由于 $\sin(\omega t-\Phi)$ 和 $\cos(\omega t-\Phi)$ 不为零，必有

$$\left.\begin{aligned} X_0(k - m\omega^2) - F_0\cos\Phi = 0 \\ c\omega X_0 - F_0\sin\Phi = 0 \end{aligned}\right\}$$

解此联立方程得 X_0 和 Φ，即

$$X_0 = \frac{F_0}{\sqrt{(k - m\omega^2)^2 + (c\omega)^2}} \tag{1.2.4}$$

$$\Phi = \arctan \frac{c\omega}{k - m\omega^2} \tag{1.2.5}$$

令频率比 $\overline{\omega}=\omega/\omega_n$，有

$$X_0 = \frac{F_0/k}{\sqrt{(1-\overline{\omega}^2)^2 + (2\zeta\overline{\omega})^2}} \tag{1.2.6}$$

$$\Phi = \arctan \frac{2\zeta\overline{\omega}}{1-\overline{\omega}^2} \tag{1.2.7}$$

其中：$\omega_n^2 = k/m, c/2m = \zeta\omega_n$。所以系统的稳态响应为

$$x_2(t) = \frac{1}{\sqrt{(1-\overline{\omega}^2)^2 + (2\zeta\overline{\omega})^2}} F_0/k \sin(\omega t - \Phi) \tag{1.2.8}$$

令

$$\mathscr{M} = \frac{1}{\sqrt{(1-\overline{\omega}^2)^2 + (2\zeta\overline{\omega})^2}} \tag{1.2.9}$$

则式(1.2.8)可表示为

$$x = \mathscr{M}(F_0/k)\sin(\omega t - \Phi)$$

其中，$\mathscr{M}$称为放大因子。

2. 响应特性

从式(1.2.6)～式(1.2.8)，阻尼受迫振动稳态响应的特性可以归纳如下：

(1) 简谐振动。系统在简谐激励下的响应仍是简谐的。

(2) 受迫振动的频率。从式(1.2.8)可看出，受迫振动的频率与激励的频率 ω 相同。

(3) 受迫振动的振幅。受迫振动的振幅与初始条件无关，这一点由式(1.2.6)可以看出。它与静变位 F_0/k 呈线性关系，而弹簧刚度是一定值，故受迫振动幅值 X_0 与力幅 F_0 成正比。F_0 越大，X_0 也越大。除此之外，振幅还受 ω 和 ω_n 的影响，为清楚起见，以放大因子 $\mathscr{M}$ 作为纵坐标，频率比 $\overline{\omega} = \dfrac{\omega}{\omega_n}$ 为横坐标，并以阻尼比 ζ 为参变量作出如图 1.2.1 所示的频响特性曲线。

从式(1.2.9)及图 1.2.1 可看出：当 $\omega \to 0$ 或 $\overline{\omega} \ll 1$ 时，$\mathscr{M} \to 1$。此时激励力变化缓慢，相当于把激励力幅 F_0 以静载荷形式施加于系统上，动态影响不大，振幅与静变位相差无几。

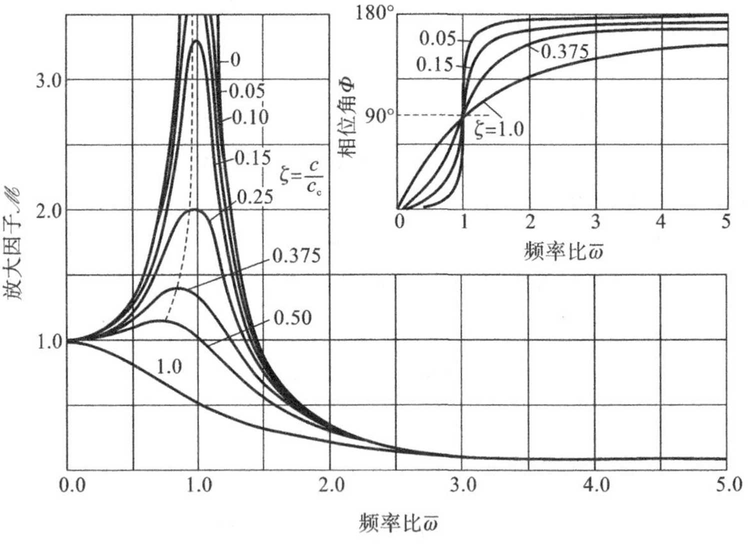

图 1.2.1 幅频和相频响应曲线

当 $\omega \to \omega_n$ 或 $\overline{\omega} \to 1$ 时，振幅将急剧增加，并达到最大值，这种现象称为“共振”。在此区域附近，振幅大小主要取决于系统的阻尼，阻尼越小，共振表现越剧烈，振幅越大。

当 ω 继续增大，即 $\overline{\omega} > 1$ 后，振幅便迅速下降。当 $\overline{\omega} \gg 1$ 时，$\mathscr{M} \to 0$，最后振幅趋近于零。这是因为激励力频率变化太快，系统本身的固有频率跟不上的缘故。

(4) 阻尼的影响。从图 1.2.1 可见，增加阻尼可以有效地抑制共振时的振幅。若阻尼足

够大，则可将受迫振动的振幅维持在一个不大的水平上。还必须指出，阻尼仅在共振区附近作用明显，在共振区以外，其作用很小。

显然，由式(1.2.9)可知，如果 $\zeta\to 0$，当 $\overline{\omega}\to 1$ 时有 $\mathscr{M}\to\infty$。

若有阻尼，$\zeta\neq 0$，为得到最大振幅，可将式(1.2.9)中的 $\mathscr{M}$ 对 ω 求偏导并使其等于零，得

$$\overline{\omega}=\frac{\omega}{\omega_n}=\sqrt{1-2\zeta^2} \tag{1.2.10}$$

把式(1.2.10)代入式(1.2.9)，得

$$\mathscr{M}_{max}=\frac{1}{2\zeta\sqrt{1-\zeta^2}} \tag{1.2.11}$$

若 $\zeta\ll 1$，式(1.2.11)成为

$$\mathscr{M}_{max}\approx\frac{1}{2\zeta} \tag{1.2.12}$$

由式(1.1.20)和式(1.2.10)可知

$$\frac{\omega_d}{\omega_n}=\sqrt{1-\zeta^2}>\sqrt{1-2\zeta^2}$$

由此可见，受迫振动的峰值并不出现在阻尼系统的固有频率处，峰值频率略向左偏移，如图1.2.1中虚线所示。设 ω_{peak} 为峰值频率，很明显，当 $\zeta\ll 1$ 时，有

$$\omega_{peak}\approx\omega_d\approx\omega_n$$

(5) 相位特性。和振幅一样，相位 Φ 也仅为 $\overline{\omega}$、ζ 的函数。从图 1.2.1 的相频响应曲线中看到，当 $\overline{\omega}=1$ 时，振动位移和激励力的相位差总是 $\pi/2$，即 $\Phi=\pi/2$。当 $\overline{\omega}<1$ 时，Φ 在 $0\sim\pi/2$ 变化，位移和激励力相同。当 $\overline{\omega}>1$ 时，Φ 在 $\pi/2\sim\pi$ 变化，位移和激励力反相，可见受迫振动的振幅在共振点前后相位出现突变，这一反相现象，常常被用来作为判断系统是否出现共振的依据。

应该注意，这里的相位差 Φ 是表示响应滞后于激励的相位角，不应与式(1.1.22)中的初相位 φ 相混淆。φ 表示系统自由振动在 $t=0$ 时的初相位，它取决于初始位移与初始速度的相对大小，而 Φ 是反映响应相对于激励力的滞后效应，是由系统本身具有阻尼引起的，这是两者的区别所在。

【例 1.2.1】 如图 1.2.2 所示的系统中，已知质量 $m=20$ kg，刚度 $k=8$ kN/m，阻尼系数 $c=130$ N·s/m，激励力 $F(t)=24\sin 15t$ 作用在质量 m 上。当 $t=0$ 时，$x_0=0$，$\dot{x}_0=100$ mm/s，试求系统的总响应。

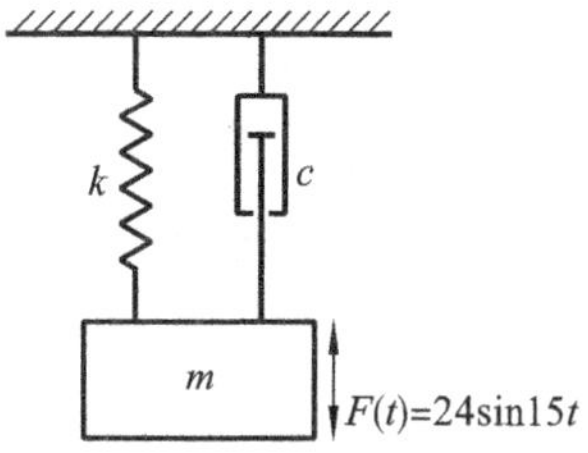

图 1.2.2　有阻尼弹簧-质量系统

【解】 由已知条件得

$$\omega_n=\sqrt{\frac{k}{m}}=\sqrt{\frac{8\times 10^3}{20}}\ \text{rad/s}=20\ \text{rad/s}$$

$$\overline{\omega}=\frac{\omega}{\omega_n}=\frac{15}{20}=0.75$$

$$\zeta=\frac{c}{2m\omega_n}=\frac{130}{2\times 20\times 20}=0.1625$$

代入式(1.2.9)得

$$\mathscr{M}=\frac{1}{\sqrt{(1-0.75^2)^2+(2\times 0.1625\times 0.75)^2}}=2$$

$$\Phi=\arctan\frac{2\times 0.1625\times 0.75}{1-0.75^2}=29.12^\circ=0.508\ \text{rad}$$

所以，稳态响应为

$$x_2=\frac{F_0}{k}\mathscr{M}\sin(\omega t-\Phi)=2\times\frac{24}{8000}\sin(15t-0.508)$$
$$=6\sin(15t-0.508)\ \text{mm}$$

又

$$\omega_d=\sqrt{1-\zeta^2}\omega_n=20\times\sqrt{1-(0.1625)^2}=19.73\ \text{rad/s}$$

则瞬态响应由式(1.1.22)知

$$x_1=R\cdot e^{-0.1625\times 20t}\cos(19.73t-\varphi)$$

由已知条件，得

$$x|_{t=0}=R\cos\varphi+6\sin(-29.12^\circ)=0$$
$$\dot{x}|_{t=0}=100-3.25R\cos\varphi+19.73R\sin\varphi+15\times 6\cos(-29.12^\circ)=100$$

解得 $R=3.31$，$\varphi=28.18^\circ$。所以系统总响应为

$$x=x_1+x_2=3.31e^{-3.25t}\cos(19.73t-0.492)+6.0\sin(15t-0.508)(\text{mm})$$

1.2.2 周期激励的响应

前面讨论了系统上仅作用一个简谐激励力所引起的受迫振动。这是一种最简单的周期振动。在工程实际中常常会遇到非简谐的周期激励力的作用，见于大多数旋转机械和往复式机械中。

若激励力(或支承运动)是一个周期函数，则它可以按傅里叶级数展开成一系列频率整数倍的简谐力函数。对于线性振动系统，可将每个单一频率简谐力函数作用的响应分别求出，然后按叠加原理全部累加起来，便可得总响应。

设一周期激励 $F(t)$ 作用于有阻尼弹簧-质量系统上，如图 1.2.2 所示。并且 $F(t)$ 可按傅里叶变换的形式展开，于是振动微分方程为

$$m\ddot{x}+c\dot{x}+kx=F(t)=a_0/2+\sum_{n=1}^{\infty}(a_n\cos n\omega_1 t+b_n\sin n\omega_1 t) \tag{1.2.13}$$

式中：ω_1 为基频，第二个等号右边第一项 $a_0/2$ 是常力，它如同质量的重力一样，只影响系统的静平衡位置，通过坐标平移就可以消除此项。而 $F(t)$ 中的其余项都是正弦项和余弦项，因此，每项引起的振动响应可以按前面讨论过的简谐激励分析方法得到，故系统的稳态响应为

$$x(t)=\sum_{n=1}^{\infty}\frac{a_n\cos(n\omega_1 t+\Phi_n)+b_n\sin(n\omega_1 t-\Phi_n)}{k\sqrt{(1-n^2\omega^2)^2+(2\zeta n\overline{\omega}_n)^2}} \tag{1.2.14}$$

式(1.2.14)中激励力函数已展开成傅里叶级数，故稳态响应也具有无穷级数形式。其中余弦和正弦项的幅值系数随 n 增加而迅速减小。在很多情况下，取级数前两项或前三项就足以描述系统的响应。

如图 1.2.3 所示为典型发动机的激励力图，按傅里叶级数展开后，通常只需取前三至四阶谐波项表示即可。

对于非简谐周期力激励，若谐振项频率 $n\overline{\omega}$ 中有某个接近或等于 ω_n，则式(1.2.14)中相应的振幅比就会增大，在这个频率上就会产生共振。特别是当阻尼很小时，这一点更为突出。

在某些旋转机械中有许多激励力频率，它们是旋转角速度 ω 的整数倍，设计者常常应用

“坎贝尔曲线”(见图1.2.4)检验是否由于激励力的谐波分量频率等于机器系统的某一固有频率而产生共振。图上纵坐标为频率，横坐标为角速度，各条斜线对应于激励力中各阶谐波分量。预先将系统的固有频率 ω_{n1}、ω_{n2} 计算好，标在纵坐标上，在额定的转速范围内看哪些谐波分量与固有频率 ω_{n1}、ω_{n2} 吻合。由图1.2.4可见，对于系统固有频率 ω_{n1}，有问题的是一阶谐波分量 $\omega_1(\omega)$；而对于 ω_{n2}，产生问题的是二阶谐波分量 $\omega_2(2\omega)$。若产生这种情况，就要进行调频。一般激励力频率是确定的，于是必须设法改变系统的固有频率。

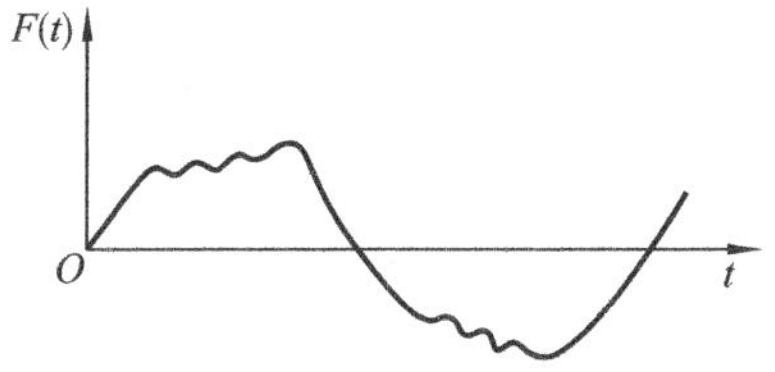

图1.2.3　典型发动机激励力

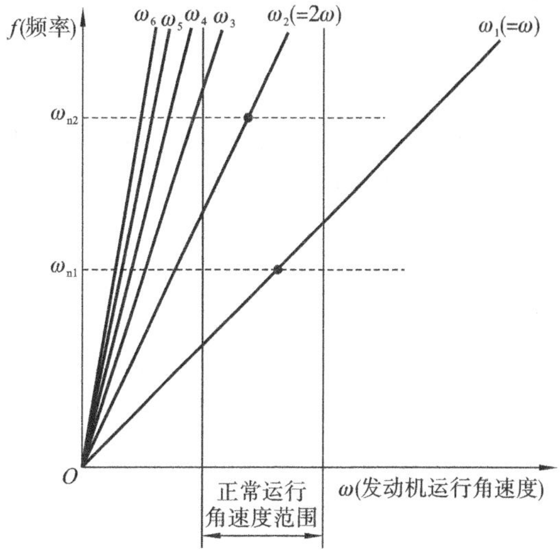

图1.2.4　坎贝尔曲线

【例1.2.2】　某机器受到一周期性激励力 $F(t)$ 的作用，力函数可表示为 $F(t)=F_1\sin 2.5t+F_2\sin 5t+F_3\sin 7.5t$，已知系统的固有频率为 $\omega_n=4.8\ \text{rad/s}$，阻尼系统 $\zeta=0.05$，求机器的响应。

【解】　由式(1.2.8)可得稳态受迫振动的响应为

$$x=\frac{F_1/k}{\sqrt{[1-(\overline{\omega}_1)^2]^2+(2\zeta\overline{\omega}_1)^2}}\sin(\omega_1 t-\Phi_1)$$

$$+\frac{F_2/k}{\sqrt{[1-(\overline{\omega}_2)^2]^2+(2\zeta\overline{\omega}_2)^2}}\sin(\omega_2 t-\Phi_2)$$

$$+\frac{F_3/k}{\sqrt{[1-(\overline{\omega}_3)^2]^2+(2\zeta\overline{\omega}_3)^2}}\sin(\omega_3 t-\Phi_3)$$

$$\overline{\omega}_1=\frac{2.5}{4.8}=0.521,\quad \overline{\omega}_2=\frac{5}{4.8}=1.042,\quad \overline{\omega}_3=\frac{7.5}{4.8}=1.563$$

$$\Phi_1=\arctan\frac{2\times 0.05\times 0.521}{1-0.521^2},\quad \Phi_2=\arctan\frac{2\times 0.05\times 1.042}{1-1.042}$$

$$\Phi_3=\arctan\frac{2\times 0.05\times 1.563}{1-1.563^2}$$

显然，当 $\omega\to\omega_n$ 时，第二项相对其他两项数值较大，因此，可取第二项作为稳态响应的近似值，即

$$x\approx\frac{F_2/k\sin\left(5t-\arctan\dfrac{0.1042}{1-1.042^2}\right)}{\sqrt{(1-1.042^2)^2+0.1042^2}}=7.40\frac{F^2}{k}\sin(5t-129.2^\circ)$$

当然，可假设 F_2 并不是很小。

1.2.3 瞬态激励的响应

前面讨论了在简谐激励、周期激励作用下系统的稳态响应。由于阻尼的瞬态响应会随时间很快消失，故可忽略。在某些情况下，尽管系统所受激励（如冲击力或机器运行发生突变）的瞬态过程时间极短，但振动幅值很大，会使机器内部某些零部件产生短时过应力现象，有较大的破坏力。因此对这类瞬态振动的研究十分必要。

瞬态振动一般是非周期性的任意时间函数，这种随时间任意变化的激励力无法用谐波分析法来展开，常常将这些激励力看成一系列脉冲的作用，分别求出系统对每个脉冲的响应，然后把它们叠加起来，得到任意激励的响应。在任意激励情况下，系统产生瞬态振动，在外力作用停止后，系统即按固有频率做自由振动。瞬态振动和自由振动，总称为任意激励的响应。

1. 脉冲响应

在一阻尼弹簧-质量系统上作用一任意激励力 $F(\tau)$，其时间变化曲线如图 1.2.5 所示。系统的运动微分方程为

$$m\ddot{x} + c\dot{x} + kx = F(\tau) \tag{1.2.15}$$

式中 $0 \leqslant \tau \leqslant t$。把任意激励力 $F(\tau)$ 看成由无限多个脉冲组成，脉冲宽度均为 $\mathrm{d}\tau$，各脉冲的大小和作用时间由 $F(\tau)$ 决定。

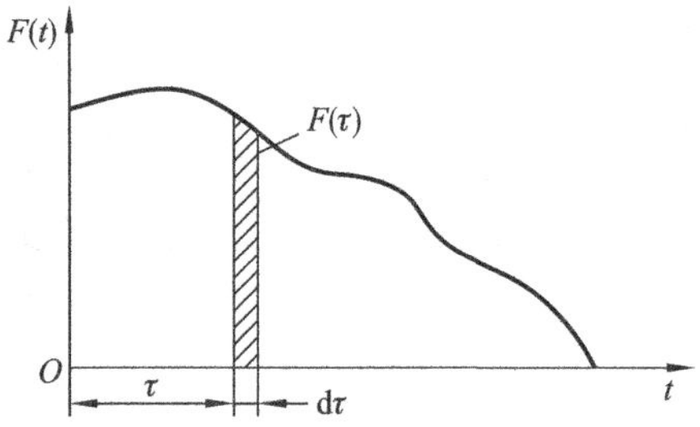

图 1.2.5 任意激励力

用冲量 I 来表示脉冲的大小。当 $t=0$ 时，若在极短的时间间隔 $\mathrm{d}\tau$ 内，质量 m 上受到冲量 $I=F(\tau)\mathrm{d}\tau$，则质量 m 必将产生一个初速度 $\dot{x}_0$，但由于 $\mathrm{d}\tau$ 时间极短，系统还来不及产生位移，即 $x_0=0$。因此系统将在下列初始条件下做自由振动，即

$$\left.\begin{aligned} \dot{x}_0 &= \frac{I}{m} = \frac{F}{m}\mathrm{d}\tau \\ x_0 &= 0 \end{aligned}\right\} \tag{1.2.16}$$

当阻尼 $0<\zeta<1$ 时，初始位移等于零，导致式(1.1.22)中的 $\varphi=\pi/2$。此时，振幅与初始速度的关系为 $R=\dot{x}/\omega_d$，因而式(1.1.22)可简化为

$$x = \frac{\dot{x}_0}{\omega_d}\mathrm{e}^{-\zeta\omega_n t}\sin\omega_d t \tag{1.2.17}$$

将式(1.2.16)代入式(1.2.17)，得初始响应为

$$\mathrm{d}x = \frac{\dot{x}_0}{\omega_d}\mathrm{e}^{-\zeta\omega_n t}\sin\omega_d t = \frac{F\mathrm{d}\tau}{m\omega_d}\mathrm{e}^{-\zeta\omega_n t}\sin\omega_d t = Ih(t) \tag{1.2.18}$$

式中：

$$h(t) = \frac{1}{m\omega_d}\mathrm{e}^{-\zeta\omega_n t}\sin\omega_d t \tag{1.2.19}$$

若 $I=1$，称为单位脉冲，记作 $\delta(t)$，也称 δ 函数（见图 1.2.6），其数学定义为

$$\delta(t-\tau)=\begin{cases}0(t\neq\tau)\\ \infty(t=\tau)\end{cases}$$

其性质为

$$\int_{-\infty}^{\infty}\delta(t-\tau)\mathrm{d}t=1 \tag{1.2.20}$$

由式(1.2.18)可知，系统对单位脉冲 $\delta(t)$ 的响应为

$$\mathrm{d}x=h(t) \tag{1.2.21}$$

这里 $h(t)$ 被称为单位脉冲响应。

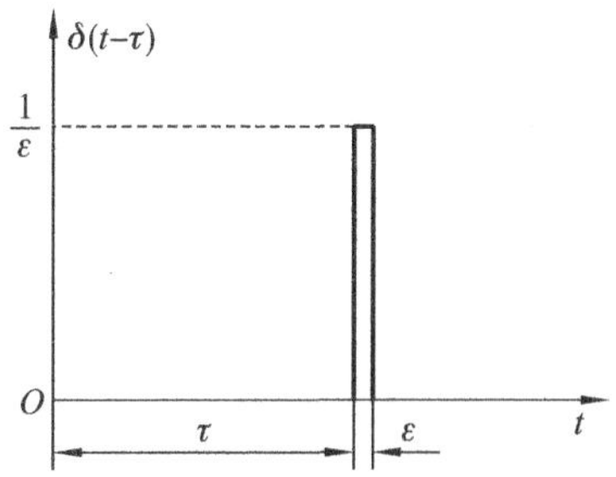

图 1.2.6　单位脉冲

如果单位脉冲不是作用在 $t=0$ 时，而是作用在 $t=\tau$ 时，相当于把图 1.2.6 中的坐标原点向右移动 τ 的距离，这样式(1.2.21)可改写为

$$\mathrm{d}x=h(t-\tau)=\frac{1}{m\omega_{\mathrm{d}}}\mathrm{e}^{-\zeta\omega_{\mathrm{n}}(t-\tau)}\sin\omega_{\mathrm{d}}(t-\tau) \tag{1.2.22}$$

2. 任意激励的响应(杜哈曼积分)

求得单位脉冲响应后，就可以建立系统对任意激励力 $F(\tau)$ 的响应方程式。为此，把任意激励力 $F(\tau)$ 看成是一系列脉冲的作用，若考虑时间 $t=\tau$ 时，系统受到冲量 $I=F(\tau)\mathrm{d}r$ 的脉冲作用，它在时间 t 产生的响应成分与经过时间间隔 $(t-\tau)$ 有关，根据式(1.2.16)和式(1.2.21)可得系统在 t 时刻的响应，即

$$\mathrm{d}x=F(\tau)\mathrm{d}\tau h(t-\tau) \tag{1.2.23}$$

由于是线性系统，叠加原理有效，即在激励力 $F(\tau)$ 由 $\tau=0$ 到 $\tau=t$ 的连续作用下，系统的响应是时刻 t 以前所有脉冲作用的综合结果，因此可对式(1.2.23)积分得到

$$x=\int_0^t F(\tau)h(t-\tau)\mathrm{d}\tau=\frac{F(\tau)}{m\omega_{\mathrm{d}}}\int_0^t \mathrm{e}^{-\zeta\omega_{\mathrm{n}}(t-\tau)}\sin\omega_{\mathrm{d}}(t-\tau)\mathrm{d}\tau \tag{1.2.24}$$

式(1.2.24)称为杜哈曼积分或卷积积分。应该注意，积分上限 t 是考察位移响应的时间，是常量，而 τ 则是每个微小脉冲作用的时间，是变量。

若在 $\tau=0$ 激励开始作用时，质量 m 已有初位移 x_0 和初始速度 $\dot{x}_0$，则式(1.2.24)应为

$$x=\left(x_0\cos\omega_{\mathrm{d}}t+\frac{\dot{x}_0+\zeta\omega_{\mathrm{n}}x_0}{\omega_{\mathrm{d}}}\sin\omega_{\mathrm{d}}t\right)\mathrm{e}^{-\zeta\omega_{\mathrm{n}}t}$$
$$+\frac{1}{m\omega_{\mathrm{d}}}\int_0^t F\mathrm{e}^{-\zeta\omega_{\mathrm{n}}(t-\tau)}\sin\omega_{\mathrm{d}}(t-\tau)\mathrm{d}r \tag{1.2.25}$$

此式是系统对瞬态激励的总响应，$F=F(\tau)$。

若系统阻尼可以忽略不计，即 $\zeta=0$，$\omega_{\mathrm{d}}=\omega_{\mathrm{n}}$，则式(1.2.24)变为

$$x=\frac{1}{m\omega_{\mathrm{n}}}\int_0^t F\sin\omega_{\mathrm{n}}(t-\tau)\mathrm{d}\tau \tag{1.2.26}$$

【例 1.2.3】 如图 1.2.2 所示的有阻尼弹簧-质量系统受到突加常力 F_0 的作用（见图 1.2.7(a)），求 $t=0$ 时的系统响应。

【解】 将 $F(\tau)=F_0$ 代入式(1.2.24)，得

$$x=\frac{F_0}{m\omega_{\mathrm{d}}}\int_0^t \mathrm{e}^{-\zeta\omega_{\mathrm{n}}(t-\tau)}\sin\omega_{\mathrm{d}}(t-\tau)\mathrm{d}\tau$$

令 $t'=t-\tau$，则 $\mathrm{d}\tau=-\mathrm{d}t'$，采用分部积分，得

$$
\begin{aligned}
x &= \frac{F_0}{m\omega_{\rm d}}\int_0^t {\rm e}^{-\zeta\omega_{\rm n}t'}\sin\omega_{\rm d}t'{\rm d}t' \\
&= \frac{F_0}{m\omega_{\rm d}\omega_{\rm n}^2} - (\omega_{\rm d} - \omega_{\rm d}{\rm e}^{-\zeta\omega_{\rm n}t}\cos\omega_{\rm d}t - \zeta\omega_{\rm n}^{-\zeta\omega_{\rm n}t}\sin\omega_{\rm d}t) \\
&= \frac{F_0}{k}\left[1 - {\rm e}^{-\zeta\omega_{\rm n}t}\left(\cos\omega_{\rm d}t + \frac{\zeta\omega_{\rm n}}{\omega_{\rm d}}\sin\omega_{\rm d}t\right)\right]
\end{aligned}
$$

或

$$
x = \frac{F_0}{k}\left[1 - \frac{{\rm e}^{-\zeta\omega_{\rm n}t}}{\sqrt{1-\zeta^2}}\cos(\omega_{\rm d}t - \Phi)\right] \tag{a}
$$

其中：

$$
\Phi = \arctan\frac{\zeta}{\sqrt{1-\zeta^2}}
$$

如阻尼忽略不计，则 $\zeta=0$，$\Phi=0$，式(a)退化为

$$
x = \frac{F_0}{k}(1-\cos\omega_{\rm n}t) \tag{b}
$$

将式(a)和式(b)画成如图 1.2.7(b)所示曲线。由图可知，突加常力 F_0 不仅使弹簧产生静变形 F_0/k，同时使系统产生振幅为

$$
\frac{F_0}{k} = \frac{{\rm e}^{-\zeta\omega_{\rm n}t}}{\sqrt{1-\zeta^2}}
$$

的衰减振动。与图 1.1.3 比较，这种加力形式(阶跃函数形式)只是将平衡位置移动 F_0/k 而已。

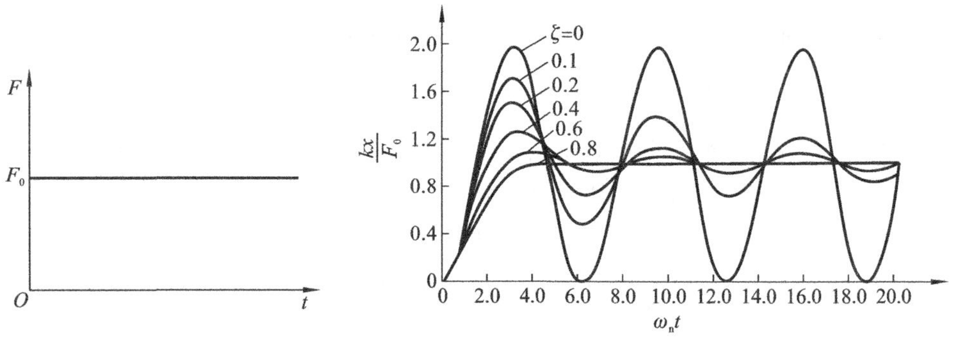

图 1.2.7　【例 1.2.3】配图

(a) 阶跃函数；(b) 系统位移响应与阻尼的关系

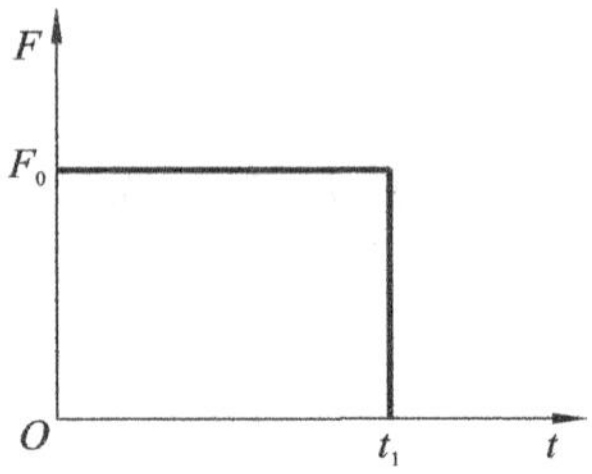

图 1.2.8　矩形脉冲

【例 1.2.4】 无阻尼弹簧-质量系统受到如图 1.2.8 所示的矩形脉冲作用，且矩形脉冲可用 $F(\tau)=F_0$，$0\leqslant\tau\leqslant t_1$ 表示，求系统响应。

【解】 本例需分两种情况：

(1) 在 $0\leqslant\tau\leqslant t_1$ 阶段，相当于系统在 $t=0$ 时受到常力 F_0 的作用，系统响应和例 1.2.3 相同，即

$$
x = \frac{F_0}{k}(1-\cos\omega_{\rm n}t)
$$

(2) 在 $t \geqslant t_1$ 阶段，根据杜哈曼积分有

$$
\begin{aligned}
x &= \frac{F_0}{m\omega_n}\int_0^{t_1} \sin\omega_n(t-\tau)\mathrm{d}\tau \\
&= -\frac{F_0}{k}\int_0^{t_1} \sin\omega_n(t-\tau)\mathrm{d}\omega_n(t-\tau) \\
&= \frac{F_0}{k}[\cos\omega_n(t-t_1)-\cos\omega_n t] \\
&= \frac{F_0}{k}[(\cos\omega_n t_1 - 1)\cos\omega_n t + \sin\omega_n t_1 \cdot \sin\omega_n t] \\
&= R\cos(\omega_n t - \Phi) \qquad \text{(c)}
\end{aligned}
$$

式中：

$$
\begin{aligned}
R &= \frac{F_0}{k}\sqrt{(\cos\omega_n t_1 - 1)^2 + (\sin\omega_n t_1)^2} \\
&= \frac{F_0}{k}\sqrt{2(1-\cos\omega_n t_1)} \\
&= \frac{2F_0}{k}\sin\frac{\omega_n t_1}{2} = \frac{2F_0}{k}\sin\frac{\pi t_1}{T}
\end{aligned}
$$

$$
\Phi = \arctan\left(\frac{\sin\omega_n t_1}{\cos\omega_n t_1 - 1}\right)
$$

其中 T 为系统自由振动周期。把式(c)画成如图 1.2.9 所示的曲线，当常力 F_0 去除后，振幅随 $\sin(\pi t_1/T)$值的变化而改变。在 $t_1 = T/2$ 时，$R = 2F_0/k$，系统响应如图 1.2.9(a)所示。当 $t_1 = T$ 时，$R=0$，即常力 F_0 去除后，系统停止不动，其响应如图 1.2.9(b)所示。

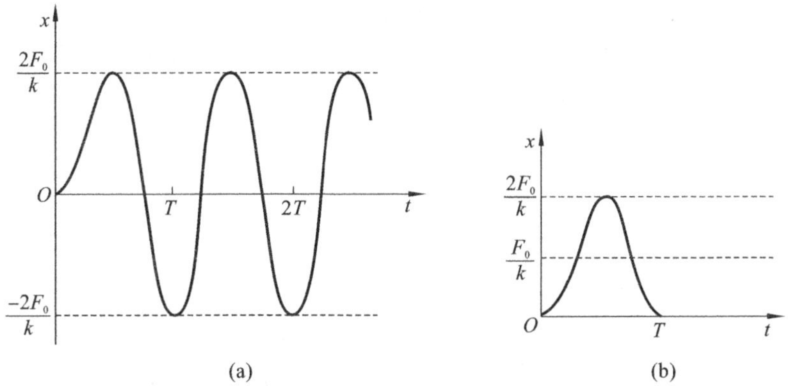

图 1.2.9　系统对矩形脉冲的响应

1.3　传递函数和频率响应函数

拉普拉斯(拉氏)变换法是一种常用数学工具，已广泛地应用于线性系统的研究中。除为求解线性微分方程，特别是常系数微分方程提供一种有效的方法外，它还可以将激励与响应的关系表达为简单代数式。它既适用于瞬态振动，也适合于稳态振动。为求解任意激励作用的线性系统，将方程(1.2.15)两边乘以 e^{-st}，并从 $0 \to \infty$ 积分，得

$$m\int_0^\infty \ddot{x}(t)\mathrm{e}^{-st}\mathrm{d}t + c\int_0^\infty \dot{x}(t)\mathrm{e}^{-st}\mathrm{d}t + k\int_0^\infty x(t)\mathrm{e}^{-st}\mathrm{d}t = \int_0^\infty F(t)\mathrm{e}^{-st}\mathrm{d}t \tag{1.3.1}$$

式(1.3.1)可改写为

$$m\mathrm{L}[\ddot{x}(t)] + c\mathrm{L}[\dot{x}(t)] + k\mathrm{L}[x(t)] = \mathrm{L}[F(t)] \tag{1.3.2}$$

先计算 $\mathrm{L}[\dot{x}(t)]$，即

$$\mathrm{L}[\dot{x}(t)] = \int_0^\infty \dot{x}(t)\mathrm{e}^{-st}\mathrm{d}t$$

把 $\dot{x}(t)=\mathrm{d}x/\mathrm{d}t$ 代入上式，并运用分部积分，得

$$\int_0^\infty \frac{\mathrm{d}x}{\mathrm{d}t}\mathrm{e}^{-st}\mathrm{d}t = x(t)\mathrm{e}^{-st}\Big|_0^\infty + \int_0^\infty sx(t)\mathrm{e}^{-st}\mathrm{d}t$$

$$= -x(0) + s\int_0^\infty x(t)\mathrm{e}^{-st}\mathrm{d}t = s\bar{x}(s) - x(0) \tag{1.3.3}$$

式中：$x(0)$为函数 $x(t)$在 $t=0$ 时的值，也就是质量 m 的初位移。类似地，可得

$$\mathrm{L}[\ddot{x}(t)] = s^2\bar{x}(s) - s\bar{x}(0) - \dot{x}(0) \tag{1.3.4}$$

式中：$\dot{x}(0)$为质量 m 的初速度。

再对激励函数 $F(t)$进行变换，则

$$\overline{F}(s) = \mathrm{L}[F(t)] = \int_0^\infty \mathrm{e}^{-st}F(t)\mathrm{d}t \tag{1.3.5}$$

把式(1.3.3)～式(1.3.5)代入式(1.3.2)，得

$$m[s^2\bar{x}(s) - s\bar{x}(0) - \dot{x}(0)] + c[s\bar{x}(s) - x(0)] + k\bar{x}(s) = \overline{F}(s)$$

或

$$\bar{x}(s) = \frac{\overline{F}(s) + (ms+c)x(0) + m\dot{x}(0)}{ms^2 + cs + k} \tag{1.3.6}$$

式(1.3.6)的等号右边可看作一个广义的变换激励。注意到它已含初始条件，因此，求出的解是安全解。而这里主要研究激励力函数的效应，则 $x(0)=\dot{x}(0)=0$，于是式(1.3.6)可写为

$$\bar{x}(s) = \frac{\overline{F}(s)}{ms^2 + cs + k} \tag{1.3.7}$$

或写成

$$\overline{Z}(s) = \frac{\overline{F}(s)}{\bar{x}(s)} = ms^2 + cs + k \tag{1.3.8}$$

式中：$\overline{Z}(s)$为机械阻抗，它反映系统的特征。$\overline{Z}(s)$的倒数称为系统的导纳，用 $\overline{H}(s)$表示，则

$$\overline{H}(s) = \frac{1}{\overline{Z}(s)} = \frac{1}{ms^2 + cs + k} \tag{1.3.9}$$

若令 $s=\mathrm{i}\omega$，则 $\overline{H}(s)$变为 $\overline{H}(\mathrm{i}\omega)$，拉普拉斯变换就转变为傅里叶变换，$\overline{H}(\mathrm{i}\omega)$也称为传递函数。

在控制理论里，系统的传递函数定义为输出和输入之比。但是结构动力学和振动分析的传递函数取决于所关心的系统物理属性，如位移、速度、加速度都可以看作系统的输出。例如，通常用加速度仪来测量结构的响应，这时的传递函数就是 $s^2X(s)/U(s)$，其中 $U(s)$是系统输入的拉普拉斯变换，$s^2X(s)$是输出的拉普拉斯变换，这时候的传递函数也称为惯量，它的倒数就是表观质量。表 1.3.1 列出了不同传递函数的命名。

表 1.3.1　各种传递函数

响应测量的变量	传递函数	传递函数的倒数
加速度	惯性	表观质量
速度	机动性	阻抗
位移	柔顺性	动态刚度

传递函数在控制理论和振动测试方面都非常有用，它还构成了阻抗分析法的基础。拉氏变换的变量 s 是一个复变量，可进一步表示为

$$s=\sigma+\mathrm{j}\omega_{\mathrm{d}}$$

传递函数作为 s 的函数，所以其值也是复数。

在控制理论里，使传递函数 $G(s)$ 分母为零的 s 称为系统的极点。图 1.3.1 用复数[s]平面表示了方程(1.3.9)的导纳传递函数的极点分布。使传递函数分母为零的点分布在半圆上，这些值也是特征方程的根($s=-\zeta\omega_{\mathrm{n}}+\mathrm{j}\omega_{\mathrm{d}}$)。物理参数 m、c、k 决定了 ζ 和 ω_{n}，后者又决定了图 1.3.1 中极点的位置。

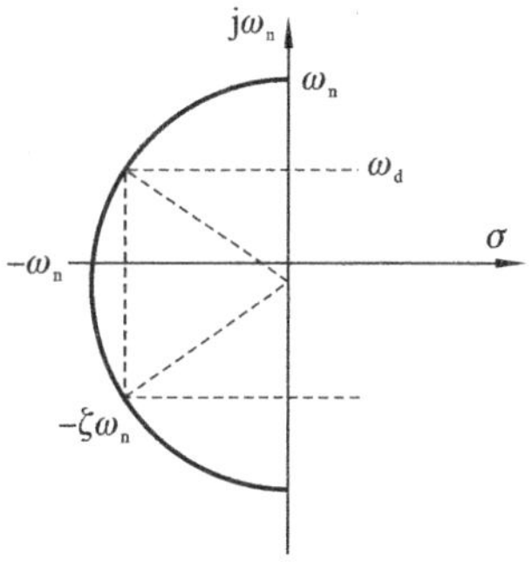

图 1.3.1　极点在复数[s]平面上的分布

如果方程(1.3.1)中作用力是正弦函数，这时系统的响应也可由传递函数来描述，称为频响函数 FRF。FRF 就是令传递函数中 $s=\mathrm{j}\omega$ 得到的，即 $G(\mathrm{j}\omega)$。FRF 的意义就是如果对方程(1.3.1)所代表的系统施加一个正弦力，那么系统的稳态响应也是一个同样频率的正弦函数，只是响应有不同的大小和相位。事实上，在方程(1.3.9)中代入 $\mathrm{j}\omega$，可得到

$$\frac{X}{F_0}=|G(\mathrm{j}\omega)|=\sqrt{x^2(\omega)+y^2(\omega)} \tag{1.3.10}$$

$$\phi=\arctan G(\mathrm{j}\omega)=\arctan\left[\frac{y(\omega)}{x(\omega)}\right] \tag{1.3.11}$$

其中 $|G(\mathrm{j}\omega)|$ 表示 FRF 的大小，ϕ 表示 FRF 的相位，且

$$G(\mathrm{j}\omega)=x(\omega)+\mathrm{j}y(\omega)$$

上面实际上是表示复函数的两种方法：实部 $x(\omega)$ 和虚部 $y(\omega)$，或者 FRF 响应的大小和相位。根据物理术语，结构的 FRF 表示了在正弦激励下稳态响应的大小和相位的平移。方程(1.2.4)和方程(1.2.5)表示了正弦激励的稳态响应，上面式(1.3.10)和式(1.3.11)再一次验证了该结果。可以证明，该结果对应于一般线性时不变系统都是成立的。应该再次指出，线性系统的 FRF 可以通过系统的传递函数得到，反之亦然。因此，FRF 唯一确定了结构对任何已知输入的时间响应。

FRF 的图形表示构成了控制理论的重要内容，同时也支撑振动测量分析。下面，研究在振动测试分析中应用的三种 FRF 图形分析方法。第一种方法是把 FRF 的虚部和实部作为驱动频率的函数画出来，如图 1.3.2 所示。第二种方法是以 FRF 的虚部为纵坐标，实部为横坐标，这样的图称为 Nyquist 图。如图 1.3.3 所示为方程(1.3.9)的 Nyquist 图。第三种表示方法为 Bode 图，共有两张图，其一是纵坐标表示 FRF 的大小，横坐标表示驱动频率；其二是纵坐标表示相位差，横坐标表示驱动频率。Bode 图长期用来设计和分析控制系统，也可用来确定

对象的传递函数。近来，Bode 图可用来分析振动试验结果，并确定系统的物理参数。

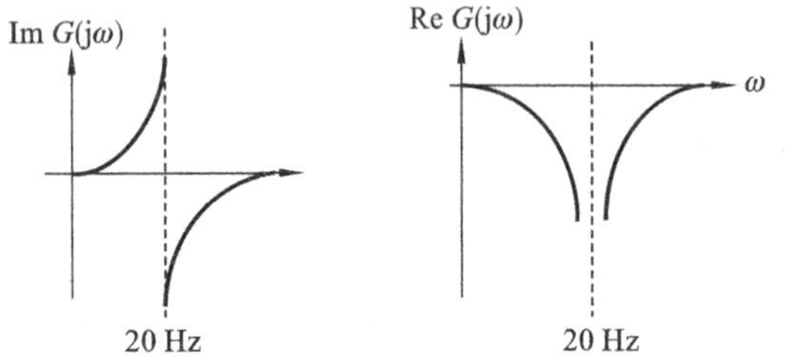

图 1.3.2　FRF 的实部和虚部($\zeta=0.01$，$\omega_n=20$ rad/s)

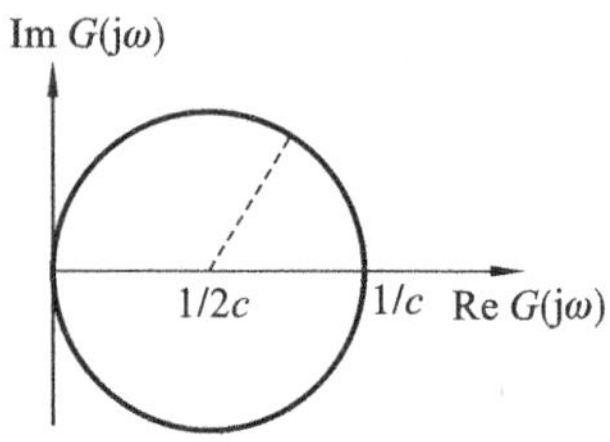

图 1.3.3　方程(1.3.9)的 Nyquist 图

把式(1.3.7)改写为

$$\bar{x}(s)=\bar{H}(s)\bar{F}(s) \tag{1.3.12}$$

这里将传递函数当作一个算子，它与变换激励相乘就得到变换响应，然后从变换响应可再变回到响应 $x(t)$。已知 $\bar{x}(s)$ 求 $x(t)$ 的过程，称为拉普拉斯逆变换，即

$$x(t)=\mathrm{L}^{-1}[\bar{x}(s)]=\mathrm{L}^{-1}[\bar{H}(s)\bar{F}(s)] \tag{1.3.13}$$

对已知激励函数形式，求得 $\bar{F}(s)$ 后，便可以从 $\bar{F}(s)$、$\bar{H}(s)$ 的拉氏逆变换中求出系统的瞬态响应。

【例 1.3.1】　试用拉氏变换求单自由度弹簧-质量系统的单位脉冲响应。

【解】　系统运动方程为 $m\ddot{x}+kx=F(t)$，在初始条件 $x(0)=\dot{x}(0)=0$ 下对其两边作拉氏变换，则

$$(ms^2+k)\bar{x}(s)=\bar{F}(s)$$

则传递函数为

$$\bar{H}(s)=\frac{\bar{x}(s)}{\bar{F}(s)}=\frac{1}{m}\cdot\frac{1}{s^2+\omega_n^2}$$

进行拉氏逆变换可得单位脉冲响应

$$h(t)=\mathrm{L}^{-1}[\bar{H}(s)]=\mathrm{L}^{-1}\left[\frac{1}{m}\cdot\frac{1}{s^2+\omega_n^2}\right]=\frac{1}{m\omega_n}\sin\omega_n t$$

结果与式(1.2.19)在 $\zeta=0$ 条件下的结果相同($F_0=1$ 时为单位阶跃激励)。

【例 1.3.2】　用拉氏变换求例 1.2.3 中的响应(忽略阻尼)。

【解】　查表得单位阶跃函数的拉氏变换为

$$\mathrm{L}[F(t)]=\mathrm{L}[u(t)]=\frac{1}{s}$$

由例 1.3.1 的 $\bar{H}(s)$ 代入式(1.3.12)，得

$$\bar{x}(s)=\bar{H}(s)\cdot\bar{F}(s)=\frac{1}{m}\cdot\frac{1}{s^2+\omega_n^2}\cdot\frac{1}{s}=\frac{1}{m\omega_n^2}\left(\frac{1}{s}-\frac{s}{s^2+\omega_n^2}\right)$$

它的逆变换为

$$x(t)=\mathrm{L}^{-1}[\bar{x}(s)]=\frac{1}{m\omega_n^2}(1-\cos\omega_n t)$$

计算结果同例 1.2.3，此时 $F_0=1$。

若考虑系统初始条件，$x(0)=x_0$，$\dot{x}(0)=v_0$，则系统一般响应为式(1.3.6)形式，即

$$\bar{x}(s)=\frac{\bar{F}(s)+(ms+c)x_0+mv_0}{ms^2+cs+k}$$

或

$$\bar{x}(s)=\frac{\bar{F}(s)}{m(s^2+2\zeta\omega_n s+\omega_n^2)}+\frac{s+2\zeta\omega_n}{s^2+2\zeta\omega_n s+\omega_n^2}+\frac{v_0}{s^2+2\zeta\omega_n s+\omega_n^2} \tag{1.3.14}$$

对式(1.3.14)右边三项分别作拉氏逆变换，得系统总响应为

$$x(t)=\frac{1}{m\omega_d}\int_0^t F(\tau)e^{-\zeta\omega_n(t-\tau)}\sin\omega_d(t-\tau)d\tau$$

$$+\frac{x_0}{\sqrt{1-\zeta}}e^{-\zeta\omega_n t}\cos(\omega_d t-\Phi)+\frac{v_0}{\omega_d}e^{-\zeta\omega_n t}\sin\omega_d t \tag{1.3.15}$$

1.4 复数表示法和系统的阻尼比

简谐振动也可以用复数来表示，如图1.4.1所示，模为 A 的矢量 $\overrightarrow{OP}$，起始位置与实轴的夹角为 φ，它以等角速度 ω 沿逆时针方向在复平面中绕 O 点旋转，矢量 $\overrightarrow{OP}$ 的复数表达式为

$$Z=A[\cos(\omega t+\varphi)+j\sin(\omega t+\varphi)] \tag{1.4.1}$$

根据欧拉公式 $e^{j\theta}=\cos\theta+j\sin\theta$，则式(1.4.1)可改写成

$$Z=Ae^{j(\omega t+\varphi)} \tag{1.4.2}$$

则简谐振动 x 是复数旋转矢量在虚轴的投影，即

$$x=A\sin(\omega t+\varphi)=\mathrm{Im}Z=\mathrm{Im}[Ae^{j(\omega t+\varphi)}] \tag{1.4.3}$$

以后的叙述中，对复数表达式不作特殊说明时，即表示取其虚部。

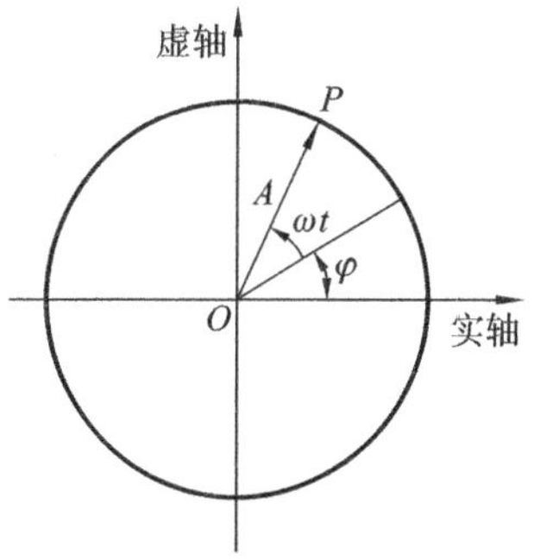

图1.4.1　简谐振动的复数表示

定义正弦驱动力 F 与系统响应速度 v 之比为 Impedance，一般用符号 Z 表示，它表征结构对运动的阻抗。在分析系统阻抗时，常用复指数来表示简谐量。例如方程(1.2.1)中的力可以写成

$$F(t)=F_0e^{j\omega t}$$

其中，ω 是驱动频率。如果位移被看成是正弦函数，那么物理运动参数变成了复指数的虚部。使用复数表示，单自由度系统的受迫响应变成

$$m\ddot{x}(t)+c\dot{x}(t)+kx(t)=F_0e^{j\omega t} \tag{1.4.4}$$

假设产生的位移形式为

$$x(t)=A\sin(\omega t-\theta)$$

那么它的复数形式的响应速度为

$$v(t)=Aj\omega e^{j(\omega t+\theta)}$$

这里 ω 是驱动频率，θ 是驱动力和响应结果的相位移。将 $x(t)$ 以复指数的形式代入方程(1.4.4)，得

$$(-\omega^2m+j\omega c+k)Ae^{j\omega-j\theta}=F(t)$$

其中 A 是未知数，解方程

$$A=\frac{F_0e^{j\theta}}{-\omega^2m+j\omega c+k}$$

其大小和相角如下：

$$|A|=\frac{F}{\sqrt{(k-\omega^2m)^2+(\omega c)^2}} \text{ 且 } \theta=\tan\frac{\omega c}{k-\omega^2m}$$

这个结果与方程(1.2.4)和方程(1.2.5)一致。

类似于力和速度的比，下面每种元素的 Impedance 如表 1.4.1 所示。

表 1.4.1　质量、阻尼和刚度的阻抗

项　　目	阻　　抗
质量	$Z=\mathrm{j}\omega m$
阻尼	$Z=c$
刚度	$Z=-\mathrm{j}k/\omega$

1.5　振动的设计与控制

可以通过调整系统某些参数，来控制瞬态和稳态响应。例如，可以简单地选择 m、c、k 使系统的超调量得到控制。但是，如果既要控制超调量，又要控制上升时间和峰值时间，仅仅选择 m、c、k 可能就不能满足所有要求了，因此不能得到理想的响应形态。

另外必须考虑到，物理参数 m、c、k 都会受到一些必须满足的条件的约束，例如系统材料的属性决定了阻尼比无法改变，只有 m 和 k 可以调整。还有，m 的调整往往希望不超过设计质量的 10%，这就更进一步限制了可调整的范围，同时对刚度 k 的调整还不能使系统静态变形太大和静态强度太弱。

例如考虑一个单自由度的系统响应，如图 1.5.1 所示，通过选择 m、c、k，从而决定 ζ 和 ω_n，可以达到理想的响应时间 $t_s=3.2$ units，峰值时间 $t_p=1$ unit，那么 $\omega_n=1/\zeta$，$\zeta=1/\sqrt{1+\pi^2}$，这样，超调量就由此确定了，因为

$$\mathrm{O.S.}=\mathrm{e}^{-\zeta\pi/\sqrt{1-\zeta^2}}$$

这样所有的三个性能参数不能被满足，设计人员只好采取折中的办法，重新配置系统结构或增加附加的元件。

因此，为了满足振动的指标，避免共振，在许多情况下需要增加附加的吸振器和隔振器，还可以采用主动控制和反馈控制方法。

物理参数 m、c、k 决定了系统响应的形状，选择这些参数就是在设计振动系统。被动控制可以看成改变已经存在的振动系统的参数，以满足振动响应的要求。例如，可以增加系统质量以减小系统固有频率。虽然被动控制和重新设计系统是一个系统设计的有效方法，但对 m、c、k 的限制经常难以达到理想的振动指标。那么，唯一的选择是进行主动的控制。

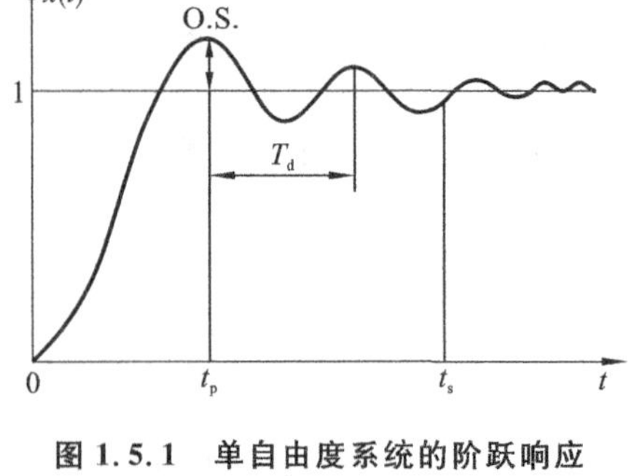

图 1.5.1　单自由度系统的阶跃响应

有许多不同的主动控制方法，我们只举例说明振动和控制方法之间的联系。

主动控制和被动控制的区别是主动控制需要外部的能源和作动器，被动控制只是改变对象的物理参数，也可增加没有外部能源的元件。主动控制需要测量系统响应的当前值，被动控制不需要。

反馈控制首先要测量系统的输出，或者称为系统响应，然后根据这些输出决定作用在系统上的力，以此使系统达到理想的响应。控制系统硬件包括传感器、作动器和电子装置。

(1) 传感器：测量系统响应；

(2) 作动器：对系统施加作用力；

(3) 电子装置：将传感信息转化成作动器指令(控制律)。

以上元件构成的闭环控制系统方块图如图 1.5.2 所示。

闭环控制系统是有反馈的系统，而没有反馈的控制系统称为开环控制系统，如图 1.5.3 所示。两个系统的主要区别是闭环系统需要系统的响应，开环不需要。

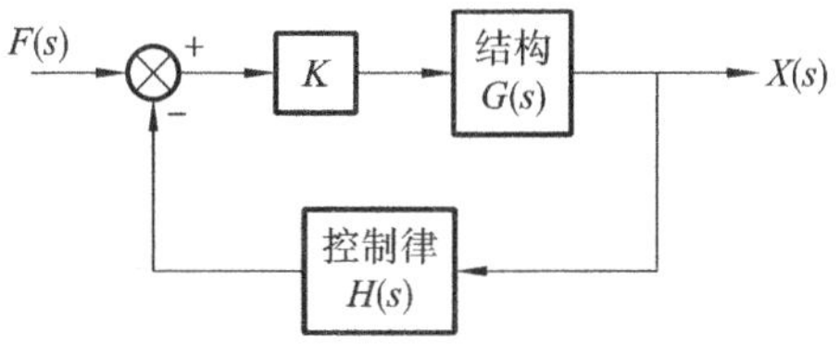

图 1.5.2　闭环控制系统方块图

图 1.5.3　开环控制系统方块图

由传感信息通过作动器去驱动系统的过程称为控制律，用 $H(s)$ 表示。许多控制理论就是通过优化控制律以得到理想的响应。一种简单的开环控制律就是用一个常数放大响应的测量值，称为固定增益控制。在图 1.5.3 中，FRF 的值被乘以一个固定的增益 K，在频域里可表示为

$$\frac{X(s)}{F(s)} = KG(s) = \frac{K}{ms^2 + cs + k}$$

上式的对象是结构的单自由度系统。在时域里，这个系统可以写成

$$m\ddot{x}(t) + c\dot{x}(t) + kx(t) = Kf(t) \tag{1.5.1}$$

这个开环控制的效果就是简单地用 K 乘以稳态响应，以增加峰值 M_p。

另外，在图 1.5.2 所示的闭环控制系统中，对应的频域表达为

$$\frac{X(s)}{F(s)} = \frac{KG(s)}{1 + KG(s)H(s)}$$

如果反馈控制律采用测量速度和位置，则分别乘以常数 g_1 和 g_2，再将其结果相加：

$$H(s) = g_1 s + g_2$$

因为速度和位置都是系统的状态变量，所以这种控制也称为完全状态反馈，或 PD 控制。这时

$$\frac{X(s)}{F(s)} = \frac{K}{ms^2 + (kg_1 s + c)s + (kg_2 + k)}$$

系统时域上的响应可以通过拉氏逆变换得到

$$m\ddot{x}(t) + (c + kg_1)\dot{x}(t) + (k + kg_2)x(t) = Kf(t) \tag{1.5.2}$$

通过比较方程(1.5.1)和方程(1.5.2)，可看出闭环控制和开环控制，或主动控制和被动控制的区别是很明显的。在许多情况下，K、g_1、g_2 可自动选择，通过使用闭环控制，相比被动控

制，设计人员有更多参数可以选择，以达到理想的控制效果。

但是，闭环控制也会造成许多困难，如果不仔细设计，会造成系统的不稳定。例如，假设控制律的目标是减少结构的刚度，以降低固有频率，检查方程(1.5.2)，就要求 g_2 是负数，那么如果 k 值估计偏大，g_2 估计正确，这样 $x(t)$ 的系数就是负的，会造成系统不稳定。也就是说，如果 $k+kg_2<0$，会产生正反馈，这不是设计的目的，但如果固有参数估计不准，系统就会不稳定。

从物理观点看，不稳定是可能的，因为控制系统在不断对结构施加能量。主要的要求是设计高性能的控制系统以保证系统的稳定。这就引出了对控制增益的另外一个约束。当然，闭环控制系统成本也很高，因为必须购买传感器、作动器、电子装置。从另一角度看，只要系统设计适当，闭环控制系统会有较好的控制效果。

反馈控制系统测量系统的响应，以修改和反过来增加系统的输入，最终改善系统响应。改进系统响应还有一个办法，就是产生一个输入有效地抵消对系统的扰动，这个方法称为前馈控制。也就是利用某个点的系统响应，设计出相应的控制力，以此抵消没有这个控制力时系统原来的响应，综合的结果是系统响应接近零。前馈控制更多应用于高频振动系统，如噪声的控制。

1.6 单自由度 PID 控制

考虑图 1.6.1 所示的单自由度系统，其中 $f(t)$ 为外激励力，$u(t)$ 为系统振动响应。易知该系统的传递函数为

$$G(s)=\frac{U(s)}{F(s)}=\frac{1}{ms^2+cs+k} \tag{1.6.1}$$

式中：$F(s)$ 和 $U(s)$ 分别为 $f(t)$ 和 $u(t)$ 的拉普拉斯变换。

若要对系统的振动响应进行主动控制，则需在质量块上再施加一个控制力 $f_c(t)$，此时该系统变为图 1.6.2 所示形式，因此在振动控制中，关键是要产生一个合适的主动控制力 $f_c(t)$。

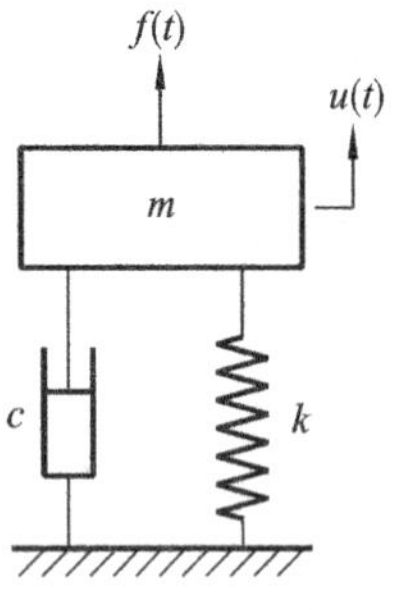

图 1.6.1 单自由度系统

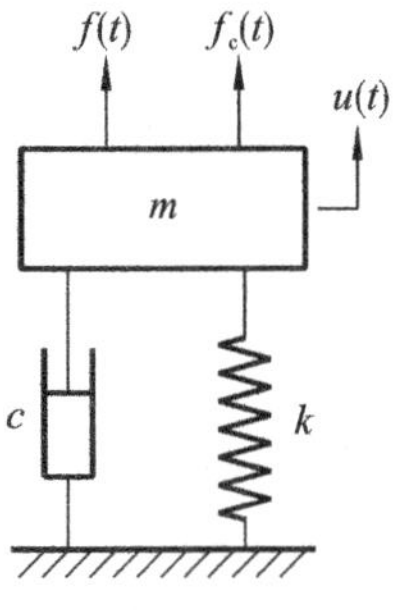

图 1.6.2 受控单自由度系统

振动控制可分为两大类：一是减振控制，此时控制目标是使系统振动响应趋于零；二是跟踪控制，此时控制目标是使系统振动响应满足预定要求。

当采用比例-积分-微分(proportional-intergral-derivative，PID)反馈控制时，控制系统的框图如图 1.6.3 所示，其中：$r(t)$ 为参考输入信号；$e(t)$ 为控制误差信号；$K_c(s)$为控制器传递函数；$f_c(t)$为控制力，$f(t)$ 为已知外激励力，$G(s)$ 为受控对象(图 1.6.1 所示的单自由度系统)的传递函数；$y(t)$ 为系统输出；$y(t)$ 的负值为反馈信号，它们均为标量函数。图 1.6.3 中

暂不考虑扰动和噪声的因素。扰动是指未知外激励对输出的影响，噪声是指对输出测量有影响的其他因素。

加入反馈控制环节后，整个系统被称为闭环系统；否则称为开环系统。控制系统的目标是使受控对象的输出 $y(t)$ 与参考输入 $r(t)$ 相同。对减振控制而言，$r(t)=0$，对跟踪控制而言，$r(t)$ 为一给定的函数。

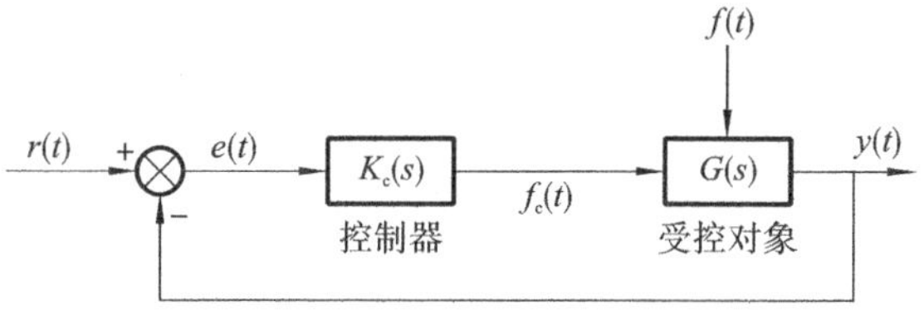

图 1.6.3　PID 控制框图

PID 控制的基本方法是控制器根据控制误差 $e(t)$ 生成主动控制力 $f_c(t)$输入受控对象，使其输出 $y(t)$ 满足要求。采用 PID 控制时，控制力 $f_c(t)$可表示为

$$f_c(t)=k_p e(t)+k_i\int e(t)\mathrm{d}t+k_d\frac{\mathrm{d}e(t)}{\mathrm{d}t} \tag{1.6.2}$$

式中：k_p 为比例增益；

k_i 为积分增益；

k_d 为微分增益，它们都为实常数。

对式(1.6.2)两边进行拉普拉斯变换可得

$$F_c(s)=k_p E(s)+\frac{k_i}{s}E(s)+k_d sE(s) \tag{1.6.3}$$

式中：$F_c(s)$和 $E(s)$分别为 $f_c(t)$和 $e(t)$的拉普拉斯变换(不考虑其初值影响)。

由此得到控制器的传递函数为

$$K_c(s)=\frac{F_c(s)}{E(s)}=k_p+\frac{k_i}{s}+k_d s=k_p(1+\frac{1}{t_i s}+t_d s) \tag{1.6.4}$$

式中：t_i 和 t_d 分别为积分和微分时间常数。

由图 1.6.3 可得

$$Y(s)=G(s)F(s)+G(s)F_c(s) \tag{1.6.5}$$

$$F_c(s)=K_c(s)E(s) \tag{1.6.6}$$

$$E(s)=R(s)-Y(s) \tag{1.6.7}$$

式中：$Y(s)$ 和 $R(s)$ 分别为 $y(t)$ 和 $r(t)$ 的拉普拉斯变换。

对于减振控制而言，参考输入 $R(s)=0$，则可得到闭环系统的振动响应 $y(t)$ 和外激励 $f(t)$ 之间的传递函数为

$$G_c(s)=\frac{Y}{F}=\frac{G}{1+GK_c} \tag{1.6.8}$$

即

$$Y=G_c F \tag{1.6.9}$$

相应的控制力为

$$F_c(s)=-K_c G_c F \tag{1.6.10}$$

可见，加入反馈主动控制后，外激励与系统响应之间的传递特性被改变，即系统的振动响

应受到了控制。

对于跟踪控制而言，此时参考输入 $r(t)$ 为一给定的函数，其拉普拉斯变换 $R(s) \neq 0$，即可得系统的振动响应 $y(t)$ 和参考输入 $r(t)$ 之间的传递函数为

$$G_c(s) = \frac{Y}{R} = \frac{G}{1+GK_c}\frac{F(s)}{R(s)} + \frac{GK_c}{1+GK_c} \tag{1.6.11}$$

当无外激励时，$F(s)=0$，式(1.6.11)变为

$$G_c(s) = \frac{Y}{R} = \frac{GK_c}{1+GK_c} \tag{1.6.12}$$

要特别注意，式(1.6.11)和式(1.6.12)与式(1.6.8)的区别。在式(1.6.8)中，外激励 F 是实际施加在受控对象上的力，而式(1.6.11)和式(1.6.12)中的参考输入 R 不是实际施加在受控对象上的力，式(1.6.11)和式(1.6.12)反映的是闭环系统的响应 Y 与参考输入 R 的一种关系，即

$$Y = G_c R \tag{1.6.13}$$

也就是说，若将 R 看成闭环系统的输入，则系统的输出为 Y。相应的主动控制力为

$$F_c(s) = K_c(1-G_c)R \tag{1.6.14}$$

【例 1.6.1】 在图 1.6.1 中取 $m=1$ kg，$c=0.1$ N·s/m，$k=1$ N/m，外激励 $f(t)$ 为 1 N 的单位阶跃力，$r(t)$ 为 1 m 的单位阶跃位移。若取 $k_p=1$，$k_i=1$，$k_d=1$，试用 Matlab 编程仿真，研究减振控制和跟踪控制效果及所需施加的控制力，假设系统初始条件为零。

【解】 对于减振控制，系统响应和外激励的传递特性为式(1.6.8)，在 Matlab 中用 step 函数可求出系统对阶跃激励的响应；对于跟踪控制，由于此时参考输入和外激励均为单位阶跃形式，它们的拉普拉斯变换相同，因此式(1.6.11)变为 $G_c(s)=Y/R=G/(1+GK_c)+GK_c/(1+GK_c)$，同样可用 step 函数求出该传递函数对单位阶跃激励的响应。另外，对无控制情形，可直接针对式(1.6.1)利用 step 函数求取系统对单位阶跃激励的响应。具体结果如图 1.6.4 所示。由图中可见，在无控制时，系统响应围绕位移为 1 m 处上下做长时间衰减振动；在施加减振 PID 控制后，系统位移较快地趋近于 0；在施加跟踪 PID 控制后，系统位移较快地趋近于 1。

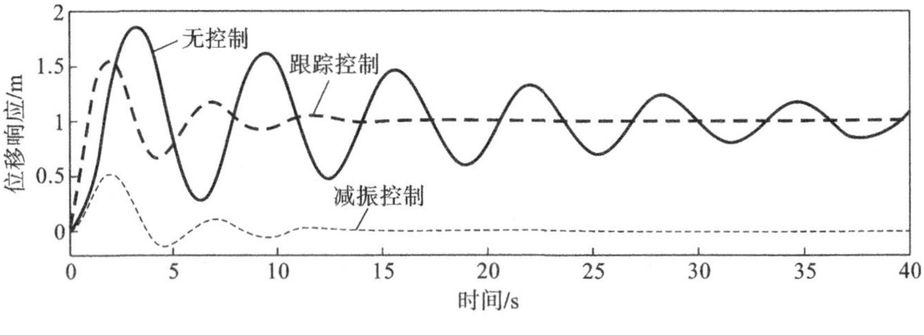

图 1.6.4　单自由度系统 PID 控制结果

实现以上控制过程所需施加的控制力分别如式(1.6.10)和式(1.6.14)所示。从形式上看，它们也可以采用 Matlab 的 step 函数求解，这对于式(1.6.10)不存在问题。但式(1.6.14)中 R 与 F_c 之间的传递函数为 $K_c(1-G_c)$，若将 K_c 和 G_c 的表达式代入其中，可知该传递函数中分子关于 s 的阶数高于分母。当系统传递函数分子的阶次高于分母时，称该传递函数是不适定的。在 Matlab 中，不适定的传递函数不能采用 step 函数求解阶跃响应。此时，可以采用

数值微积分的方法来计算控制力。

假设采样时间间隔为 Δt，以下用 n 表示 $n\Delta t$ 时刻，则式(1.6.2)可离散表达为

$$f_c(n) = k_p e(n) + k_i \Delta t \sum_{i=0}^{n} e(i) + \frac{k_d}{\Delta t}[e(n) - e(n-1)] \tag{1.6.15}$$

式中：

$$e(n) = r(n) - y(n) \tag{1.6.16}$$

利用以上两式可得控制力如图 1.6.5 所示。

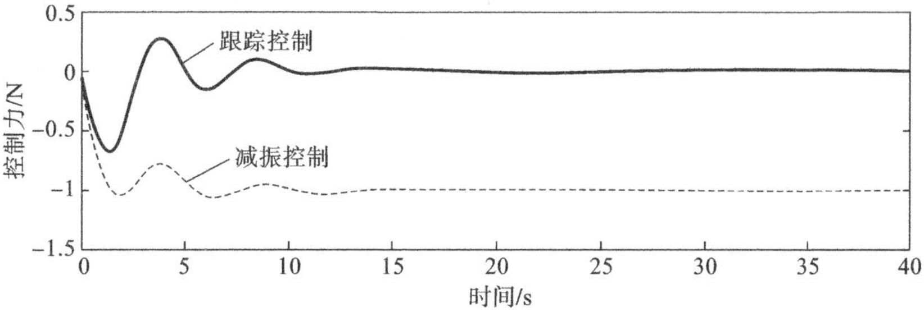

图 1.6.5　单自由度系统 PID 控制主动控制力

【例 1.6.2】 如图 1.6.6 所示的悬臂梁，在第一自由度作用有外激励 $f(t)$，现在第三自由度施加主动控制力 $f_c(t)$，以第五自由度挠度响应作为系统输出。采用 PID 对系统输出进行控制。试用 Matlab 编程仿真，研究不同 P 增益下的减振控制效果，假设系统初始条件为零。

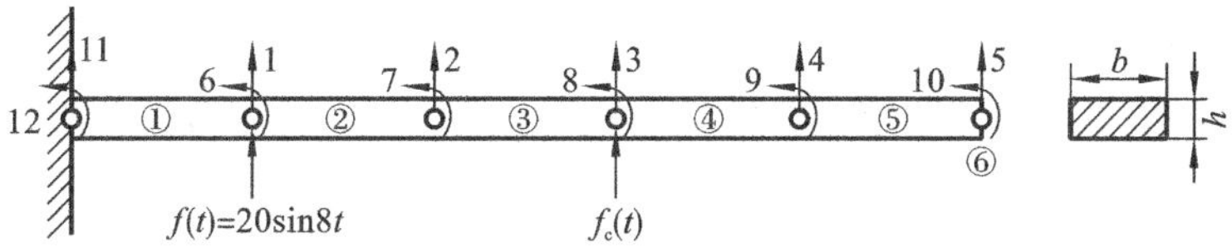

图 1.6.6　悬臂梁振动 PID 主动控制

【解】 第五自由度的响应可表示为

$$Y(s) = H_{53}(s)F_c(s) + H_{51}(s)F(s) \tag{a}$$

式中：$H_{53}(s)$ 为第三自由度激励与第五自由度响应之间的传递函数；

$H_{51}(s)$ 为第一自由度激励与第五自由度响应之间的传递函数，在模拟计算中，可通过 Matlab 对传递函数矩阵公式直接求出。

因为对应减振控制

$$F_c(s) = -K_c(s)Y(s) \tag{b}$$

所以有

$$Y = \frac{H_{51}}{1 + H_{53}K_c}F \tag{c}$$

式(c)就表示施加 PID 反馈控制后外激励与响应之间的传递关系。若 $k_i = 10$，$k_d = 1$ 保持不变，k_p 分别取 $k_{p1} = 5000$、$k_{p2} = 10000$、$k_{p3} = 20000$、$k_{p4} = 28000$，则系统受控响应分别如图 1.6.7和图 1.6.8 所示。由图 1.6.7 可见，当 k_p 逐渐增大时，受控响应幅度逐渐变小，但当 k_p 增大到一定程度后，如图 1.6.8 所示，受控响应幅度则趋向发散。

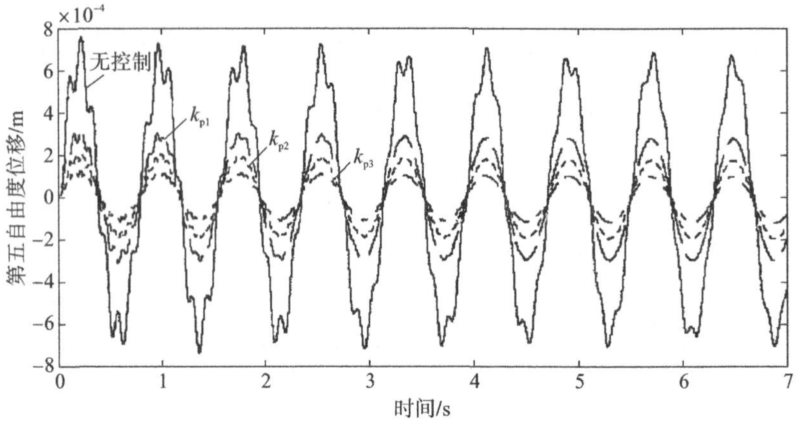

图 1.6.7　$k_p = k_{p1}$、k_{p2}、k_{p3} 时悬臂梁自由端横向振动响应

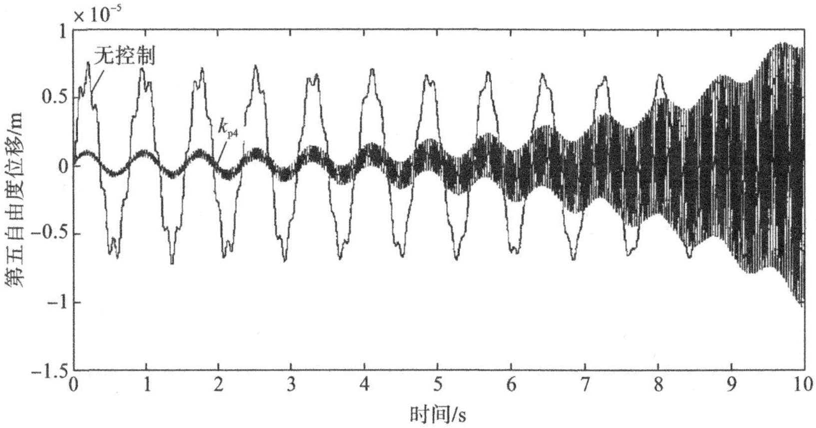

图 1.6.8　$k_p = k_{p4}$ 时悬臂梁自由端横向振动响应

1.7　带有前置补偿器的跟踪控制系统

带有前置补偿器的跟踪控制系统框图如图 1.7.1 所示，其中 $K_r(s)$为前置补偿器。K_r 的作用是对参考输入 $R(s)$ 进行预补偿，以提高反馈跟踪的精度。例如，若响应 $Y(s)$ 在某频段幅值过大，则可通过 K_r 使参考谱 $R(s)$ 在该频段的幅值降低，这样跟踪精度将得到改善。例如，在图 1.7.2 中，无前置补偿时，反馈控制的输出响应谱在局部超出容差带，通过反馈控制已无法得到改善。此时若添加前置补偿器，使参考谱在该超标区域的要求幅度合理下降，则有可能使控制效果得到改善。

【例 1.7.1】 如图 1.7.3 所示的闭环反馈控制系统，试设计控制器，使输出响应 Y 跟踪参考输入 R。

【解】 在频域内系统的输出为

$$Y = GK_c(K_rR - Y) \tag{a}$$

即

$$Y = \frac{GK_c}{1 + GK_c}K_rR \tag{b}$$

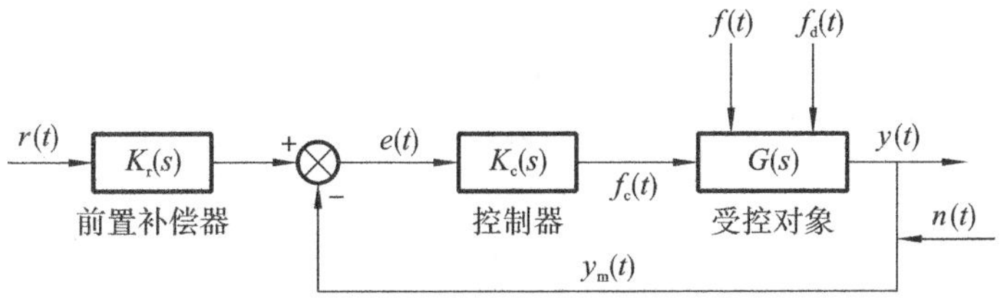

图 1.7.1　含前置滤波器的反馈控制系统框图

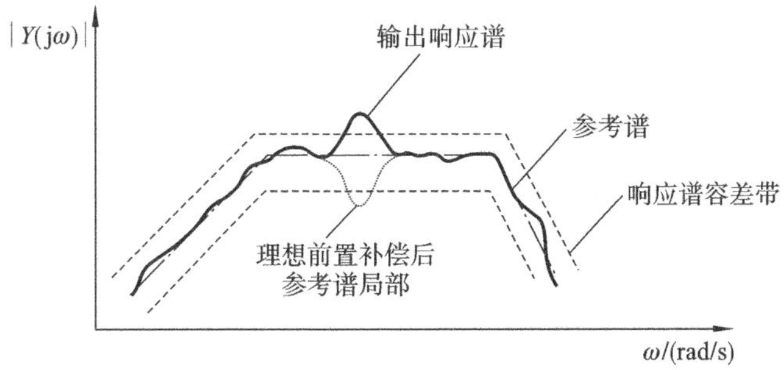

图 1.7.2　理想前置补偿示意图

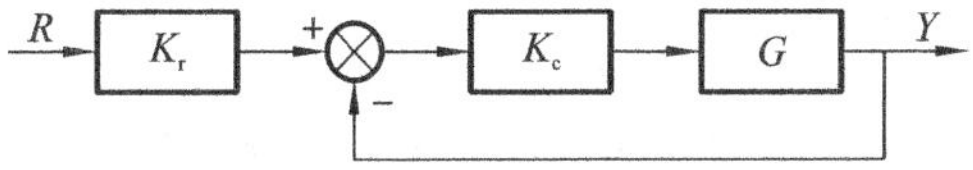

图 1.7.3　频域跟踪控制

若取

$$K_c = G^{-1} \tag{c}$$

$$K_r = 2 \tag{d}$$

则可得

$$Y = \frac{GG^{-1}}{1+GG^{-1}} 2R = R \tag{e}$$

本例展示的是一种基于求逆的控制器设计方法，该法在频域谱的控制中有重要应用价值。基于求逆的控制法主要存在两个困难：一是 G^{-1} 在某些频率点处会出现病态；二是时域内控制力的产生。

1.8　单自由度系统状态空间方程

单自由度系统的运动方程为

$$\left.\begin{aligned} m\ddot{u} + c\dot{u} + ku &= f \\ u(0) = u_0, \dot{u}(0) &= \dot{u}_0 \end{aligned}\right\} \tag{1.8.1}$$

将该方程第 1 式两边同时除以 m，并进行移项可得

$$\left.\begin{aligned} \ddot{u} &= -\frac{c}{m}\dot{u} - \frac{k}{m}u + \frac{f}{m} \\ u(0) &= u_0, \dot{u}(0) = \dot{u}_0 \end{aligned}\right\} \tag{1.8.2}$$

若令

$$\boldsymbol{x} = \begin{bmatrix} x_1 \\ x_2 \end{bmatrix} = \begin{bmatrix} u_1 \\ u_2 \end{bmatrix} \tag{1.8.3}$$

$\boldsymbol{x}$ 称为系统的状态向量，显然 $x_2=\dot{x}_1$，则方程式(1.8.2)可化为

$$\left.\begin{aligned} \dot{x} &= \boldsymbol{A}\boldsymbol{x} + \boldsymbol{B}f \\ \boldsymbol{x}_0 &= \begin{bmatrix} u_0 \\ u \end{bmatrix} \end{aligned}\right\} \tag{1.8.4}$$

式中：

$$\boldsymbol{A} = \begin{bmatrix} 0 & 1 \\ -\dfrac{k}{m} & -\dfrac{c}{m} \end{bmatrix}, \boldsymbol{B} = \begin{bmatrix} 0 \\ \dfrac{1}{m} \end{bmatrix} \tag{1.8.5}$$

$\boldsymbol{A}$ 为系统矩阵，$\boldsymbol{B}$ 为输入矩阵。

可用输出矩阵 $\boldsymbol{C}$ 从状态向量中取出所需输出的物理量，例如

$$\dot{u} = \boldsymbol{C}\boldsymbol{x} = [0 \quad 1]\begin{bmatrix} u \\ \dot{u} \end{bmatrix} \tag{1.8.6}$$

则

$$\boldsymbol{C} = [0 \quad 1] \tag{1.8.7}$$

控制论中常用式(1.8.8)完整地表示系统的输出，即

$$\boldsymbol{y}=\boldsymbol{C}\boldsymbol{x}+\boldsymbol{D}\boldsymbol{u} \tag{1.8.8}$$

式中：$\boldsymbol{D}$ 为直通矩阵，表示输入直接到输出，多数情况下 $\boldsymbol{D}=\boldsymbol{0}$。

1.9　稳　定　性

在以前所有的讨论中，物理参数 m、c、k 都是正值。对于有些系统，这几个值有可能是负的，这样的系统一般工作不正常，需要再做一些分析。

方程(1.1.2)的解形如 $A\sin(\omega t+\varphi)$，其中 A 是常数，容易看出，其响应 $x(t)$ 在本情况下是有界的，即

$$|\ x(t)\ | \leqslant A$$

对于所有的 t 而言，A 是有界的常数，$|x(t)|$ 是系统响应的绝对值。在这种情况下，系统工作正常，或者说是稳定的(控制理论称为临界稳定)。只要 m、k 是正的或 m、k 的符号相同，则方程 $\lambda^2 m+k=0$ 的根是纯虚数。

如果偶然 k 是负的，且 m 是正的，那么系统的解为

$$x(t) = A\sinh\omega_n t + B\cosh\omega_n t$$

当 t 无限大时，$x(t)$ 也会增加，这样的系统是发散或不稳定的。

考察有阻尼的系统方程(1.1.1)的解，如果其系数都是正的，很显然当 t 变得很大时，$x(t)$ 会因为前面的指数项而趋于零。这样的系统被认为是渐近稳定的。同样，如果一个或两个系数为负，系统响应就会变得没有限制的大，并且如前述一样不稳定，这时，系统以两种方法之一变得不稳定。与过阻尼和欠阻尼相似，运动会无边界地变大，且不振荡；或者运动会变大，且振荡。前面一种不稳定称为发散不稳定，后面一种称为颤振不稳定。但两种都是自激振荡的范围。很显然，系数的符号决定了系统是否稳定，图 1.9.1～图 1.9.4 显示了以上响应。

系统的稳定性可以用特征方程的根(只要 m、k 是正的)或以传递函数的极点来分析。考

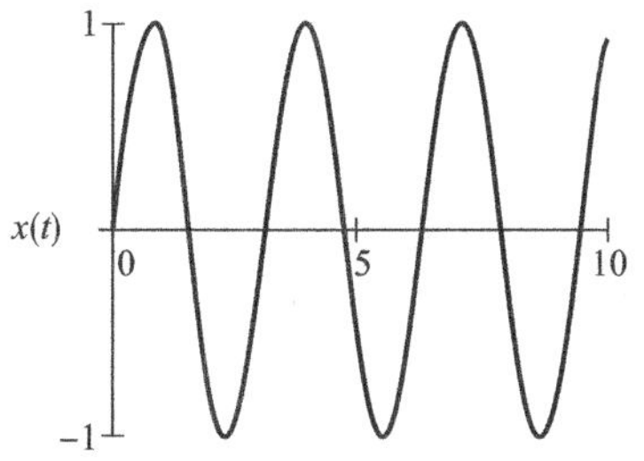

图 1.9.1　稳定系统的响应

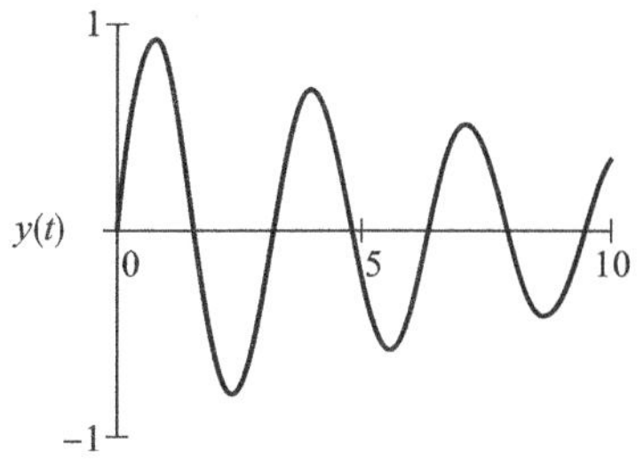

图 1.9.2　渐近稳定系统的响应

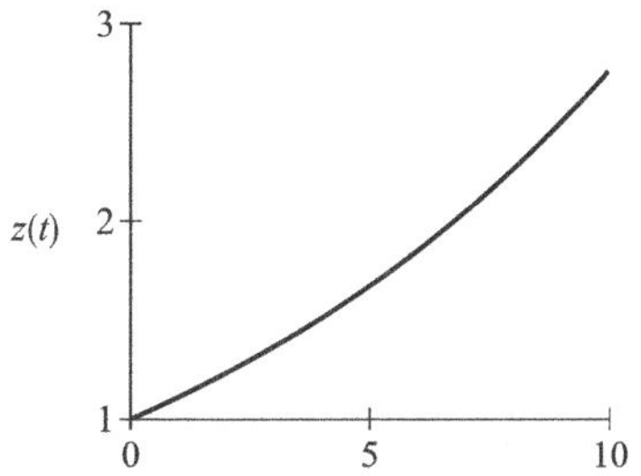

图 1.9.3　发散性不稳定系统响应

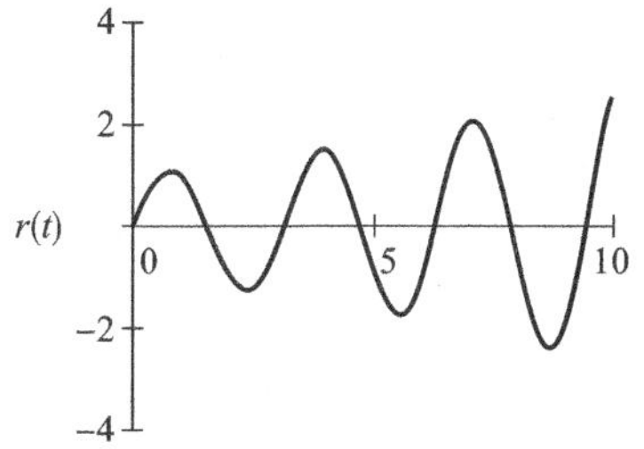

图 1.9.4　颤振不稳定系统的响应

察图 1.3.1，事实上，如果所有极点在虚轴上，系统就是稳定的；如果一个或多个极点在右半平面，系统就是不稳定的。如果所有极点都在左半平面，系统就是渐近稳定的。当极点在右半平面，但不在实轴上（即具有正实部的共轭复数根），就会发生颤振。如果极点在右半平面，且沿着实轴，系统就会发散。对于简单的单自由度系统，m、c、k 的符号决定了极点在复平面上的位置。

前面所有的关于稳定的概念都是对自由振动而言的。这些概念也可用于受迫振动的稳定性分析。受迫系统的稳定性由所施加的力或输入决定。如果对任何有界的输入，输出在任何初始条件下都是有界的，系统称为有界输入有界输出稳定（BIBO 稳定）。这样的系统共振时是可以操作的。

考察方程（1.2.1），当 $c=0$ 时，无阻尼系统不是 BIBO 稳定，因为当 $f(t)=\sin\omega_n t$ 时，系统因为共振，响应 $x(t)$ 会变得无穷大，而此时输入 $f(t)$ 确实是有界的。当 $c>0$ 时，只要 $f(t)$ 是有界的，系统响应都是有界的。事实上，系统共振时 $x(t)$ 有最大值 M_P，方程（1.2.1）具有阻尼，称为 BIBO 稳定。

当 $f(t)$ 是一个脉冲或阶跃函数时，一个无阻尼结构的响应是有界的。这个事实引出了一个弱一点的关于受迫系统响应的稳定性定义。对于一个已知的输入，在任何初始条件下，如果系统的响应是有界的，那么这个系统就称为有界，或者 Lagrange 稳定。方程（1.1.2）描述的结构对许多输入都是 Lagrange 稳定的。当 $f(t)$ 是完全已知或已知会以某些特定的函数下降时，这种定义非常有用。

不讨论系统的响应，稳定性也可从能量变化的角度来分析。如果系统能量不断增加，则系统是不稳定的；如果能量保持不变，则系统是稳定的；如果能量不断减少，则系统是渐近稳定的。Lyapunov 稳定性理论就是扩展了这种思想。另外一种稳定性理论是建立在系统响应对参数 m、c、k 的微小扰动的敏感性或初始条件变化的敏感性基础上的。可惜似乎没有一种对所有情况都适应的统一的稳定性判断准则。

思 考 题

1. 如题图 1.1 所示，$m=10$ kg，$k=500$ N/m，$c=40$ N·s/m，初始时系统静止，若给质量块一初速度 $\dot{u}_0=0.98$ m/s，求其后系统的位移和速度响应。

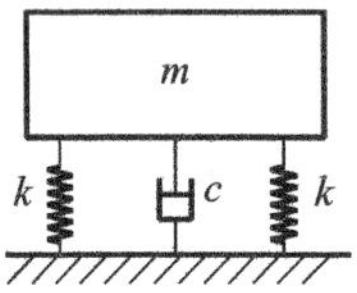

题图 1.1

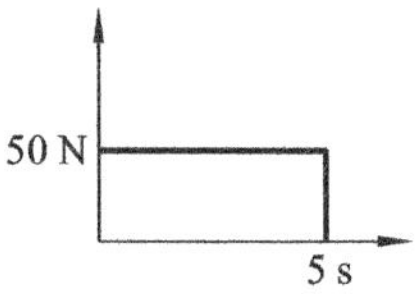

题图 1.2

2. 在第 1 题中若质量块受到正弦激励 $f(t)=100\sin 20t$ N，求系统的稳态位移响应。

3. 求题图 1.1 所示系统在零初始条件下受题图 1.2 所示力作用下的位移响应。

4. 用状态空间法采用 Matlab 绘制题图 1.1 所示系统在初始条件 $u_0=0.05$ m，$\dot{u}_0=0.1$ m/s，且在题图 1.2 所示力作用下的位移响应曲线。

第 2 章　二自由度系统

2.1　二自由度系统自由振动

工程中大量的实际系统常常需要用多个自由度才能合理地反映其物理本质。与单自由度系统比较，多自由度系统振动将出现一些新的现象，必须引入新的概念。由于二自由度系统是最简单的多自由度系统，二自由度系统的振动问题在数学上求解较简单，因而讨论二自由度系统振动问题对理解和掌握多自由度系统问题的解题思路和物理概念是有益的。不仅如此，二自由度系统本身也有其工程应用背景。

2.1.1　无阻尼系统振动微分方程组的解

二自由度系统无阻尼自由振动的微分方程组为

$$\begin{bmatrix} m_{11} & m_{12} \\ m_{21} & m_{22} \end{bmatrix}\begin{Bmatrix} \ddot{x}_1 \\ \ddot{x}_2 \end{Bmatrix}+\begin{bmatrix} k_{11} & k_{12} \\ k_{21} & k_{22} \end{bmatrix}\begin{Bmatrix} x_1 \\ x_2 \end{Bmatrix}=\begin{Bmatrix} 0 \\ 0 \end{Bmatrix} \tag{2.1.1}$$

设方程的一组解为

$$\begin{Bmatrix} x_1 \\ x_2 \end{Bmatrix}=\begin{Bmatrix} A\cos(\omega t-\varphi) \\ B\cos(\omega t-\varphi) \end{Bmatrix} \tag{2.1.2}$$

把式(2.1.2)代入式(2.1.1)并消去不恒等于零的项 $\cos(\omega t-\varphi)$，得到下列线性代数方程组

$$\begin{bmatrix} k_{11}-m_{11}\omega^2 & k_{12}-m_{12}\omega^2 \\ k_{21}-m_{21}\omega^2 & k_{22}-m_{22}\omega^2 \end{bmatrix}\begin{Bmatrix} A \\ B \end{Bmatrix}=\begin{Bmatrix} 0 \\ 0 \end{Bmatrix} \tag{2.1.3}$$

方程组(2.1.3)有非零解的充要条件是使系数行列式的值为零，即

$$\begin{vmatrix} k_{11}-m_{11}\omega^2 & k_{12}-m_{12}\omega^2 \\ k_{21}-m_{21}\omega^2 & k_{22}-m_{22}\omega^2 \end{vmatrix}=0 \tag{2.1.4}$$

式(2.1.4)为方程(2.1.1)的频率方程或特征方程，展开后是 ω^2 的一元二次方程，解方程(2.1.4)得到 ω^2 的两个根为

$$\omega_{1,2}^2=\frac{\beta}{2\alpha}\mp\frac{1}{2}\sqrt{\left(\frac{\beta}{\alpha}\right)^2-4\frac{\gamma}{\alpha}} \tag{2.1.5}$$

式中：$\alpha=m_{11}m_{22}-m_{12}m_{21}$；

$\beta=k_{11}m_{22}+m_{11}k_{22}-k_{12}m_{21}-k_{21}m_{12}$；

$\gamma=k_{11}k_{22}-k_{21}k_{12}$。

从数学上讲 ω^2 可以是正的，也可以是负的，但从振动问题的物理本质来看，ω_1^2、ω_2^2 必定是正值，而且 ω_1 和 ω_2 也只取正值。这里得到了两个特征根 ω_1 和 ω_2，说明系统可能按两种不同的频率振动。一般情况下，系统的运动是两种不同频率简谐振动的叠加，即

$$\begin{Bmatrix} x_1 \\ x_2 \end{Bmatrix}=\begin{Bmatrix} A_1\cos(\omega_1 t-\varphi_1)+A_2\cos(\omega_2 t-\varphi_2) \\ B_1\cos(\omega_1 t-\varphi_1)+B_2\cos(\omega_2 t-\varphi_2) \end{Bmatrix} \tag{2.1.6}$$

其中，A_i、B_i、$\varphi_i(i=1,2)$ 由系统初始条件确定。对于二自由度系统，只有 4 个初始条件，而式(2.1.6)中却有 6 个未知数，因而必须找到其中某些参数之间的关系。

回到线性代数方程组(2.1.3)，把式(2.1.5)表示的 ω_1 和 ω_2 分别代入方程组(2.1.3)中的任何一个方程都应该使方程成立，取其中之一，就可以得到两个质量在按同一频率振动时的振幅比，即

$$
\left.
\begin{aligned}
&\text{当}\ \omega=\omega_1\ \text{时}\quad \frac{B_1}{A_1}=\frac{k_{11}-m_{11}\omega_1^2}{m_{12}\omega_1^2-k_{12}}=\frac{k_{21}-m_{21}\omega_1^2}{m_{22}\omega_1^2-k_{22}}=\mu_1\\
&\text{当}\ \omega=\omega_2\ \text{时}\quad \frac{B_2}{A_2}=\frac{k_{11}-m_{11}\omega_2^2}{m_{12}\omega_2^2-k_{12}}=\frac{k_{21}-m_{21}\omega_2^2}{m_{22}\omega_2^2-k_{22}}=\mu_2
\end{aligned}
\right\}
\tag{2.1.7}
$$

式(2.1.7)意味着当系统按第一频率 ω_1 振动时，质量 m_2 和质量 m_1 的振幅比为 $\mu_1:1$，当系统按第二频率 ω_2 振动时，质量 m_2 和质量 m_1 的振幅比为 $\mu_2:1$。也就是说

$$
B_1=A_1\mu_1,\quad B_2=A_2\mu_2
\tag{2.1.8}
$$

把式(2.1.8)代入式(2.1.6)，得到用振型矩阵表示的响应为

$$
\begin{Bmatrix} x_1\\ x_2 \end{Bmatrix}=\begin{bmatrix} 1 & 1\\ \mu_1 & \mu_2 \end{bmatrix}\begin{Bmatrix} A_1\cos(\omega_1 t-\varphi_1)\\ A_2\cos(\omega_2 t-\varphi_2) \end{Bmatrix}
\tag{2.1.9}
$$

若系统的初始位移和初始速度分别为 $x_1(0)=x_{10}$，$x_2(0)=x_{20}$，$\dot{x}_1(0)=\dot{x}_{10}$，$\dot{x}_2(0)=\dot{x}_{20}$，代入式(2.1.9)得

$$
\begin{bmatrix} 1 & 1\\ \mu_1 & \mu_2 \end{bmatrix}\begin{Bmatrix} A_1\cos\varphi_1\\ A_2\cos\varphi_2 \end{Bmatrix}=\begin{Bmatrix} x_{10}\\ x_{20} \end{Bmatrix}
\tag{2.1.10}
$$

$$
\begin{bmatrix} 1 & 1\\ \mu_1 & \mu_2 \end{bmatrix}\begin{Bmatrix} A_1\omega_1\sin\varphi_1\\ A_2\omega_2\sin\varphi_2 \end{Bmatrix}=\begin{Bmatrix} \dot{x}_{10}\\ \dot{x}_{20} \end{Bmatrix}
\tag{2.1.11}
$$

由方程组(2.1.10)和方程组(2.1.11)解出 $A_1\cos\varphi_1$、$A_2\cos\varphi_2$、$A_1\sin\varphi_1$ 和 $A_2\sin\varphi_2$，再解出 A_1、A_2、φ_1、φ_2，即

$$
\left.
\begin{aligned}
A_1&=\frac{1}{|\mu_2-\mu_1|}\sqrt{(x_{20}-\mu_2 x_{10})^2+\frac{(\mu_2\dot{x}_{10}-\dot{x}_{20})^2}{\omega_1^2}}\\[2mm]
A_2&=\frac{1}{|\mu_2-\mu_1|}\sqrt{(x_{20}-\mu_2 x_{10})^2+\frac{(\dot{x}_{20}-\mu_1\dot{x}_{10})^2}{\omega_2^2}}\\[2mm]
\varphi_1&=\begin{cases} \arctan\dfrac{(\mu_2\dot{x}_{10}-\dot{x}_{20})\mu_2 x_{10}-x_{20}}{\omega_1(\mu_2 x_{10}-x_{20})\mu_2-\mu_1} & >0\\[4mm] \pi+\arctan\dfrac{(\mu_2\dot{x}_{10}-\dot{x}_{20})\mu_2 x_{10}-\dot{x}_{20}}{\omega_1(\mu_2 x_{10}-x_{20})\mu_2-\mu_1} & <0 \end{cases}\\[6mm]
\varphi_2&=\begin{cases} \arctan\dfrac{(\mu_1\dot{x}_{10}-\dot{x}_{20})x_{20}-\mu_1 x_{10}}{\omega_2(\mu_1 x_{10}-x_{20})\mu_2-\mu_1} & >0\\[4mm] \pi+\arctan\dfrac{(\mu_1\dot{x}_{10}-\dot{x}_{20})x_{20}-\mu_1 x_{10}}{\omega_2(\mu_1 x_{10}-x_{20})\mu_2-\mu_1} & <0 \end{cases}
\end{aligned}
\right\}
\tag{2.1.12}
$$

这样，就能按式(2.1.9)和式(2.1.12)写出系统在初始扰动下的响应。实际上，式(2.1.12)不必死记，只要按导出的过程进行运算，就能得到正确的结果。

2.1.2　无阻尼系统振动特性

从上面对无阻尼二自由度系统振动微分方程的解的分析，可以讨论系统的振动特性。

1. 固有圆频率

从式(2.1.5)可以看出，对二自由度系统，它的特征值一般是两个，因此系统有两个固有圆频率，通常把频率较低的一个称为基频或第一频率，记作 ω_1，频率较高的一个称为第二频率，记作 ω_2。

2. 主振型

二自由度系统在某种特殊的初始条件下，只按其某一固有频率做谐振时，两质量的振幅比 $B_1:A_1=\mu_1:1$，$B_2:A_2=\mu_2:1$ 。把它写成矩阵形式为$[A_1\quad B_1]^{\mathrm{T}}=[1\quad \mu_1]^{\mathrm{T}}$，$[A_2\quad B_2]^{\mathrm{T}}=[1\quad \mu_2]^{\mathrm{T}}$，称$[1\quad \mu_1]^{\mathrm{T}}$ 为第一主振型，它与基频相对应；称$[1\quad \mu_2]^{\mathrm{T}}$ 为第二主振型，它与第二频率对应。图 2.1.1 表示系统的第一主振型和第二主振型。图中 O_1 和 O_2 为质量 m_1 和 m_2 的静平衡位置，O_1O_2 组成基线，与基线垂直的线段为振幅。从图中可以看出，当系统按第一频率振动时，两个质量在任何时刻运动的方向都是相同的(见图 2.1.1(a))。当系统按第二频率振动时，两个质量的运动方向相反(见图 2.1.1(b))，而在质量 m_1 和 m_2 之间存在一个点，它在整个振动过程中始终静止不动，这点称为节点。节点对扭转振动的系统特别重要，因为节点处往往所受的动应力最大。

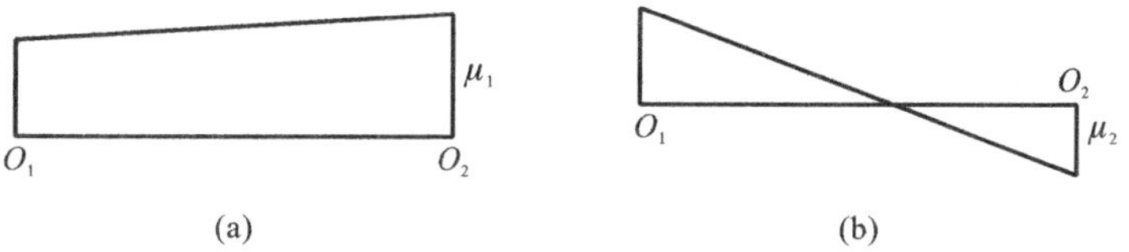

图 2.1.1　主振型

(a) 第一主振型；(b) 第二主振型

把两个主振型列向量依次排列，组成一个方阵

$$[u]=\begin{bmatrix}1 & 1\\ \mu_1 & \mu_2\end{bmatrix}\tag{2.1.13}$$

矩阵$[u]$称为振型矩阵，它对质量矩阵和刚度矩阵具有正交性，即

$$\left.\begin{aligned}[u]^{\mathrm{T}}[M][u]&=\begin{bmatrix}M_1 & 0\\ 0 & M_2\end{bmatrix}=[\overline{M}]\\ [u]^{\mathrm{T}}[K][u]&=\begin{bmatrix}K_1 & 0\\ 0 & K_2\end{bmatrix}=[\overline{K}]\end{aligned}\right\}\tag{2.1.14}$$

式中：M_1 和 M_2 为主质量；K_1 和 K_2 为主刚度；对角矩阵$[\overline{M}]$和$[\overline{K}]$称为主质量矩阵和主刚度矩阵。

记矩阵

$$[\overline{u}]=\begin{bmatrix}\dfrac{1}{\sqrt{M_1}} & \dfrac{1}{\sqrt{M_2}}\\ \dfrac{\mu_1}{\sqrt{M_1}} & \dfrac{\mu_2}{\sqrt{M_2}}\end{bmatrix}\tag{2.1.15}$$

称$[\overline{u}]$为正则化的振型矩阵，那么正则化的振型矩阵对质量矩阵和刚度矩阵也具有正交性，即

$$\left.\begin{aligned}[\overline{u}]^{\mathrm{T}}[M][\overline{u}]&=[\widetilde{M}]=[I]\\ [\overline{u}]^{\mathrm{T}}[K][\overline{u}]&=[\widetilde{K}]=[A]\end{aligned}\right\}\tag{2.1.16}$$

式中：矩阵$[\widetilde{M}]$称为正则质量矩阵，是一个单位矩阵，矩阵$[\widetilde{K}]$称为正则刚度矩阵，它的对角线

元素分别是各阶固有圆频率平方。

3. 对初始扰动的响应

从式(2.1.9)和式(2.1.12)可以看出，一般情况下，二自由度系统中任一质量在初始扰动下的响应不能用一个简谐函数来表示，而要用两个不同频率简谐函数的和来表示，因此，它不再做简谐振动。

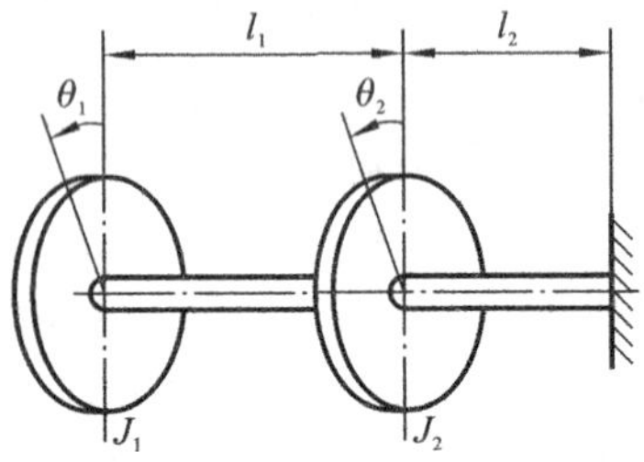

图 2.1.2 双盘转子的扭振

【例 2.1.1】 图 2.1.2 所示为一端固定、惯量可忽略的等直径圆轴，轴上有两个惯量分别为 J_1 和 J_2 的圆盘，两圆盘之间轴的扭转刚度为 k_{t1}，圆盘 2 与固定端之间轴的长度是圆盘之间轴长度的 2/3。如果已知 $J_1=J_2=J=1\ \text{kg}\cdot\text{m}^2$，$k_{t1}=200\ \text{N}\cdot\text{m/rad}$，求系统在下列初始条件下的响应：

(1) $\dot{\theta}_1(0)=\dot{\theta}_2(0)=0$，$\theta_1(0)=1°$，$\theta_2(0)=0.5°$；

(2) $\dot{\theta}_1(0)=\dot{\theta}_2(0)=0$，$\theta_1(0)=-0.5°$，$\theta_2(0)=1°$；

(3) $\dot{\theta}_1(0)=10°/\text{s}$，$\dot{\theta}_2(0)=0$，$\theta_1(0)=\theta_2(0)=0$。

然后验证振型矩阵的正交性。

【解】 对于圆轴，扭转刚度为

$$k_{t1}=\frac{\pi d^4 G}{32 l_1},\quad k_{t2}=\frac{\pi d^4 G}{32 l_2}$$

其中：G 是剪切弹性模量；d 是轴直径；l 为轴长度。由已知条件 $l_2=2l_1/3$，可得

$$k_{t2}=\frac{\pi d^4 G}{32 l_2}=\frac{\pi d^4 G}{32\times\frac{2}{3}l_1}=\frac{3}{2}\frac{\pi d^4 G}{32 l_1}=\frac{3}{2}k_{t1}$$

这一扭转振动系统是链式系统，它的振动微分方程可直接用观察法写出

$$\begin{bmatrix}J_1 & 0\\ 0 & J_2\end{bmatrix}\begin{Bmatrix}\ddot{\theta}_1\\ \ddot{\theta}_2\end{Bmatrix}+\begin{bmatrix}k_{t1} & -k_{t1}\\ -k_{t1} & k_{t1}+k_{t2}\end{bmatrix}\begin{Bmatrix}\theta_1\\ \theta_2\end{Bmatrix}=\begin{Bmatrix}0\\ 0\end{Bmatrix}$$

设 $k_{t1}=2k_t$，则 $k_{t2}=3k_t$，而 $J_1=J_2=J$，因此方程可简写为

$$\begin{bmatrix}J & 0\\ 0 & J\end{bmatrix}\begin{Bmatrix}\ddot{\theta}_1\\ \ddot{\theta}_2\end{Bmatrix}+\begin{bmatrix}2k_t & -2k_t\\ -2k_t & 5k_t\end{bmatrix}\begin{Bmatrix}\theta_1\\ \theta_2\end{Bmatrix}=\begin{Bmatrix}0\\ 0\end{Bmatrix}$$

设

$$\begin{Bmatrix}\theta_1\\ \theta_2\end{Bmatrix}=\begin{Bmatrix}A\\ B\end{Bmatrix}\cos(\omega t-\varphi)$$

代入方程并整理后得

$$\begin{bmatrix}2k_t-J\omega^2 & -2k_t\\ -2k_t & 5k_t-J\omega^2\end{bmatrix}\begin{Bmatrix}A\\ B\end{Bmatrix}=\begin{Bmatrix}0\\ 0\end{Bmatrix}$$

频率方程或特征方程为

$$\begin{vmatrix}2k_t-J\omega^2 & -2k_t\\ -2k_t & 5k_t-J\omega^2\end{vmatrix}=0$$

频率为 $\omega_1^2=k_t/J$，$\omega_2^2=6k_t/J$，$\omega_1=10\ \text{rad/s}$，$\omega_2=24.5\ \text{rad/s}$，振幅比为

$$\mu_1=\frac{B_1}{A_1}=\frac{2k_t-J\omega_1^2}{2k_t}=\frac{1}{2},\quad \mu_2=\frac{B_2}{A_2}=\frac{2k_t-J\omega_2^2}{2k_t}=-2$$

振型矩阵为

$$[u]=\begin{bmatrix}1 & 1\\ \dfrac{1}{2} & -2\end{bmatrix}$$

因而系统的响应可表示为

$$\begin{Bmatrix}\theta_1\\ \theta_2\end{Bmatrix}=\begin{bmatrix}1 & 1\\ \dfrac{1}{2} & -2\end{bmatrix}\begin{Bmatrix}A_1\cos(\omega_1 t-\varphi_1)\\ A_2\cos(\omega_2 t-\varphi_2)\end{Bmatrix}$$

下面分别讨论 3 种不同初始条件下系统的响应。

(1) $\dot{\theta}_1(0)=\dot{\theta}_2(0)=0,\theta_1(0)=1^\circ,\theta_2(0)=0.5^\circ$。由初始条件可以得到 $A_1=1,A_2=0,\varphi_1=0,\varphi_2$ 任意，系统的响应为

$$\begin{Bmatrix}\theta_1\\ \theta_2\end{Bmatrix}=\begin{bmatrix}1 & 1\\ \dfrac{1}{2} & -2\end{bmatrix}\begin{Bmatrix}\cos\omega_1 t\\ 0\end{Bmatrix}=\begin{Bmatrix}\cos 10t\\ \dfrac{1}{2}\cos 10t\end{Bmatrix}$$

在特定的初始条件下，系统按第一频率做简谐振动，在任何时刻两个圆盘转动的方向都相同，转角振幅比是 1∶1/2。这就是主振型的物理内涵。

(2) $\dot{\theta}_1(0)=\dot{\theta}_2(0)=0,\theta_1(0)=-0.5^\circ,\theta_2(0)=1^\circ$。与第(1)种情况类似，由初始条件得到 $A_1=1,A_2=1/2,\varphi_1$ 任意，$\varphi_2=\pi$。系统的响应为

$$\begin{Bmatrix}\theta_1\\ \theta_2\end{Bmatrix}=\begin{bmatrix}1 & 1\\ \dfrac{1}{2} & -2\end{bmatrix}\begin{Bmatrix}0\\ \dfrac{1}{2}\cos(\omega_2 t-\pi)\end{Bmatrix}=\begin{Bmatrix}\dfrac{1}{2}\cos(24.5t-\pi)\\ -\cos(24.5t-\pi)\end{Bmatrix}$$

这是另一个特殊情况，整个系统都按第二频率做简谐振动。在任何时刻，两个圆盘的转动方向都相反，转角之比始终为 1∶(−2)。

由于两个圆盘的转动方向相反，而且转角之比是常数，因此在两圆盘之间轴上总存在一个截面，它在系统振动过程中保持不动，这是节点的物理内涵。把节点截面固定，系统分成两个单自由度系统，它们的固有圆频率都等于原系统的第二频率，由此能找到节点截面的位置距圆盘 1 的距离为 $l_1/3$。

(3) $\dot{\theta}_1(0)=10^\circ/\mathrm{s},\dot{\theta}_2(0)=0,\theta_1(0)=\theta_2(0)=0$。由初始条件得到 $A_1=0.8,A_2=0.08$，$\varphi_1=\varphi_2=\dfrac{\pi}{2}$，系统的响应为

$$\begin{Bmatrix}\theta_1\\ \theta_2\end{Bmatrix}=\begin{Bmatrix}0.8\sin 10t+0.08\sin 24.5t\\ 0.4\sin 10t-0.10\sin 24.5t\end{Bmatrix}$$

从计算结果可以看出，一般地，系统在初始扰动下的响应不再是简谐振动，而是两个不同频率简谐运动的叠加。

振型矩阵$[u]$对质量矩阵和刚度矩阵正交性的验证可以通过计算$[u]^{\mathrm{T}}[M][u]$和$[u]^{\mathrm{T}}[K][u]$来进行，即

$$[u]^{\mathrm{T}}[M][u]=\begin{bmatrix}1 & \dfrac{1}{2}\\ 1 & -2\end{bmatrix}\begin{bmatrix}J & 0\\ 0 & J\end{bmatrix}\begin{bmatrix}1 & 1\\ \dfrac{1}{2} & -2\end{bmatrix}=\begin{bmatrix}5J/4 & 0\\ 0 & 5J\end{bmatrix}$$

$$[u]^{\mathrm{T}}[K][u]=\begin{bmatrix}1 & \dfrac{1}{2}\\ 1 & -2\end{bmatrix}\begin{bmatrix}2k_{\mathrm{t}} & -2k_{\mathrm{t}}\\ -2k_{\mathrm{t}} & 5k_{\mathrm{t}}\end{bmatrix}\begin{bmatrix}1 & 1\\ \dfrac{1}{2} & -2\end{bmatrix}=\begin{bmatrix}\dfrac{5}{4}k_{\mathrm{t}} & 0\\ 0 & 30k_{\mathrm{t}}\end{bmatrix}$$

计算结果表明正交性成立，计算过程正确。

2.1.3　坐标的耦合和主坐标

1. 动力耦合和静力耦合

从前面的讨论可以看出，二自由度系统振动微分方程的解比单自由度系统要复杂得多，原因是两个振动微分方程相互不独立。在矩阵形式表示的方程组(2.1.1)中，质量矩阵和刚度矩阵都不是对角矩阵，这时称振动微分方程组(2.1.1)中的坐标有耦合。若质量矩阵是非对角矩阵，称为动力耦合或惯性耦合，而刚度矩阵是非对角矩阵，称为静力耦合或弹性耦合。振动微分方程组中是否出现耦合以及出现哪一种耦合现象与坐标的选取有关。

对于汽车系统，在作初步分析时，若认为它的左右是对称的，又忽略汽车中零部件的局部振动，只讨论车体的振动，就能把它简化成图 2.1.3 所示的二自由度系统，即一根刚性杆(车体的简化模型)支承在两个弹簧(悬挂弹簧和轮胎的模型)上，刚性杆做跟随其质心的上下垂直振动和绕刚性杆质心轴的俯仰运动。

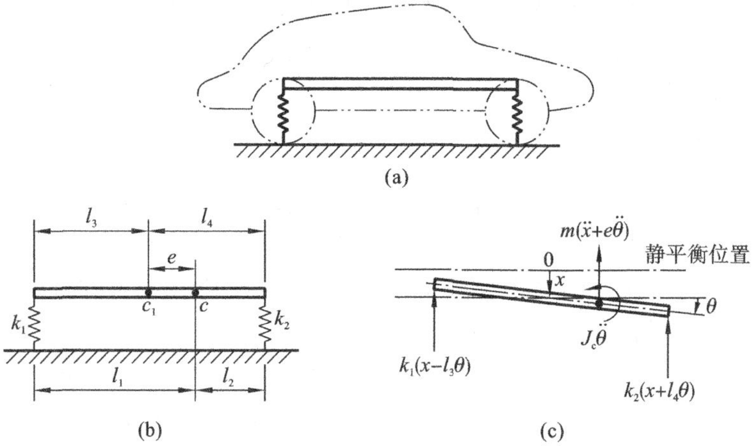

图 2.1.3　汽车简化模型

设刚性杆质量为 m，前后支承弹簧的刚度分别为 k_2 和 k_1，质心 c 和支承弹簧之间的距离分别为 l_1 和 l_2，刚性杆绕质心的转动惯量为 J_c。

为了说明广义坐标的选择对振动微分方程耦合形式的影响，设刚性杆上离质心 c 距离为 e 的任意一点 c_1 上下垂直移动的位移为广义坐标 x，坐标原点设在系统静平衡时 c_1 的位置，向下为正。刚性杆绕 c_1 点转动的角度 θ 为另一个广义坐标，顺时针方向为正。

刚性杆在一般位置时的受力分析图如图 2.1.3(c)所示，其中包括两个弹性回复力，杆的惯性力和惯性力矩。重力和弹簧的静变形力在这样的广义坐标下都不出现在方程中，因此图中未画出。

利用 D'Alembert 原理，得到力和力矩的平衡方程为

$$m(\ddot{x}+e\ddot{\theta})+k_2(x+l_4\theta)+k_1(x-l_3\theta)=0$$

$$J_c\ddot{\theta}+k_2(x+l_4\theta)l_4-k_1(x-l_3\theta)l_3+m(\ddot{x}+e\ddot{\theta})e=0$$

整理得到用矩阵形式表示的系统振动微分方程为

$$\begin{bmatrix} m & me \\ me & J_c+me^2 \end{bmatrix}\begin{Bmatrix} \ddot{x} \\ \ddot{\theta} \end{Bmatrix}+\begin{bmatrix} k_1+k_2 & k_2l_4-k_1l_3 \\ k_2l_4-k_1l_3 & k_2l_4^2+k_1l_3^2 \end{bmatrix}\begin{Bmatrix} x \\ \theta \end{Bmatrix}=\begin{Bmatrix} 0 \\ 0 \end{Bmatrix} \tag{2.1.17}$$

方程(2.1.17)既有动力耦合，又有静力耦合。

若把广义坐标 x_1 取为刚性杆质心 c 偏离其静平衡位置的位移，那么 $e=0$，方程(2.1.17)就转变成如下的形式；

$$\begin{bmatrix} m & 0 \\ 0 & J_c \end{bmatrix}\begin{Bmatrix} \ddot{x}_1 \\ \ddot{\theta}_1 \end{Bmatrix}+\begin{bmatrix} k_1+k_2 & k_2l_2-k_1l_1 \\ k_2l_2-k_1l_1 & k_2l_2^2+k_1l_1^2 \end{bmatrix}\begin{Bmatrix} x_1 \\ \theta_1 \end{Bmatrix}=\begin{Bmatrix} 0 \\ 0 \end{Bmatrix} \tag{2.1.18}$$

方程(2.1.18)只有静力耦合。

若恰当地取 c_1 的位置，使 $k_2l_4=k_1l_3$，那么方程(2.1.18)中的刚度矩阵就变成对角矩阵，方程就只有动力耦合。

由此可见耦合与坐标的选择有关。如果坐标的选择恰好使微分方程组的耦合项都为零，即振动微分方程组既无动力耦合又无静力耦合，那么，就相当于两个独立的单自由度系统的振动微分方程，这时的坐标就称为主坐标。若在建立振动微分方程组时就采用主坐标，那么二自由度系统的问题就简化成两个单自由度系统的问题。但在实际问题中，往往难以直接找到主坐标。

2. 解耦和主坐标

所谓解耦是指通过坐标变换使系统振动微分方程组的质量矩阵和刚度矩阵都转变成对角矩阵。使振动微分方程组解耦的坐标称为主坐标。前面曾提到，振型矩阵对质量矩阵和刚度矩阵具有正交性，从中获得启发，通过振型矩阵对坐标作线性变换来解耦。

系统的振动微分方程式(即方程组(2.1.1))为

$$[M]\{\ddot{x}\}+[K]\{x\}=\{0\}$$

其中：$[M]=\begin{bmatrix} m_{11} & m_{12} \\ m_{21} & m_{22} \end{bmatrix}$；$[K]=\begin{bmatrix} k_{11} & k_{12} \\ k_{21} & k_{22} \end{bmatrix}$，$\{x\}=[x_1 \quad x_2]^{\mathrm{T}}$；$\{0\}=[0 \quad 0]^{\mathrm{T}}$。

设

$$\{x\}=[u]\{y\} \tag{2.1.19}$$

式中：$[u]$是方程(2.1.1)的振型矩阵；$\{y\}=[y_1 \quad y_2]^{\mathrm{T}}$。式(2.1.19)两边对时间求二次导数得

$$\{\ddot{x}\}=[u]\{\ddot{y}\} \tag{2.1.20}$$

把式(2.1.19)和式(2.1.20)代入式(2.1.1)，有

$$[M][u]\{\ddot{y}\}+[K][u]\{y\}=\{0\} \tag{2.1.21}$$

方程(2.1.21)两边分别左乘$[u]^{\mathrm{T}}$ 得

$$[u]^{\mathrm{T}}[M][u]\{\ddot{y}\}+[u]^{\mathrm{T}}[K][u]\{y\}=\{0\} \tag{2.1.22}$$

根据振型矩阵正交性的表达式(2.1.14)，方程(2.1.22)可以改写成下列形式；

$$\begin{bmatrix} M_1 & 0 \\ 0 & M_2 \end{bmatrix}\begin{Bmatrix} \ddot{y}_1 \\ \ddot{y}_2 \end{Bmatrix}+\begin{bmatrix} K_1 & 0 \\ 0 & K_2 \end{bmatrix}\begin{Bmatrix} y_1 \\ y_2 \end{Bmatrix}=\begin{Bmatrix} 0 \\ 0 \end{Bmatrix} \tag{2.1.23}$$

式(2.1.23)实际上是两个独立的方程，原来既有动力耦合又有静力耦合的振动微分方程组(2.1.1)已解耦。$\{y\}=[y_1 \quad y_2]^{\mathrm{T}}$ 就是主坐标，主坐标与原广义坐标的关系为

$$\{y\}=[u]^{-1}\{x\} \tag{2.1.24}$$

【例 2.1.2】 已知系统的振动微分方程组为

$$\begin{bmatrix} 4 & -2 \\ -2 & 4 \end{bmatrix}\begin{Bmatrix} \ddot{x}_1 \\ \ddot{x}_2 \end{Bmatrix}+\begin{bmatrix} 6 & -2 \\ -2 & 6 \end{bmatrix}\begin{Bmatrix} x_1 \\ x_2 \end{Bmatrix}=\begin{Bmatrix} 0 \\ 0 \end{Bmatrix}$$

试把振动微分方程解耦，并求其主坐标。

【解】 设 $\begin{Bmatrix} x_1 \\ x_2 \end{Bmatrix}=\begin{Bmatrix} A \\ B \end{Bmatrix}\cos(\omega t-\varphi)$ 为方程组的解，代入方程组并整理得

$$\begin{bmatrix} 6-4\omega^2 & -2+2\omega^2 \\ -2+2\omega^2 & 6-4\omega^2 \end{bmatrix}\begin{Bmatrix} A \\ B \end{Bmatrix} = \begin{Bmatrix} 0 \\ 0 \end{Bmatrix}$$

频率方程为

$$\begin{vmatrix} 6-4\omega^2 & -2+2\omega^2 \\ -2+2\omega^2 & 6-4\omega^2 \end{vmatrix} = 0$$

展开并因式分解得 $(6\omega^2-8)(2\omega^2-4)=0$，则

$$\omega_1^2 = 4/3, \quad \omega_2^2 = 2$$

代入式(2.1.7)得 $\mu_1=-1$，$\mu_2=1$，振型矩阵 $[u]=\begin{bmatrix} 1 & 1 \\ -1 & 1 \end{bmatrix}$。

设 $\{x\}=[u]\{y\}$，代入方程，并左乘 $[u]^{\mathrm{T}}$，则

$$\begin{bmatrix} 1 & -1 \\ 1 & 1 \end{bmatrix}\begin{bmatrix} 4 & -2 \\ -2 & 4 \end{bmatrix}\begin{bmatrix} 1 & 1 \\ -1 & 1 \end{bmatrix}\begin{Bmatrix} \ddot{y}_1 \\ \ddot{y}_2 \end{Bmatrix}+\begin{bmatrix} 1 & -1 \\ 1 & 1 \end{bmatrix}\begin{bmatrix} 6 & -2 \\ -2 & 6 \end{bmatrix}\begin{bmatrix} 1 & 1 \\ -1 & 1 \end{bmatrix}\begin{Bmatrix} y_1 \\ y_2 \end{Bmatrix}=\begin{Bmatrix} 0 \\ 0 \end{Bmatrix}$$

计算矩阵的积，可得到解耦的振动微分方程组为

$$\begin{bmatrix} 12 & 0 \\ 0 & 4 \end{bmatrix}\begin{Bmatrix} \ddot{y}_1 \\ \ddot{y}_2 \end{Bmatrix}+\begin{bmatrix} 16 & 0 \\ 0 & 8 \end{bmatrix}\begin{Bmatrix} y_1 \\ y_2 \end{Bmatrix}=\begin{Bmatrix} 0 \\ 0 \end{Bmatrix}$$

主坐标与原坐标的关系为

$$\begin{Bmatrix} y_1 \\ y_2 \end{Bmatrix}=\begin{bmatrix} 1 & 1 \\ -1 & 1 \end{bmatrix}^{-1}\begin{Bmatrix} x_1 \\ x_2 \end{Bmatrix}=\begin{Bmatrix} \dfrac{1}{2}(x_1-x_2) \\ \dfrac{1}{2}(x_1+x_2) \end{Bmatrix}$$

2.1.4 有阻尼系统

1. 振动微分方程及其解

当系统有阻尼时，振动微分方程的一般形式为

$$\begin{bmatrix} m_{11} & m_{12} \\ m_{21} & m_{22} \end{bmatrix}\begin{Bmatrix} \ddot{x}_1 \\ \ddot{x}_2 \end{Bmatrix}+\begin{bmatrix} c_{11} & c_{12} \\ c_{21} & c_{22} \end{bmatrix}\begin{Bmatrix} \dot{x}_1 \\ \dot{x}_2 \end{Bmatrix}+\begin{bmatrix} k_{11} & k_{12} \\ k_{21} & k_{22} \end{bmatrix}\begin{Bmatrix} x_1 \\ x_2 \end{Bmatrix}=\begin{Bmatrix} 0 \\ 0 \end{Bmatrix} \tag{2.1.25}$$

设方程组(2.1.25)的解为

$$\begin{Bmatrix} x_1 \\ x_2 \end{Bmatrix}=\begin{Bmatrix} A \\ B \end{Bmatrix}\mathrm{e}^{st} \tag{2.1.26}$$

把式(2.1.26)代入方程组(2.1.25)，并消去不等于零的项 e^{st}，可得到下列线性代数方程：

$$\begin{bmatrix} m_{11}s^2+c_{11}s+k_{11} & m_{12}s^2+c_{12}s+k_{12} \\ m_{21}s^2+c_{21}s+k_{21} & m_{22}s^2+c_{22}s+k_{22} \end{bmatrix}\begin{Bmatrix} A \\ B \end{Bmatrix}=\begin{Bmatrix} 0 \\ 0 \end{Bmatrix} \tag{2.1.27}$$

为了使线性代数方程组(2.1.27)的系数 A 和 B 有非零解，必须使它的系数行列式值为零，即

$$\begin{vmatrix} m_{11}s^2+c_{11}s+k_{11} & m_{12}s^2+c_{12}s+k_{12} \\ m_{21}s^2+c_{21}s+k_{21} & m_{22}s^2+c_{22}s+k_{22} \end{vmatrix}=0 \tag{2.1.28}$$

式(2.1.28)称为频率方程，它是一个一元四次代数方程，可以得到 4 个根。对于振动问题，4 个根一般有如下形式：

$$s_{1,2}=\alpha_1 \pm \mathrm{i}\beta_1, \quad s_{3,4}=\alpha_2 \pm \mathrm{i}\beta_2 \tag{2.1.29}$$

当 $\alpha_1=\alpha_2=0$ 时，系统做无阻尼振动；当 $\beta_1=\beta_2=0$ 时，系统不振动；当 α_i、$\beta_i(i=1,2)$ 均不为零时，若 $\alpha_i>0$，系统的响应随时间按指数函数规律增加，系统处于不稳定状态，若 $\alpha_i<0$，

系统的响应随时间按指数函数规律衰减，系统处于稳定状态，即系统在其平衡位置附近受到初始扰动后，它的运动仍然在静平衡位置附近。

【例 2.1.3】 图 2.1.4 所示的系统中，质量 $m_1 = m_2 = m$，弹簧刚度 $k_1 = k_3 = 2k$，$k_2 = 1.5k$，阻尼器的黏性阻尼系数 $c_1 = c_2 = 2c$，试求系统的特征值。

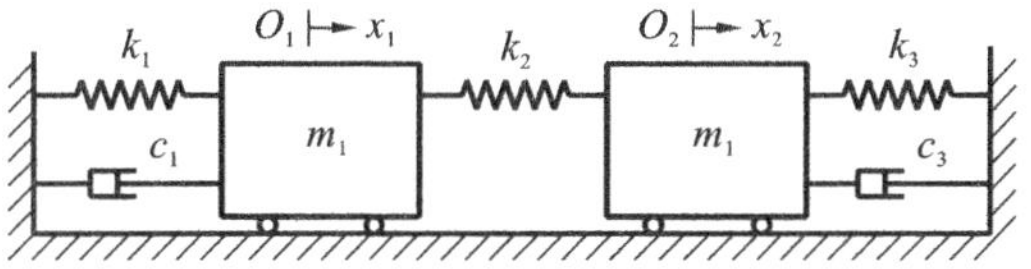

图 2.1.4　有阻尼二自由度系统

【解】 设质量 m_1 和质量 m_2 偏离其静平衡位置的位移 x_1 和 x_2 为广义坐标(方向见图)。由观察法直接写出系统的振动微分方程

$$\begin{bmatrix} m & 0 \\ 0 & m \end{bmatrix}\begin{Bmatrix} \ddot{x}_1 \\ \ddot{x}_2 \end{Bmatrix}+\begin{bmatrix} 2c & 0 \\ 0 & 2c \end{bmatrix}\begin{Bmatrix} \dot{x}_1 \\ \dot{x}_2 \end{Bmatrix}+\begin{bmatrix} 3.5k & -1.5k \\ -1.5k & 3.5k \end{bmatrix}\begin{Bmatrix} x_1 \\ x_2 \end{Bmatrix}=\begin{Bmatrix} 0 \\ 0 \end{Bmatrix}$$

设方程组的特解为 $\begin{Bmatrix} x_1 \\ x_2 \end{Bmatrix}=\begin{Bmatrix} A \\ B \end{Bmatrix}e^{st}$，代入方程得

$$\begin{bmatrix} ms^2+2cs+3.5k & -1.5k \\ -1.5k & ms^2+2cs+3.5k \end{bmatrix}\begin{Bmatrix} A \\ B \end{Bmatrix}=\begin{Bmatrix} 0 \\ 0 \end{Bmatrix}$$

系统的特征方程为

$$\begin{vmatrix} ms^2+2cs+3.5k & -1.5k \\ -1.5k & ms^2+2cs+3.5k \end{vmatrix}=0$$

展开得

$$(ms^2+2cs+3.5k)^2-(1.5k)^2=0$$

$$(ms^2+2cs+2k)(ms^2+2cs+5k)=0$$

解得

$$s_{1,2}=\frac{1}{2m}(-2c\pm\sqrt{4c^2-8mk})$$

$$s_{3,4}=\frac{1}{2m}(-2c\pm\sqrt{4c^2-20mk})$$

一般来说，对振动系统 $4c^2 < 8mk$，s 可写成

$$s_{1,2}=-\frac{c}{m}\pm i\sqrt{\frac{2k}{m}-\left(\frac{c}{m}\right)^2},\quad s_{3,4}=-\frac{c}{m}\pm i\sqrt{\frac{5k}{m}-\left(\frac{c}{m}\right)^2}$$

2. 比例阻尼

当系统的阻尼矩阵具有特殊的规律时，它的自由振动微分方程可采用特殊方法来解。

在方程组(2.1.25)中，如果它的阻尼矩阵$[C]$有如下形式：

$$[C]=\alpha[M]+\beta[K] \tag{2.1.30}$$

式中的 α 和 β 为常数，这样的阻尼为比例阻尼，方程组(2.1.25)就能写成如下的形式：

$$[M]\{\ddot{x}\}+(\alpha[M]+\beta[K])\{\dot{x}\}+[K]\{x\}=\{0\} \tag{2.1.31}$$

对方程(2.1.31)进行坐标变换，设

$$\{x\}=[\bar{u}]\{y\} \tag{2.1.32}$$

式中：$[\bar{u}]$为系统无阻尼时正则化的振型矩阵。

把式(2.1.32)代入方程(2.1.31)，然后方程两边同时左乘$[\bar{u}]^T$，得到解耦的振动微分方

程组

$$\begin{Bmatrix}\ddot{y}_1\\ \ddot{y}_2\end{Bmatrix}+\left(\alpha\begin{bmatrix}1&0\\0&1\end{bmatrix}+\beta\begin{bmatrix}\omega_1^2&0\\0&\omega_2^2\end{bmatrix}\right)\begin{Bmatrix}\dot{y}_1\\ \dot{y}_2\end{Bmatrix}+\begin{bmatrix}\omega_1^2&0\\0&\omega_2^2\end{bmatrix}\begin{Bmatrix}y_1\\ y_2\end{Bmatrix}=\begin{Bmatrix}0\\0\end{Bmatrix} \tag{2.1.33}$$

这就可以解两个相互独立的方程

$$\ddot{y}_i+(\alpha+\beta\omega_i^2)\dot{y}_i+\omega_i^2y_i=0\quad(i=1,2) \tag{2.1.34}$$

设 $y_i=Y_i\mathrm{e}^{s_it}$，代入方程(2.1.34)，得到特征方程

$$s_i^2+(\alpha+\beta\omega_i^2)s_i+\omega_i^2=0\quad(i=1,2)$$

解特征方程，得到特征值 s_1 和 s_2，即

$$s_1=-a_1\pm\mathrm{i}b_1,\quad s_2=-a_2\pm\mathrm{i}b_2$$

其中

$$a_1=\frac{\alpha+\beta\omega_1^2}{2},\quad b_1=\sqrt{\omega_1^2-\alpha_1^2}$$

$$a_2=\frac{\alpha+\beta\omega_2^2}{2},\quad b_2=\sqrt{\omega_2^2-\alpha_2^2}$$

$$\begin{Bmatrix}y_1\\ y_2\end{Bmatrix}=\begin{Bmatrix}\mathrm{e}^{a_1t}(C_1\cos b_1t+D_1\sin b_1t)\\ \mathrm{e}^{a_2t}(C_2\cos b_2t+D_2\sin b_2t)\end{Bmatrix}$$

$$\begin{Bmatrix}x_1\\ x_2\end{Bmatrix}=[\bar{u}]\begin{Bmatrix}y_1\\ y_2\end{Bmatrix}$$

$$\begin{Bmatrix}x_1\\ x_2\end{Bmatrix}=\begin{Bmatrix}\sum_{j=1}^{2}\mathrm{e}^{a_jt}(E_{1j}\cos b_jt+F_{1j}\sin b_jt)\\ \sum_{j=1}^{2}\mathrm{e}^{a_jt}(E_{2j}\cos b_jt+F_{2j}\sin b_jt)\end{Bmatrix} \tag{2.1.35}$$

式中的 E_{1j}、F_{1j} 和 E_{2j}、$F_{2j}(j=1,2)$ 由初始条件得到。

2.2　二自由度系统受迫振动

二自由度系统受到持续激励力作用时产生受迫振动，在一定条件下，系统也会发生共振现象。

如图 2.2.1 所示系统受到简谐激励力 $\{F\}\mathrm{e}^{\mathrm{i}\omega t}$ 的作用，振动微分方程的一般形式为

$$\begin{bmatrix}m_{11}&m_{12}\\m_{21}&m_{22}\end{bmatrix}\begin{Bmatrix}\ddot{x}_1\\ \ddot{x}_2\end{Bmatrix}+\begin{bmatrix}c_{11}&c_{12}\\c_{21}&c_{22}\end{bmatrix}\begin{Bmatrix}\dot{x}_1\\ \dot{x}_2\end{Bmatrix}+\begin{bmatrix}k_{11}&k_{12}\\k_{21}&k_{22}\end{bmatrix}\begin{Bmatrix}x_1\\ x_2\end{Bmatrix}=\begin{Bmatrix}F_1\\ F_2\end{Bmatrix}\mathrm{e}^{\mathrm{i}\omega t} \tag{2.2.1}$$

设方程组(2.2.1)的一组特解为

$$\begin{Bmatrix}x_1\\ x_2\end{Bmatrix}=\begin{Bmatrix}X_1\\ X_2\end{Bmatrix}\mathrm{e}^{\mathrm{i}\omega t}$$

将上式代入式(2.2.1)，消去不等于零的项 $\mathrm{e}^{\mathrm{i}\omega t}$ 后得

$$\begin{bmatrix}k_{11}-\omega^2m_{11}+\mathrm{i}c_{11}\omega & k_{12}-\omega^2m_{12}+\mathrm{i}c_{12}\omega\\ k_{21}-\omega^2m_{21}+\mathrm{i}c_{21}\omega & k_{22}-\omega^2m_{22}+\mathrm{i}c_{22}\omega\end{bmatrix}\begin{Bmatrix}X_1\\ X_2\end{Bmatrix}=\begin{Bmatrix}F_1\\ F_2\end{Bmatrix} \tag{2.2.2}$$

根据方程组特解，可得式(2.2.2)的稳态振幅为

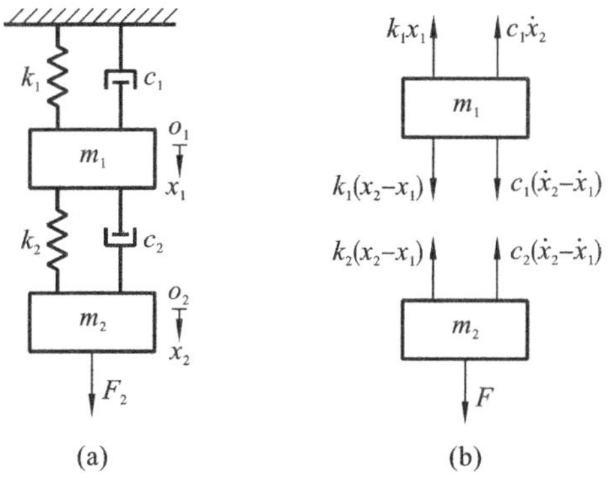

图 2.2.1　二自由度阻尼受迫振动系统力学模型

$$\left.\begin{aligned} X_1 &= \frac{Z_{22}F_1 - Z_{11}F_2}{Z_{11}Z_{22} - Z_{12}^2} \\ X_2 &= \frac{-Z_{22}F_1 + Z_{11}F_2}{Z_{11}Z_{22} - Z_{12}^2} \end{aligned}\right\} \tag{2.2.3}$$

式中$[Z_{ij}]$称为阻抗矩阵，它代表系统的固有特征，有

$$Z_{ij} = k_{ij} - \omega^2 m_{ij} + \mathrm{i}\omega c_{ij} \quad (i,j = 1,2) \tag{2.2.4}$$

2.2.1　无阻尼系统对简谐激励的响应

设图 2.2.1 中，$[C]=\mathbf{0}$，且 $F_2=0$。从式(2.2.4)得

$$Z_{11} = k_{11} - m_1\omega^2, \quad Z_{22} = k_{22} - m_2\omega^2, \quad Z_{12} = Z_{21} = k_{12} \tag{2.2.5}$$

把式(2.2.5)代入式(2.2.3)，得

$$\left.\begin{aligned} X_1 &= \frac{(k_{22} - m_2\omega^2)F_1}{(k_{11} - m_1\omega^2)(k_{22} - m_2\omega^2) - k_{12}^2} \\ X_2 &= \frac{-k_{12}F_1}{(k_{11} - m_1\omega^2)(k_{22} - m_2\omega^2) - k_{12}^2} \end{aligned}\right\} \tag{2.2.6}$$

根据系统的参数，从式(2.2.6)可以画出 $X_1(\omega)$和 $X_2(\omega)$对 ω 的响应曲线，从而可得任何激励频率 ω 上的响应。

【例 2.2.1】　在二质量弹簧系统中，$m_1=m_2=m=1$ kg，弹簧刚度 $k_1=0$，$k_2=2k$，$k_3=3k$，$k=100$ N/m。设质量 m_1 受到 $F_1\mathrm{e}^{\mathrm{i}\omega t}$的激励，求系统的稳态振幅，并画出频率响应曲线。

【解】　由观察法得振动微分方程

$$\begin{bmatrix} m & 0 \\ 0 & m \end{bmatrix}\begin{Bmatrix} \ddot{x}_1 \\ \ddot{x}_2 \end{Bmatrix} + \begin{bmatrix} 2k & -2k \\ -2k & 5k \end{bmatrix}\begin{Bmatrix} x_1 \\ x_2 \end{Bmatrix} = \begin{Bmatrix} F_1 \\ 0 \end{Bmatrix}\mathrm{e}^{\mathrm{i}\omega t}$$

其中 $Z_{11} = 2k - \omega^2 m$，$Z_{22} = 5k - \omega^2 m$，$Z_{12} = -2k$，代入式(2.2.6)得

$$X_1 = \frac{(5k - m\omega^2)F_1}{(2k - \omega^2 m)(5k - \omega^2 m) - (2k)^2} = \frac{(5k - m\omega^2)F_1}{m^2\omega^4 - 7mk\omega^2 + 6k^2}$$

$$X_2 = \frac{2kF_1}{(2k - \omega^2 m)(5k - \omega^2 m) - (2k)^2} = \frac{2kF_1}{m^2\omega^4 - 7mk\omega^2 + 6k^2}$$

X_1 和 X_2 的分母为特征行列式，则有

$$\Delta(\omega^2) = m^2\omega^4 - 7mk\omega^2 + 6k^2 = m^2(\omega^2 - \omega_1^2)(\omega^2 - \omega_2^2)$$

式中：$\omega_1^2 = k/m$；$\omega_2^2 = 6k/m$。因而，X_1 和 X_2 可写成

$$X_1 = \frac{F_1}{6k} \frac{5 - (\omega/\omega_1)^2}{[1 - (\omega/\omega_1)^2][1 - (\omega/\omega_2)^2]}$$

$$X_2 = \frac{F_1}{3k} \frac{1}{[1 - (\omega/\omega_1)^2][1 - (\omega/\omega_2)^2]}$$

X_1 和 X_2 为稳态振幅，若以 ω/ω_1 和 ω/ω_2 为横坐标，以无因次量 Xk/F 为纵坐标，则可画出如图 2.2.2 所示的幅频响应曲线。

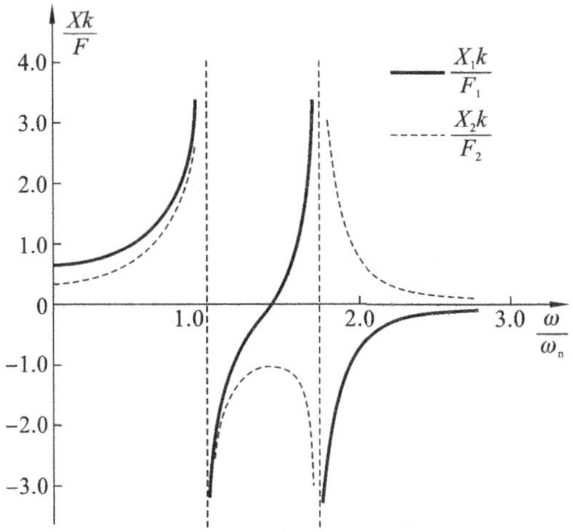

图 2.2.2 二自由度系统的受迫响应

2.2.2 无阻尼系统振动特性

1. 频率

由式(2.2.1)可知，二自由度系统受迫振动频率与激励力频率 ω 相同。

2. 振幅

从式(2.2.6)可以看出，二自由度系统受迫振动幅值取决于激励力幅值、频率以及系统本身的物理参数。从图 2.2.2 中看到，F_1 越大，振幅 X_1、X_2 也越大；从激励频率 ω 分析，当 $\omega=0$，$X_1=X_2=F_1/k$，此时相当于受静力作用。当 $\omega=\omega_1$ 或 $\omega=\omega_2$ 时，系统出现共振现象，振幅 X_1、X_2 急剧增加，由于系统无阻尼，振幅趋于无穷。也就是说，在二自由度系统中，若激励频率和系统中任一固有频率接近时，系统都将产生共振。从图 2.2.2 可明显看出系统有两个共振区。

3. 相位

从图 2.2.2 中看出，在 $0 \leqslant \omega \leqslant \omega_1$ 之间，X_1 和 X_2 均为正值，即 m_1 和 m_2 位移同相，两质量的位移也相同。

当 $\omega=\omega_1$ 时，相位突变，出现第一次共振，两质量的位移相位反相。

当 $\omega=\omega_2$ 时，X_1 由正变负，而 X_2 由负变正，出现第二次共振，两质量又一次相位突变。按照这一规律，可以在振动测试中确定系统的固有频率。

4. 反共振特性

图 2.2.2 中，若将 X_1 负值曲线反相为正，则曲线在两个共振频率之间有一个波谷（最低点）即 $X_1k/F_1=0$，这个点称为反共振点，对应这个点的频率称为反共振频率。一个二自由度系统无阻尼受迫振动的振型为系统两个主振型的叠加，在反共振点处，恰好两者数值相等，相

位相反。也就是说，共振时振幅为无穷大（或最大），反共振时振幅为零（或最小）。反共振频率只存在于两共振频率之间，因为经过一个共振频率，相位才发生一次突变。从这一点说，单自由度系统受迫振动没有反共振频率。

思　考　题

1. 建立题图 2.1 所示系统的运动方程，求出固有频率。

2. 列出题图 2.2 所示双摆的微摆动运动方程，求出固有频率。

3. 如题图 2.3 所示，圆轴的扭转刚度为 k，不计圆轴的质量，圆盘的转动惯量分别为 J_1 和 J_2，试建立系统的自由转动方程，并求出转动固有频率和振型。

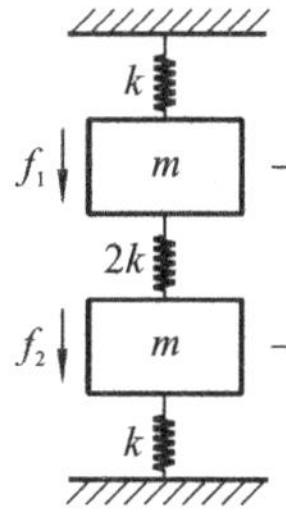

题图 2.1

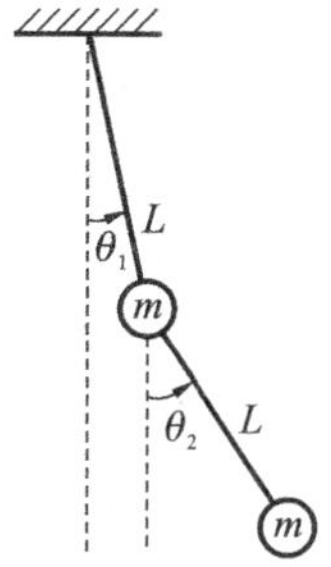

题图 2.2

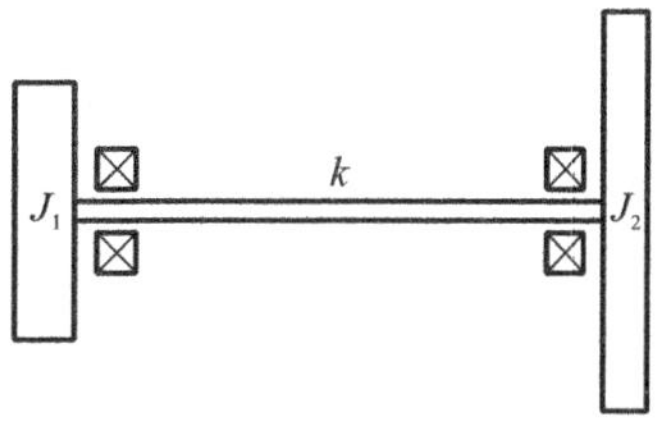

题图 2.3

第3章　多自由度系统

振动结构可离散为有限个自由度系统。对一个有 n 个自由度的振动系统，需用 n 个独立的物理坐标描述其物理参数模型。在线性范围内，物理坐标系中的自由振动响应为 n 个主振动的线性叠加，每个主振动都是一种特定形态的自由振动(简谐振动或衰减振动)，振动频率即系统的主频率(固有频率或阻尼固有频率)，振动形态即系统的主振型(模态)，对应每个阻尼系统的主振动有相应的模态阻尼。因此 n 个自由度系统有 n 个主频率和 n 个主振型以及 n 个模态阻尼。在讨论多自由度系统的频响函数和脉冲响应函数，即系统的非参数模型时，可假设系统受简谐激励，用坐标变换法研究模态参数模型和非参数模型。

坐标变换法的基础是求解系统特征值问题。在系统受迫振动微分方程中令激励为零得齐次方程。设特解 $x=\Phi e^{\lambda t}$，代入齐次方程，即可求出系统的特征值。特征值与一个特定的振动系统相联系，反映了系统的固有特征。特征值(不一定就是模态频率)与模态频率和模态阻尼相联系，特征矢量(不一定就是模态矢量)与模态矢量相联系。所有独立的特征矢量构成一矢量空间的完备正交基，这一矢量空间称为模态空间。特征矢量具有特定的加权正交性，以其按列组合构成的特征矢量矩阵为变换矩阵，可将物理空间和模态空间相联系。在模态坐标系中可将系统的振动方程解耦，进而求得物理坐标中的响应，频响函数和脉冲响应函数也随之而得。

对无阻尼和比例阻尼系统，表示系统主振型的模态矢量是实数矢量，故称为实模态系统，相应的模态分析过程称为实模态分析。

3.1　解耦条件与模态分析法

具有 n 个自由度的无阻尼系统振动微分方程为

$$\boldsymbol{M}\ddot{\boldsymbol{x}}+\boldsymbol{K}\boldsymbol{x}=\boldsymbol{f}(t) \tag{3.1.1}$$

式中：$\boldsymbol{M}$、$\boldsymbol{K}$ 分别为质量矩阵和刚度矩阵，均是 $n\times n$ 实对称矩阵；

$\boldsymbol{x}$、$\ddot{\boldsymbol{x}}$ 分别为位移列阵和加速度列阵，n 阶；

$\boldsymbol{f}(t)$ 为激振力列阵，n 阶。

$\boldsymbol{M}$ 是正定矩阵，$\boldsymbol{K}$ 是正定或半正定矩阵。对任何非零 $\boldsymbol{x}$、$\dot{\boldsymbol{x}}$，系统的动能 T 和势能 U 为

$$T=\frac{1}{2}\dot{\boldsymbol{x}}^{\mathrm{T}}\boldsymbol{M}\dot{\boldsymbol{x}}>0,\quad U=\frac{1}{2}\boldsymbol{x}^{\mathrm{T}}\boldsymbol{K}\boldsymbol{x}\geqslant 0$$

若 $\boldsymbol{K}$ 是正定矩阵，则 $U>0$，系统没有刚体位移，称为正定振动系统；若 $\boldsymbol{K}$ 是半正定矩阵，则 $U\geqslant 0$，系统出现刚体位移，称为半正定振动系统。一个振动系统是正定或半正定系统，与边界条件有关。

下面讨论 n 自由度无阻尼系统的自由振动。

令 $\boldsymbol{f}(t)=\boldsymbol{0}$，则式(3.1.1)成为

$$\boldsymbol{M}\ddot{\boldsymbol{x}}+\boldsymbol{K}\boldsymbol{x}=\boldsymbol{0} \tag{3.1.2}$$

1. 特征值问题

设特解

$$x=\Phi e^{j\omega t} \tag{3.1.3}$$

式中：Φ 为自由响应幅值列阵。

将式(3.1.3)代入式(3.1.2)，得

$$(K-\omega^2 M)\Phi=0 \tag{3.1.4}$$

当 Φ 为非零时，这是一个广义特征值问题，ω 为特征值，Φ 为特征矢量。式(3.1.4)也是以 Φ 中元素为变量的 n 阶代数齐次方程组，$K-\omega^2 M$ 为其系数矩阵。该方程有非零解的充要条件是其系数矩阵行列式为零，即

$$|(K-\omega^2 M)|=0 \tag{3.1.5}$$

式(3.1.5)称为特征方程，它是关于 ω^2 的 n 次代数方程。设方程无重根，解此方程得 ω 的 n 个互异正根 $\omega_{oi}(i=1,2,\cdots,n)$，通常按升序排列，则有

$$0<\omega_{o1}<\omega_{o2}<\cdots<\omega_{on} \tag{3.1.6}$$

式中：ω_{oi}为振动系统第 i 阶主频率(模态频率)。

ω_{oi}对应无阻尼振动系统，主频率即为固有频率。将每一个 $\omega_{oi}(i=1,2,\cdots,n)$代入式(3.1.4)，得到关于 Φ_i 中元素的具有 $n-1$ 个独立方程的代数方程组。共解得 n 个线性无关非零矢量 Φ_i 的比例解，通常选择一定方法进行归一化，得到主振型(模态振型、模态矢量或模态)。由于对应无阻尼振动系统，故为固有振型，此时为实矢量

$$\Phi_i=[\phi_{1i} \quad \phi_{2i} \quad \phi_{3i} \quad \cdots \quad \phi_{ni}]^T \tag{3.1.7}$$

特征值与特征矢量称为系统的特征对。将 n 个特征矢量 Φ_i 按列排成一个 $n\times n$ 矩阵

$$\Phi=[\Phi_1 \quad \Phi_2 \quad \Phi_3 \quad \cdots \quad \Phi_n] \tag{3.1.8}$$

称为系统特征矢量矩阵，此时特征矢量即为模态矢量，故又称为模态矩阵。

2. 特征矢量正交性

任一特征对均满足式(3.1.4)。将 ω_{oi}^2、Φ_i 代入式(3.1.4)并左乘 $\Phi_j^T(j=1,2,\cdots,n)$，得

$$\Phi_j^T(K-\omega_{oi}^2 M)\Phi_i=0 \tag{a}$$

再将 ω_{oj}^2、Φ_j 代入式(3.1.4)，转置后右乘 Φ_i，其中 $K^T=K$、$M^T=M$，得

$$\Phi_j^T(K-\omega_{oj}^2 M)\Phi_i=0 \tag{b}$$

式(a)－式(b)得

$$(\omega_{oj}^2-\omega_{oi}^2)\Phi_j^T M\Phi_i=0$$

系统无重根，$i\neq j$，$\omega_{oj}^2-\omega_{oi}^2\neq 0$，则

$$\Phi_j^T M\Phi_i=0 \quad (i\neq j) \tag{c}$$

当 $i=j$ 时，定义模态质量(主质量)为

$$m_i=\Phi_i^T M\Phi_i \tag{d}$$

因 M 是正定矩阵，所以 $m_i>0$。

将式(c)代入式(a)，得

$$\Phi_j^T K\Phi_i=0 \quad (i\neq j) \tag{e}$$

当 $i=j$ 时，定义模态刚度(主刚度)为

$$k_i=\Phi_i^T K\Phi_i \tag{f}$$

因 K 是正定或半正定矩阵，所以 $k_i\geqslant 0$。

将式(d)和式(f)代入式(a)，有

$$\omega_{oi}^2=\frac{k_i}{m_i} \tag{3.1.9}$$

式(c)(d)(e)(f)可表示为

$$\boldsymbol{\Phi}_j^{\mathrm{T}}\boldsymbol{M}\boldsymbol{\Phi}_i=\begin{cases}\boldsymbol{0} & i\neq j\\ m_i & i=j\end{cases}(i,j=1,2,\cdots,n) \tag{3.1.10}$$

$$\boldsymbol{\Phi}_j^{\mathrm{T}}\boldsymbol{K}\boldsymbol{\Phi}_i=\begin{cases}\boldsymbol{0} & i\neq j\\ k_i & i=j\end{cases}(i,j=1,2,\cdots,n) \tag{3.1.11}$$

式(3.1.10)表明，第 j 阶模态惯性力在第 i 阶模态运动中做功为零；式(3.1.11)表明，第 j 阶模态弹性力在第 i 阶模态运动中做功为零。各阶模态运动之间不发生能量变换，每阶模态运动的能量(动能＋势能)是守恒的，这一性质称为特征矢量关于 $\boldsymbol{M}$、$\boldsymbol{K}$ 加权正交。

根据式(3.1.10)和式(3.1.11)，模态质量 m_i 和模态刚度 k_i 均与 $\boldsymbol{\Phi}_i$ 的大小有关。而 $\boldsymbol{\Phi}_i$ 中各元素比例固定、大小不定。归一化方法不同，$\boldsymbol{\Phi}_i$ 大小不同，得到的 m_i、k_i 值也不同。所以，仅讨论 m_i、k_i 的数值大小无直接意义，其比值关系是确定的，如式(3.1.9)所示。

3. 实模态坐标系中的自由响应

根据特征矢量正交性，n 个线性无关的特征矢量 $\boldsymbol{\Phi}_i$ 构成一个 n 维矢量空间的完备正交基，称这一 n 维空间为模态空间或模态坐标系。对于实模态系统，以 n 个模态矢量构造的模态空间为实线性空间。设物理坐标中矢量 $\boldsymbol{x}$ 在模态坐标系中的模态坐标为 $y_i(i=1,2,\cdots,n)$，则

$$\boldsymbol{x}=\sum_{i=1}^{n}\boldsymbol{\Phi}_i y_i=\boldsymbol{\Phi}\boldsymbol{y} \tag{3.1.12}$$

式(3.1.12)是以 $\boldsymbol{\Phi}$ 为变换矩阵的线性变换，反映了物理坐标系与模态坐标系间的关系，也称为模态展开定理。

将式(3.1.12)代入式(3.1.2)，左乘 $\boldsymbol{\Phi}^{\mathrm{T}}$，利用模态矢量的正交性，得

$$\mathrm{diag}[m_i]\ddot{\boldsymbol{y}}+\mathrm{diag}[k_i]\boldsymbol{y}=\boldsymbol{0} \tag{3.1.13}$$

式中：diag 为对角矩阵。

式(3.1.13)表明，在模态坐标系中，无阻尼自由振动方程变成一组解耦的振动微分方程，正则形式为

$$\ddot{\boldsymbol{y}}+\mathrm{diag}[\omega_{oi}^2]\boldsymbol{y}=\boldsymbol{0} \tag{3.1.14}$$

根据初始条件，有

$$\boldsymbol{y}_0=\boldsymbol{\Phi}^{-1}\boldsymbol{x}_0=\mathrm{diag}\left[\frac{1}{m_i}\right]\boldsymbol{\Phi}^{\mathrm{T}}\boldsymbol{M}\boldsymbol{x}_0 \tag{3.1.15}$$

$$\dot{\boldsymbol{y}}_0=\boldsymbol{\Phi}^{-1}\dot{\boldsymbol{x}}_0=\mathrm{diag}\left[\frac{1}{m_i}\right]\boldsymbol{\Phi}^{\mathrm{T}}\boldsymbol{M}\dot{\boldsymbol{x}}_0 \tag{3.1.16}$$

得模态坐标系中的自由响应为

$$y_i=Y_i\sin(\omega_{oi}t+\varphi_i) \tag{3.1.17}$$

其中

$$Y_i=\sqrt{y_{oi}^2+\frac{\dot{y}_{oi}^2}{\omega_{oi}^2}},\quad \varphi_i=\arctan\frac{\omega_{oi}y_{oi}}{\dot{y}_{oi}} \tag{3.1.18}$$

是与初始条件有关的常量。

4. 物理坐标系中的自由响应

将式(3.1.17)代入式(3.1.12)，得物理坐标中的自由响应

$$\boldsymbol{x}=\sum_{i=1}^{n}\boldsymbol{\Phi}_i Y_i\sin(\omega_{oi}t+\varphi_i)=\sum_{i=1}^{n}\boldsymbol{D}_i\sin(\omega_{oi}t+\varphi_i) \tag{3.1.19}$$

其中

$$\boldsymbol{D}_i = \boldsymbol{\Phi}_i Y_i \quad (i = 1,2,\cdots,n) \tag{3.1.20}$$

若要系统以某阶固有频率振动，则其振动规律为

$$\boldsymbol{x}_i = \boldsymbol{D}_i \sin(\omega_{oi} t + \varphi_i) \quad (i = 1,2,\cdots,n) \tag{3.1.21}$$

此即无阻尼系统的主振动。根据式(3.1.20)，Y_i 是与初始条件相关的常量，则 $\boldsymbol{D}_i \propto \boldsymbol{\Phi}_i$。可见，系统以某阶固有频率 ω_{oi} 做自由振动时，振动形态 $\boldsymbol{D}_i$ 与振动型 $\boldsymbol{\Phi}_i$ 完全相同。这就是主振动的物理意义。

下面进一步讨论主振动的性态，考察主振动下各个物理坐标的振动情况写出式(3.1.21)中 $\boldsymbol{x}_i$ 每个元素为

$$x_{ji} = D_{ji} \sin(\omega_{oi} t + \varphi_i) = \phi_{ji} Y_i \sin(\omega_{oi} t + \varphi_i) \quad (i = 1,2,\cdots,n) \tag{3.1.22}$$

在第 i 个主振动中，φ_i 为与初始条件有关的常量，与物理坐标 j 无关。所以，在每个主振动中各物理坐标 x_{ji} 的初始相位角 φ_i 相同。各物理坐标振动的相位角不是同相(相差 0°)就是反相(相差 180°)，即同时达到平衡位置和最大位置。这说明，无阻尼振动系统的主振型具有模态(振型)保持性或“驻波形式”。这是实模态系统的模态特性。

3.2　无阻尼系统频率响应函数

设无阻尼振动系统受简谐激励

$$\boldsymbol{f}(t) = \boldsymbol{F} e^{j\omega t} \tag{3.2.1}$$

式中：$\boldsymbol{F}$ 为激励幅值列阵，n 阶。

系统稳态位移响应为

$$\boldsymbol{x} = \boldsymbol{X} e^{j\omega t} \tag{3.2.2}$$

式中：X 为稳态位移响应幅值列阵，n 阶。

将式(3.2.1)、式(3.2.2)代入式(3.1.1)，得

$$(\boldsymbol{K} - \omega^2 \boldsymbol{M})\boldsymbol{X} = \boldsymbol{F} \tag{3.2.3}$$

即

$$\boldsymbol{X} = \boldsymbol{H}(\omega)\boldsymbol{F} \tag{3.2.4}$$

其中

$$\boldsymbol{H}(\omega) = (\boldsymbol{K} - \omega^2 \boldsymbol{M})^{-1} \tag{3.2.5}$$

$\boldsymbol{H}(\omega)$ 称为无阻尼振动系统的频率响应函数矩阵，是 $n \times n$ 实对称矩阵。

将坐标变换式(3.1.12)代入式(3.1.1)，左乘 $\boldsymbol{\Phi}^{\mathrm{T}}$，并结合模态矢量正交性，得模态坐标系下的受迫振动方程为

$$\mathrm{diag}[m_i]\ddot{\boldsymbol{y}} + \mathrm{diag}[k_i]\boldsymbol{y} = \boldsymbol{\Phi}^{\mathrm{T}} \boldsymbol{f}(t) \tag{3.2.6}$$

设稳态位移响应为

$$\boldsymbol{y} = \boldsymbol{U} e^{j\omega t} \tag{3.2.7}$$

将式(3.2.7)代入式(3.2.6)并考虑式(3.1.12)，得

$$\mathrm{diag}[k_i - \omega^2 m_i]\boldsymbol{U} = \boldsymbol{\Phi}^{\mathrm{T}} \boldsymbol{F}$$

则

$$\boldsymbol{U} = \mathrm{diag}\left[\frac{1}{k_i - \omega^2 m_i}\right] \boldsymbol{\Phi}^{\mathrm{T}} \boldsymbol{F} \tag{3.2.8}$$

将式(3.2.2)、式(3.2.7)代入式(3.1.12)，并利用式(3.2.8)，有

$$\boldsymbol{X} = \boldsymbol{\Phi U} = \boldsymbol{\Phi}\mathrm{diag}\left[\frac{1}{k_i - \omega^2 m_i}\right]\boldsymbol{\Phi}^{\mathrm{T}}\boldsymbol{F} = \sum_{i=1}^{n}\frac{\boldsymbol{\Phi}_i\boldsymbol{\Phi}_i^{\mathrm{T}}}{k_i - \omega^2 m_i}\boldsymbol{F} \tag{3.2.9}$$

即

$$\boldsymbol{H}(\omega) = \sum_{i=1}^{n}\frac{\boldsymbol{\Phi}_i\boldsymbol{\Phi}_i^{\mathrm{T}}}{k_i - \omega^2 m_i} \tag{3.2.10}$$

式(3.2.10)称为无阻尼振动系统频率响应函数矩阵的模态展示。由式(3.2.10)也可直接写出频率响应函数矩阵的模态展示，即

$$\boldsymbol{H}(\omega) = \boldsymbol{\Phi}\boldsymbol{\Phi}^{-1}(\boldsymbol{K} - \omega^2\boldsymbol{M})^{-1}(\boldsymbol{\Phi}^{\mathrm{T}})^{-1}\boldsymbol{\Phi}^{\mathrm{T}} = \boldsymbol{\Phi}[\boldsymbol{\Phi}^{\mathrm{T}}(\boldsymbol{K} - \omega^2\boldsymbol{M})\boldsymbol{\Phi}]^{-1}\boldsymbol{\Phi}^{\mathrm{T}}$$
$$= \boldsymbol{\Phi}[\mathrm{diag}[k_i - \omega^2 m_i]]^{-1}\boldsymbol{\Phi}^{\mathrm{T}} = \sum_{i=1}^{n}\frac{\boldsymbol{\Phi}_i\boldsymbol{\Phi}_i^{\mathrm{T}}}{k_i - \omega^2 m_i}$$

频率响应函数模态展示中明显含各种模态参数，它是频域法参数识别的基础。

3.3　无阻尼系统脉冲响应函数

无论从脉冲响应函数的物理意义还是从与频率响应函数的关系，都容易求得多自由度无阻尼振动系统的脉冲响应函数。因此，频率响应函数矩阵模态展示(3.2.10)可写成

$$\boldsymbol{H}(\omega) = \sum_{i=1}^{n}\frac{1}{m_i}\frac{\boldsymbol{\Phi}_i\boldsymbol{\Phi}_i^{\mathrm{T}}}{m_i\omega_{\mathrm{o}i}^2 - \omega^2} \tag{3.3.1}$$

其傅里叶逆变换为脉冲响应函数矩阵，为 $n\times n$ 实对称矩阵，即

$$\boldsymbol{h}(t) = \mathrm{F}^{-1}[\boldsymbol{H}(\omega)] = \sum_{i=1}^{n}\frac{\boldsymbol{\Phi}_i\boldsymbol{\Phi}_i^{\mathrm{T}}}{m_i\omega_{\mathrm{o}i}^2 - \omega^2}\sin\omega_{\mathrm{o}i}t \quad (t \geqslant 0) \tag{3.3.2}$$

其中第 j 行第 i 列元素 $h_{ji}(t)$ 表示仅在第 i 个物理坐标作用单位脉冲对第 j 个物理坐标产生的脉冲响应，即

$$h_{ji}(t) = \sum_{i=1}^{n}\frac{\phi_{ji}\phi_{ji}^{\mathrm{T}}}{m_i\omega_{\mathrm{o}i}^2 - \omega^2}\sin\omega_{\mathrm{o}i}t \quad (t \geqslant 0)$$

3.4　黏性比例阻尼系统模态分析

具有黏性阻尼的多自由度系统振动微分方程为

$$\boldsymbol{M}\ddot{\boldsymbol{x}} + \boldsymbol{C}\dot{\boldsymbol{x}} + \boldsymbol{K}\boldsymbol{x} = \boldsymbol{f}(t) \tag{3.4.1}$$

式中：$\boldsymbol{C}$ 为黏性阻尼矩阵，$n\times n$ 正定或半正定对称矩阵；$\dot{\boldsymbol{x}}$ 为速度列阵，n 阶。

黏性阻尼矩阵 $\boldsymbol{C}$ 一般不能利用模态矢量的正交性对角化，故不能应用坐标变换直接将式(3.4.1)解耦。但在特殊情况下 $\boldsymbol{C}$ 可利用正交性对角化，如 Rayleigh 提出的黏性比例阻尼模型：

$$\boldsymbol{C} = \alpha\boldsymbol{M} + \beta\boldsymbol{K} \tag{3.4.2}$$

式中：α、β 分别为与系统外、内阻尼有关的常数。

对某些小阻尼振动系统，这一模型是有效的。

令 $\boldsymbol{f}(t)=\boldsymbol{0}$，则式(3.4.1)为

$$\boldsymbol{M}\ddot{\boldsymbol{x}} + \boldsymbol{C}\dot{\boldsymbol{x}} + \boldsymbol{K}\boldsymbol{x} = \boldsymbol{0} \tag{3.4.3}$$

设特解

$$\boldsymbol{x}=\boldsymbol{\Phi}\mathrm{e}^{\lambda t} \tag{3.4.4}$$

代入式(3.4.3)得

$$(\lambda^2\boldsymbol{M}+\lambda\boldsymbol{C}+\boldsymbol{K})\boldsymbol{\Phi}=\boldsymbol{0} \tag{3.4.5}$$

其特征值方程为

$$|\lambda^2\boldsymbol{M}+\lambda\boldsymbol{C}+\boldsymbol{K}|=0 \tag{3.4.6}$$

这是λ的$2n$次实系数代数方程。设该方程无重根，解得$2n$个共轭对形式的互异特征值为

$$\begin{cases}\lambda_i=-\sigma_i+\mathrm{j}\omega_{\mathrm{d}i}\\ \lambda_i^*=-\sigma_i+\mathrm{j}\omega_{\mathrm{d}i}\end{cases}\quad(i=1,2,\cdots,n) \tag{3.4.7}$$

且

$$|\lambda_i|=|\lambda_i^*|=\sqrt{\sigma_i^2+\omega_{\mathrm{d}i}^2}=\omega_{\mathrm{o}i}\quad(i=1,2,\cdots,n) \tag{3.4.8}$$

式中：σ_i为衰减系数；$\omega_{\mathrm{d}i}$为第i阶阻尼固有频率。

λ_i的模等于无阻尼固有频率$\omega_{\mathrm{o}i}$，可见λ_i反映了系统的固有特征，且具有频率量纲，称为复频率。将$2n$个特征值λ_i、λ_i^*代入式(3.4.5)，解得$2n$个共轭特征矢量$\boldsymbol{\Phi}_i$、$\boldsymbol{\Phi}_i^*$。它们为实矢量，且与无阻尼振动系统的特征矢量相等，则$\boldsymbol{\Phi}_i=\boldsymbol{\Phi}_i^*$，故独立的特征矢量只有$n$个。将这$n$个特征矢量$\boldsymbol{\Phi}_i$按列排列，得特征矢量矩阵，即$n\times n$模态矩阵$\boldsymbol{\Phi}$。

特征矢量$\boldsymbol{\Phi}_i$或模态矩阵$\boldsymbol{\Phi}$不仅具有关于$\boldsymbol{M}$、$\boldsymbol{K}$的正交性，还关于黏性比例阻尼矩阵$\boldsymbol{C}$加权正交，即

$$\boldsymbol{\Phi}^{\mathrm{T}}\boldsymbol{C}\boldsymbol{\Phi}=\mathrm{diag}[\alpha m_i+\beta k_i]=\mathrm{diag}[c_i] \tag{3.4.9}$$

式中：c_i为模态黏性比例阻尼系数，$c_i=\alpha m_i+\beta k_i$；$\mathrm{diag}[c_i]$为模态黏性比例阻尼矩阵。

将坐标变换式(3.1.12)代入式(3.4.3)，并考虑特征矢量的正交性，得一组解耦方程

$$\mathrm{diag}[m_i]\ddot{\boldsymbol{y}}+\mathrm{diag}[c_i]\dot{\boldsymbol{y}}+\mathrm{diag}[k_i]\boldsymbol{y}=0 \tag{3.4.10}$$

正则形式为

$$\ddot{\boldsymbol{y}}+\mathrm{diag}[2\sigma_i]\dot{\boldsymbol{y}}+\mathrm{diag}[\omega_{\mathrm{o}i}^2]\boldsymbol{y}=0 \tag{3.4.11}$$

其中

$$2\sigma_i=\frac{c_i}{m_i}\quad(i=1,2,\cdots,n)$$

根据初始条件式(3.1.13)和式(3.1.16)，得方程式(3.4.10)的解

$$\boldsymbol{y}_i=Y_i\mathrm{e}^{-\sigma_i t}\sin(\omega_{\mathrm{d}i}t+\varphi_i) \tag{3.4.12}$$

其中

$$Y_i=\sqrt{y_{\mathrm{o}i}^2+\left(\frac{\dot{y}_{\mathrm{o}i}+\sigma_i y_{\mathrm{o}i}}{\omega_{\mathrm{d}i}}\right)},\quad\varphi_i=\arctan\frac{\omega_{\mathrm{d}i}y_{\mathrm{o}i}}{\dot{y}_{\mathrm{o}i}+\sigma_i y_{\mathrm{o}i}} \tag{3.4.13}$$

为与初始条件有关的常量。

将式(3.4.12)代入式(3.1.12)，得物理坐标系中的自由响应

$$\boldsymbol{x}=\sum_{i=1}^{n}\boldsymbol{\Phi}_i Y_i\mathrm{e}^{-\sigma_i t}\sin(\omega_{\mathrm{d}i}t+\varphi_i)=\sum_{i=1}^{n}\boldsymbol{D}_i\mathrm{e}^{-\sigma_i t}\sin(\omega_{\mathrm{d}i}t+\varphi_i) \tag{3.4.14}$$

式中$\boldsymbol{D}_i$如式(3.1.20)所示。

如果系统以某阶阻尼固有频率$\omega_{\mathrm{d}i}$振动，则振动规律为

$$\boldsymbol{x}_i=\boldsymbol{D}_i\mathrm{e}^{-\sigma_i t}\sin(\omega_{\mathrm{d}i}t+\varphi_i)\quad(i=1,2,\cdots,n) \tag{3.4.15}$$

此即黏性比例阻尼系统的主振动，振动形态为$\boldsymbol{D}_i\propto\boldsymbol{\Phi}_i$，所以，主振型$\boldsymbol{\Phi}_i$反映了系统主振动的

形态。

式(3.4.15)中 $\boldsymbol{x}_i$ 的每个元素在第 i 阶主振动下各个物理坐标的自由响应为

$$x_{ji}=D_{ji}\mathrm{e}^{-\sigma_i t}\sin(\omega_{\mathrm{d}i}t+\varphi_i)=\phi_{ji}Y_i\mathrm{e}^{-\sigma_i t}\sin(\omega_{\mathrm{d}i}t+\varphi_i)\quad(j=1,2,\cdots,n)\tag{3.4.16}$$

可见，系统在第 i 阶主振动中，各物理坐标自由衰减振动的初相位相同，均为 φ_i，与无阻尼振动系统相同，黏性比例阻尼系统亦具有模态保持性。

3.5　黏性阻尼系统的频率响应函数和脉冲响应函数

设系统受如式(3.2.1)所示的简谐激励，稳态位移响应如式(3.2.2)所示，代入式(3.1.1)，得

$$(\boldsymbol{K}-\omega^2\boldsymbol{M}+\mathrm{j}\omega\boldsymbol{C})\boldsymbol{X}=\boldsymbol{F}\tag{3.5.1}$$

若写成

$$\boldsymbol{X}=\boldsymbol{H}(\omega)\boldsymbol{F}$$

则式中频率响应函数矩阵为

$$\boldsymbol{H}(\omega)=(\boldsymbol{K}-\omega^2\boldsymbol{M}+\mathrm{j}\omega\boldsymbol{C})^{-1}\tag{3.5.2}$$

$\boldsymbol{H}(\omega)$为 $n\times n$ 复对称矩阵。

将坐标变换式(3.1.12)代入式(3.1.1)，左乘 $\boldsymbol{\Phi}^{\mathrm{T}}$，并结合模态矢量正交性，得解耦方程组

$$\mathrm{diag}[m_i]\ddot{\boldsymbol{y}}+\mathrm{diag}[c_i]\dot{\boldsymbol{y}}+\mathrm{diag}[k_i]\boldsymbol{y}=\boldsymbol{\Phi}^{\mathrm{T}}\boldsymbol{f}(t)\tag{3.5.3}$$

将稳态位移响应式(3.2.7)代入式(3.5.3)，并考虑式(3.2.1)，得

$$\mathrm{diag}[k_i-\omega^2m_i+\mathrm{j}\omega c_i]\boldsymbol{U}=\boldsymbol{\Phi}^{\mathrm{T}}\boldsymbol{F}$$

则

$$\boldsymbol{U}=\mathrm{diag}\left[\frac{1}{k_i-\omega^2m_i+\mathrm{j}\omega c_i}\right]\boldsymbol{\Phi}^{\mathrm{T}}\boldsymbol{F}\tag{3.5.4}$$

将式(3.2.2)、式(3.2.7)代入式(3.1.12)，并利用式(3.5.4)，有

$$\boldsymbol{X}=\boldsymbol{\Phi}\boldsymbol{U}=\boldsymbol{\Phi}\mathrm{diag}\left[\frac{1}{k_i-\omega^2m_i+\mathrm{j}\omega c_i}\right]\boldsymbol{\Phi}^{\mathrm{T}}\boldsymbol{F}=\sum_{i=1}^{n}\frac{\boldsymbol{\Phi}_i\boldsymbol{\Phi}_i^{\mathrm{T}}}{k_i-\omega^2m_i+\mathrm{j}\omega c_i}\boldsymbol{F}\tag{3.5.5}$$

由此得频率响应函数的模态展示

$$\boldsymbol{H}(\omega)=\sum_{i=1}^{n}\frac{\boldsymbol{\Phi}_i\boldsymbol{\Phi}_i^{\mathrm{T}}}{k_i-\omega^2m_i+\mathrm{j}\omega c_i}\boldsymbol{F}\tag{3.5.6}$$

$\boldsymbol{H}(\omega)$也可由式(3.5.2)直接导出。

将式(3.5.6)写成

$$\boldsymbol{H}(\omega)=\sum_{i=1}^{n}\frac{1}{m_i}\frac{\boldsymbol{\Phi}_i\boldsymbol{\Phi}_i^{\mathrm{T}}}{(\mathrm{j}\omega+\sigma_i)^2+\omega_{\mathrm{d}i}^2}$$

进行傅里叶逆变换，得脉冲响应函数矩阵

$$\boldsymbol{h}(t)=\sum_{i=1}^{n}\frac{\boldsymbol{\Phi}_i\boldsymbol{\Phi}_i^{\mathrm{T}}}{m_i\omega_{\mathrm{d}i}}\mathrm{e}^{-\sigma_i t}\sin\omega_{\mathrm{d}i}t\quad(t\geqslant 0)$$

3.6　振动系统分类

本节列出不同振动系统的分类，不同的应用领域有稍微不同的专有名词。下面的分类不仅是为了便于本书的讲解，也尽量和其他参考文献保持一致。

守恒系统(conservative system)形式如下：

$$\boldsymbol{M}\ddot{q}(t)+\boldsymbol{K}q(t)=\boldsymbol{f}(t)$$

其中 $\boldsymbol{M}$ 和 $\boldsymbol{K}$ 是对称和正定的，但是对如下的系统：

$$\boldsymbol{M}\ddot{q}(t)+\boldsymbol{G}\dot{q}(t)+\boldsymbol{K}q(t)=\boldsymbol{f}(t)$$

其中 $\boldsymbol{G}$ 是反对称的，但同样也是守恒的。从能量守恒的意义上讲，这个系统可以称为陀螺守恒系统(gyroscopic conservative system)，或无阻尼的陀螺守恒系统。当很多系统有自旋运动时，如回转仪、旋转的机器或带自旋的卫星等，则有

$$\boldsymbol{M}\ddot{q}(t)+\boldsymbol{C}\dot{q}(t)+\boldsymbol{K}q(t)=\boldsymbol{f}(t)$$

其中 $\boldsymbol{M}$、$\boldsymbol{C}$ 和 $\boldsymbol{K}$ 都是正定的，称为有阻尼的非陀螺系统。在某些情况下，虽然该系统并非能量守恒，但也称为有阻尼的守恒系统。具有对称和正定系数矩阵的系统有时被称为被动系统。

对那些具有准对称系数矩阵的系统进行分类就没有那么简单了，因为涉及更多的矩阵理论。但是

$$\boldsymbol{M}\ddot{q}(t)+(\boldsymbol{K}+\boldsymbol{H})q(t)=\boldsymbol{f}(t)$$

被称为循环系统，另外，更通用的形式如下：

$$\boldsymbol{M}\ddot{q}(t)+\boldsymbol{C}\dot{q}(t)+(\boldsymbol{K}+\boldsymbol{H})q(t)=\boldsymbol{f}(t)$$

这样的系统具有严格的阻尼或如一些旋转轴系的外部阻尼，会造成系统能量的耗散。

将上述系统综合在一起，形成如下系统：

$$\boldsymbol{M}\ddot{q}(t)+(\boldsymbol{G}+\boldsymbol{C})\dot{q}(t)+(\boldsymbol{K}+\boldsymbol{H})q(t)=\boldsymbol{f}(t)$$

这个系统已经很复杂，但必须指出这个模型并不包括时变的系数和非线性系统。从物理的观点看，这些系统表示了线性振动系统中所有的受力，可以从数学的观点，根据系数矩阵的特点进一步细分。

许多结构和装置的振动可由精确的控制方法控制。反馈控制系统就能有效去除机器、高层建筑以及大型飞机的振动。前面已经讨论过，通过测量振动的位移和速度，并以这些信息为基础，加上适当的增益，可以控制相应的振动。系统状态的测量称为测量方程(输出方程)：

$$\boldsymbol{y}(t)=\boldsymbol{C}_{\mathrm{p}}q(t)+\boldsymbol{C}_{\mathrm{v}}\dot{q}(t)$$

这里 $\boldsymbol{C}_{\mathrm{p}}$ 表示传感器的位置和增益矩阵，$\boldsymbol{C}_{\mathrm{v}}$ 代表速度传感器的输出和增益，$\boldsymbol{y}(t)$ 称为输出矢量。

用矩阵 $\boldsymbol{B}_{\mathrm{f}}$ 代表作动器的位置和增益，矢量 $\boldsymbol{u}(t)$ 称为输入矢量，表示控制的输入，对闭环控制来说是测量值的函数，在特殊情况下 $\boldsymbol{f}_{\mathrm{f}}(t)=\boldsymbol{B}_{\mathrm{f}}\boldsymbol{u}(t)$，而其中 $\boldsymbol{u}(t)=-\boldsymbol{G}_{\mathrm{f}}\boldsymbol{y}(t)$，这里 $\boldsymbol{G}_{\mathrm{f}}$ 是恒定的系统增益，减号与系统稳定性有关。前面的系统运动方程加上闭环控制后变为

$$\boldsymbol{M}\ddot{q}(t)+(\boldsymbol{G}+\boldsymbol{C})\dot{q}(t)+(\boldsymbol{K}+\boldsymbol{H})q(t)=\boldsymbol{f}(t)+\boldsymbol{f}_{\mathrm{f}}(t)$$

将 $\boldsymbol{f}_{\mathrm{f}}(t)$、$\boldsymbol{u}(t)$、$\boldsymbol{y}(t)$代入上式得

$$\boldsymbol{M}\ddot{q}(t)+(\boldsymbol{G}+\boldsymbol{C})\dot{q}(t)+(\boldsymbol{K}+\boldsymbol{H})q(t)=-\boldsymbol{B}_{\mathrm{f}}\boldsymbol{G}_{\mathrm{f}}\boldsymbol{C}_{\mathrm{p}}q(t)-\boldsymbol{B}_{\mathrm{f}}\boldsymbol{G}_{\mathrm{f}}\boldsymbol{C}_{\mathrm{v}}\dot{q}(t)+\boldsymbol{f}(t)$$

右边位置和速度的系数能够表示为单个矩阵：

$$\boldsymbol{M}\ddot{q}(t)+(\boldsymbol{G}+\boldsymbol{C})\dot{q}(t)+(\boldsymbol{K}+\boldsymbol{H})q(t)=-\boldsymbol{K}_{\mathrm{p}}q(t)-\boldsymbol{K}_{\mathrm{v}}\dot{q}(t)+\boldsymbol{f}(t)$$

其中 $\boldsymbol{K}_{\mathrm{p}}=\boldsymbol{B}_{\mathrm{f}}\boldsymbol{G}_{\mathrm{f}}\boldsymbol{C}_{\mathrm{p}}$，$\boldsymbol{K}_{\mathrm{v}}=\boldsymbol{B}_{\mathrm{f}}\boldsymbol{G}_{\mathrm{f}}\boldsymbol{C}_{\mathrm{v}}$，称为反馈增益矩阵，它们决定了系统响应的性能，由系统硬件决定。

如果把 $\boldsymbol{K}_{\mathrm{p}}q(t)$ 和 $\boldsymbol{K}_{\mathrm{v}}\dot{q}(t)$ 移动到方程左边，就形成了所谓的状态反馈。

3.7　多自由度系统振动分析的状态空间法

反馈控制系统的状态空间表达如下：

$$\left.\begin{aligned}\dot{\boldsymbol{x}}(t) &= \boldsymbol{A}\boldsymbol{x}(t)+\boldsymbol{B}\boldsymbol{u}(t)\\ \boldsymbol{u}(t) &= -\boldsymbol{G}_c\boldsymbol{y}(t)\\ \boldsymbol{y}(t) &= \boldsymbol{C}_c\boldsymbol{x}(t)\end{aligned}\right\}\tag{3.7.1}$$

其中：$\boldsymbol{x}(t)$称为状态矢量；

$\boldsymbol{A}$ 称为状态矩阵；

$\boldsymbol{B}$ 是输入矩阵；

$\boldsymbol{u}(t)$是作用的控制矢量；

$\boldsymbol{y}(t)$是输出矩阵；

$\boldsymbol{C}_c$ 是定位和增益矩阵；

$\boldsymbol{G}_c$ 是增益矩阵。

令 $x_1=q$ 和 $x_2=\dot{q}$，则方程(3.7.1)可以写成如下两个耦合的方程：

$$\left.\begin{aligned}\dot{x}_1(t) &= x_2(t)\\ \boldsymbol{M}\dot{x}_2(t) &= -(\boldsymbol{C}+\boldsymbol{G})x_2(t)-(\boldsymbol{K}+\boldsymbol{H})x_1(t)+\boldsymbol{f}(t)\end{aligned}\right\}\tag{3.7.2}$$

写成这种形式后，就可以用成熟的控制理论分析振动问题。

现在假设 $\boldsymbol{M}$ 的逆矩阵存在，则式(3.7.2)可以重写为

$$\dot{\boldsymbol{x}}(t)=\begin{bmatrix}\boldsymbol{0} & \boldsymbol{I}\\ -\boldsymbol{M}^{-1}(\boldsymbol{K}+\boldsymbol{H}) & -\boldsymbol{M}^{-1}(\boldsymbol{C}+\boldsymbol{G})\end{bmatrix}\boldsymbol{x}(t)+\begin{bmatrix}\boldsymbol{0}\\ \boldsymbol{M}^{-1}\end{bmatrix}\boldsymbol{f}(t)$$

其中状态矩阵 $\boldsymbol{A}$ 和输入矩阵 $\boldsymbol{B}$ 是

$$\boldsymbol{A}=\begin{bmatrix}\boldsymbol{0} & \boldsymbol{I}\\ -\boldsymbol{M}^{-1}(\boldsymbol{K}+\boldsymbol{H}) & -\boldsymbol{M}^{-1}(\boldsymbol{C}+\boldsymbol{G})\end{bmatrix},\quad \boldsymbol{B}=\begin{bmatrix}\boldsymbol{0}\\ \boldsymbol{M}^{-1}\end{bmatrix}$$

且 $\boldsymbol{x}=[x_1\quad x_2]^{\mathrm{T}}=[q\quad \dot{q}]^{\mathrm{T}}$，

输出方程式 $\boldsymbol{y}(t)=\boldsymbol{C}_c\boldsymbol{x}(t)$，控制律 $\boldsymbol{u}(t)=-\boldsymbol{G}_c\boldsymbol{y}(t)$，就形成了状态反馈下闭环控制系统的状态空间模型。

3.8　振动响应状态空间表示

系统在状态空间下的方程为

$$\left.\begin{aligned}\dot{\boldsymbol{x}}(t) &= \boldsymbol{A}\boldsymbol{x}(t)+\boldsymbol{B}\boldsymbol{f}(t)\\ \boldsymbol{x}(0) &= x_0\end{aligned}\right\}\tag{3.8.1}$$

式中：$\boldsymbol{f}(t)$为作用在结构上的外力，假设 $\boldsymbol{A}$ 为 $2n\times 2n$ 维。

对式(3.8.1)第一式两边进行拉普拉斯变换得

$$s\boldsymbol{X}(s)=\boldsymbol{A}\boldsymbol{X}(s)+\boldsymbol{B}\boldsymbol{F}(s)\tag{3.8.2}$$

式中：$\boldsymbol{X}(s)$和 $\boldsymbol{F}(s)$分别为 $\boldsymbol{x}(t)$和 $\boldsymbol{f}(t)$的拉普拉斯变换。

由式(3.8.2)可得

$$\boldsymbol{X}(s)=(s\boldsymbol{I}-\boldsymbol{A})^{-1}x_0+(s\boldsymbol{I}-\boldsymbol{A})^{-1}\boldsymbol{B}\boldsymbol{F}(s)\tag{3.8.3}$$

所以在状态空间下，系统的传递函数矩阵为$(s\boldsymbol{I}-\boldsymbol{A})^{-1}$，其中 $\boldsymbol{I}$ 为单位矩阵。可见，在状态

空间下,系统的固有动力学特性由矩阵 $\boldsymbol{A}$ 决定。对式(3.8.3)进行拉普拉斯逆变换,可得系统在状态空间下的振动响应为

$$\boldsymbol{x}(t)=\mathrm{L}^{-1}[\boldsymbol{X}(s)] \tag{3.8.4}$$

系统在状态空间下的振动响应也可以采用以下方法求解。首先仿照一般指数函数的展开公式定义以下矩阵指数函数,即由

$$\mathrm{e}^{x}=\sum_{k=0}^{\infty}\frac{x^{k}}{k!} \tag{3.8.5}$$

得

$$\mathrm{e}^{\boldsymbol{A}t}=\sum_{k=0}^{\infty}\frac{\boldsymbol{A}^{k}t^{k}}{k!} \tag{3.8.6}$$

则由该定义可得

$$\frac{\mathrm{d}}{\mathrm{d}t}(\mathrm{e}^{\boldsymbol{A}t})=\boldsymbol{A}\mathrm{e}^{\boldsymbol{A}t}=\mathrm{e}^{\boldsymbol{A}t}\boldsymbol{A} \tag{3.8.7}$$

若 $\boldsymbol{A}$ 的特征值组成的对角矩阵为 $\boldsymbol{\Lambda}$,相应的特征向量矩阵为 $\boldsymbol{\Phi}$,则有

$$\boldsymbol{A\Phi}=\boldsymbol{\Phi\Lambda} \tag{3.8.8}$$

则

$$\begin{gathered}\boldsymbol{A}=\boldsymbol{\Phi\Lambda\Phi}^{-1}\\ \boldsymbol{A}^{2}=\boldsymbol{A}\cdot\boldsymbol{A}=\boldsymbol{\Phi\Lambda\Phi}^{-1}\boldsymbol{\Phi\Lambda\Phi}=\boldsymbol{\Phi\Lambda}^{2}\boldsymbol{\Phi}^{-1}\\ \vdots\\ \boldsymbol{A}^{k}=\boldsymbol{\Phi\Lambda}^{k}\boldsymbol{\Phi}^{-1}\end{gathered} \tag{3.8.9}$$

由此可得

$$\mathrm{e}^{\boldsymbol{A}t}=\sum_{k=0}^{\infty}\frac{\boldsymbol{A}^{k}t^{k}}{k!}=\boldsymbol{\Phi}\sum_{k=0}^{\infty}\frac{\boldsymbol{\Lambda}^{k}t^{k}}{k!}\boldsymbol{\Phi}^{-1}=\boldsymbol{\Phi}\mathrm{e}^{\boldsymbol{\Lambda}t}\boldsymbol{\Phi}^{-1} \tag{3.8.10}$$

又因为

$$\mathrm{e}^{\boldsymbol{\Lambda}t}=\sum_{k=0}^{\infty}\frac{\boldsymbol{\Lambda}^{k}t^{k}}{k!}\begin{bmatrix}\sum_{k=0}^{\infty}\frac{\lambda_{1}^{k}t^{k}}{k!} & & & \\ & \sum_{k=0}^{\infty}\frac{\lambda_{2}^{k}t^{k}}{k!} & & \\ & & \ddots & \\ & & & \sum_{k=0}^{\infty}\frac{\lambda_{2n}^{k}t^{k}}{k!}\end{bmatrix}=\begin{bmatrix}\mathrm{e}^{\lambda 1^{t}} & & & \\ & \mathrm{e}^{\lambda 2^{t}} & & \\ & & \ddots & \\ & & & \mathrm{e}^{\lambda(2n)^{t}}\end{bmatrix} \tag{3.8.11}$$

所以

$$\mathrm{e}^{\boldsymbol{A}t}=\boldsymbol{\Phi}\begin{bmatrix}\mathrm{e}^{\lambda 1^{t}} & & & \\ & \mathrm{e}^{\lambda 2^{t}} & & \\ & & \ddots & \\ & & & \mathrm{e}^{\lambda(2n)^{t}}\end{bmatrix}\boldsymbol{\Phi}^{-1} \tag{3.8.12}$$

有了上述基础后,就可以仿照求解一阶常微分方程的变异系数求解方程(3.8.1)。令

$$\boldsymbol{x}(t)=\mathrm{e}^{\boldsymbol{A}t}c(t) \tag{3.8.13}$$

对式(3.8.13)求导可得

$$\dot{\boldsymbol{x}}(t) = \boldsymbol{A}\mathrm{e}^{\boldsymbol{A}t}c(t) + \mathrm{e}^{\boldsymbol{A}t}\dot{c}(t) \tag{3.8.14}$$

将式(3.8.13)代入式(3.8.1)第一式又可得

$$\dot{\boldsymbol{x}}(t) = \boldsymbol{A}\mathrm{e}^{\boldsymbol{A}t}c(t) + \boldsymbol{B}\boldsymbol{f}(t) \tag{3.8.15}$$

对比式(3.8.14)和式(3.8.15)可得

$$\mathrm{e}^{\boldsymbol{A}t}\dot{c}(t) = \boldsymbol{B}\boldsymbol{f}(t) \tag{3.8.16}$$

即

$$\dot{c}(t) = \mathrm{e}^{-\boldsymbol{A}t}\boldsymbol{B}\boldsymbol{f}(t) \tag{3.8.17}$$

可得

$$c(t) = \int_0^t \mathrm{e}^{-\boldsymbol{A}\tau}\boldsymbol{B}\boldsymbol{f}(\tau)\mathrm{d}\tau + c(0) \tag{3.8.18}$$

由初始条件可得

$$x_0 = \mathrm{e}^{\boldsymbol{A}\cdot 0}c(0) = c(0) \tag{3.8.19}$$

将式(3.8.18)代回式(3.8.13)得

$$\boldsymbol{x}(t) = \mathrm{e}^{\boldsymbol{A}t}x_0 + \int_0^t \mathrm{e}^{A(t-\tau)}\boldsymbol{B}\boldsymbol{f}(\tau)\mathrm{d}\tau \tag{3.8.20}$$

显然，式(3.8.20)中第一项表示系统对初始条件的响应，第二项表示系统对外激励的响应。对比式(3.8.20)和式(3.8.3)可得

$$\mathrm{e}^{\boldsymbol{A}t} = \mathrm{L}^{-1}[(s\boldsymbol{I}-\boldsymbol{A})^{-1}]$$

思　考　题

1. 求题图 3.1 所示系统的固有频率和固有振型，绘出振型图。

2. 如题图 3.2 所示系统，$k=100$ N/m，$m=1$ kg，$c=2$ N·s/m。若 $f_1=10\sin 15t$ N，$f_2=0$，试用模态叠加法求系统的稳态位移响应。

3. 用 Matlab 编程采用状态空间法求解绘制第 2 题在零初始条件下的位移响应。

4. 在题图 3.2 所示系统中，假设初始条件为：$u_0=\begin{bmatrix}0.05\\-0.03\end{bmatrix}$ m，$\dot{u}_0=\begin{bmatrix}-0.1\\0.3\end{bmatrix}$ m/s，f_1、f_2 均为单位阶跃力，用 Matlab 编程采用状态空间法求解绘制系统的位移响应。

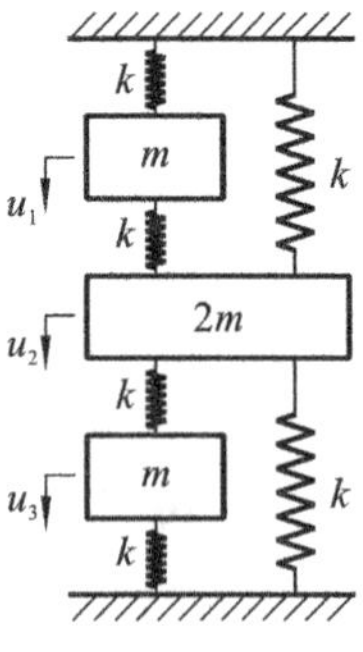

题图 3.1

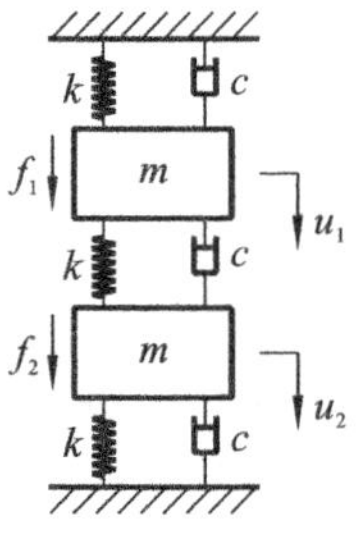

题图 3.2

第4章 振动主动控制技术

4.1 振动的被动控制与主动控制

振动被动控制由于不需外界能源，装置结构较简单，易于实现，经济性与可靠性好，在许多场合下对较宽频率范围内的振动均有较好的隔离效果，已广泛地应用在船舶动力机械上。但随着舰艇声隐身性能要求的提高，振动被动控制的局限性就逐渐暴露出来。例如，无阻尼动力吸振器对频率不变或变化很小的简谐外扰激起的振动能进行有效的抑制，但它不适用于频率变化较大的简谐外扰情况；另外，吸振器质量块的重量代价与振幅限制也是妨碍吸振器广泛应用的原因。又如，被动隔振装置在外扰频率大于隔振系统固有频率的$\sqrt{2}$倍时才能起隔振作用，但是对低频外扰，隔振系统的固有频率很难满足这一要求；同时，过低的系统固有频率也会导致静变形过大与失稳等问题，造成低频隔振难题。另外，隔振器的阻尼对提高隔振效率不利，但它又是减小共振频率下的响应所必不可少的。再如，由黏弹性材料构成的阻尼材料比金属材料有较大的损耗因子，但其阻尼值还有待进一步提高。因此，人们除在振动被动控制的研究领域内继续探讨更为有效的控制方法外，又进一步寻求新的振动控制方法。主动控制技术由于具有效果好、适应性强等潜在的优越性，很自然地成为一条重要的新途径。

振动主动控制是主动控制技术在振动领域中的一项重要应用，包括开环与闭环两类控制，分别如图 4.1.1 和图 4.1.2 所示。开环控制又称程序控制，其控制器中的控制律按预先规定的要求设置好，与受控对象的振动状态无关；闭环控制中的控制器是以受控对象的振动状态为反馈信息进行工作的，后者是目前应用最为广泛的一类控制。

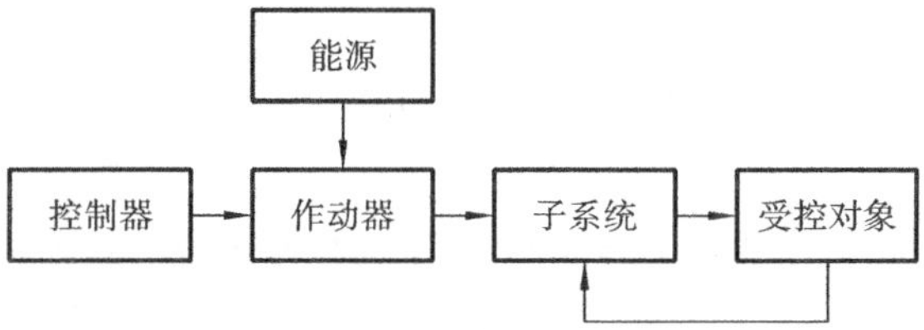

图 4.1.1 振动开环主动控制

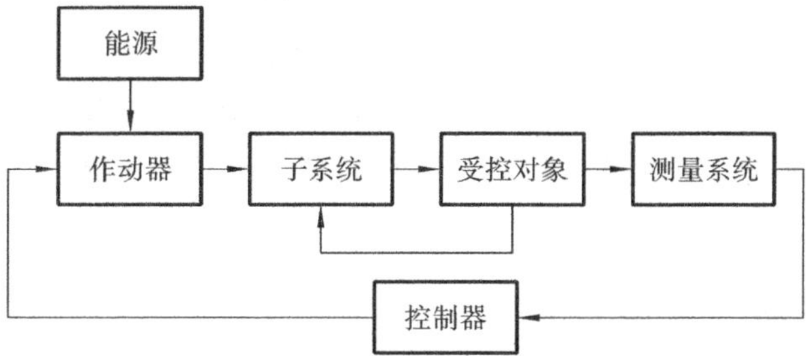

图 4.1.2 振动闭环主动控制

振动闭环控制根据受控对象的振动状态进行实时的外加控制，使其振动满足人们的预定要求。具体地说，就是通过安装在受控对象上的传感器感受其振动，传感器的输出信号（经适调、放大后）传至控制器，控制器实现所需的控制律，其输出即为作动器动作的指令，作动器通过附加子系统或直接作用于受控对象，这样，构成一个闭环振动控制系统。

由图 4.1.2 可见，一个振动闭环主动控制系统由以下环节组成。

(1) 受控对象：这是控制对象——机械设备、结构或系统的总称，它可以是单自由度系统、多自由度系统，更多的是无限自由度（又称弹性体）系统。船舶动力机械隔振问题中的动力装置、轴系扭转振动控制中的轴系等都属于受控对象。

(2) 作动器：它是一种能提供作用力（或力矩）的装置。作用力可以直接施加于受控对象上，如主动隔振系统中连接于被隔振设备与基础之间的作动器等。作用力也可以通过附加子系统作用在受控对象上。

(3) 控制器：它是主动控制系统中的核心环节，由它实现所需的控制律。控制律就是控制器输入与输出之间的传递关系。对开环控制来说，控制器的输入是按一定的程序预先设置好的；对闭环控制来说，控制器的输入来自从测量系统感受到的受控对象的振动信息。控制器的输出是用于驱动作动器所需的指令。

(4) 测量系统：包括传感器、适调器、放大器及滤波器等将受控对象的振动信息转换并传输到控制器输入端的各个环节。常用的传感器有压电式、压阻式加速度传感器和电位计式、光电式位移传感器等。

(5) 能源：它用来供给作动器工作所需的外界能量，与作动器形式相对应的有液压油源、气源、电源等。

(6) 附加子系统：这是附加的控制子结构或子系统的总称，有时作动器不直接施力于受控对象上，而是先施力或运动于附加子系统，通过附加子系统的运动进而产生施加于受控对象的作用力。当然，不是任何振动主动控制系统都必须有附加子系统，而前面 5 个环节是必不可少的。

4.2 作 动 器

作动器是实施振动主动控制的关键部件，是主动控制系统的重要环节，其作用是按照确定的控制律对控制对象施加控制力。振动主动控制是一门新兴的交叉学科，涉及振动、控制以及材料等领域。特别是控制系统中传感器与作动器的性能与材料科学的发展密切相关。现代科学技术的飞速发展，使材料科学领域发生了巨大变化。特别是近几年提出并发展的多功能智能材料系统，使振动主动控制更加易于实现。目前除了传统的伺服气垫作动器、电液伺服作动器、电磁式作动器和空气弹簧外，还应用压电合金、形状记忆材料、磁致伸缩材料、电流变体、磁流变体等作为作动器。另外，出现了主动结构，即将结构中受力元件与作动器元件合一，使结构紧凑、质量减小。

4.2.1 伺服气垫作动器

伺服气垫作动器在实践中应用最早，具体结构形式也较多。一种典型伺服隔振气垫的工作原理如图 4.2.1 所示。传感器 A 实时测量隔振台与基座间的相对位移 δ，用它作反馈信号，该信号经控制器进行变换和放大后驱动滑阀，调节气缸上下缸内的气体流量，改变上下缸的气压，从而产生控制力，抑制基座对隔振台的扰动。

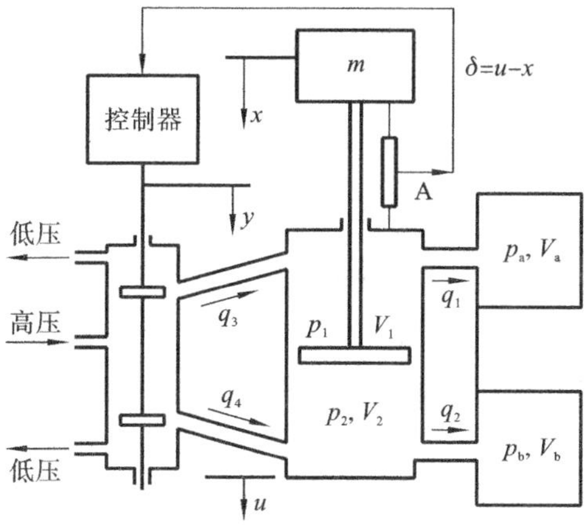

图 4.2.1　伺服气垫作动器工作原理

当滑阀流量足够小时，气体的质量流率 q 与滑阀相对于平衡位置的偏差量 y 成正比，即

$$q = Gy \tag{4.2.1}$$

式中：G 为滑阀的特性参数，可用试验方法测定。

若不考虑气体漏泄，在小负载和小扰动条件下，气缸上下缸的气体质量流率接近相等，因而能建立近似等式：

$$q_3 = -q_4 = K\dot{\delta} \tag{4.2.2}$$

式中：K 为控制增益常数，也需用试验方法测定。

比较式(4.2.1)和式(4.2.2)，导出增益 K 和滑阀特性参数 G 间的关系为

$$K = G\frac{y}{\dot{\delta}} \tag{4.2.3}$$

根据理想气体热力学状态方程，进入气缸上下缸的流量应该满足

$$\left.\begin{aligned} q_1 - q_3 &= \frac{g}{RT}\left[\frac{V_1}{n}\frac{\mathrm{d}p_1}{\mathrm{d}t} + p_1\frac{\mathrm{d}V_1}{\mathrm{d}t}\right] \\ q_2 - q_4 &= \frac{g}{RT}\left[\frac{V_2}{n}\frac{\mathrm{d}p_2}{\mathrm{d}t} + p_2\frac{\mathrm{d}V_2}{\mathrm{d}t}\right] \end{aligned}\right\} \tag{4.2.4}$$

式中：$n=c_p/c_v$，其中 c_p 为气体的等压热容，c_v 为气体的等容热容；

R 为理想气体常数；

g 为气体物质量；

T 为温度；

其余参数与图 4.2.1 中所示符号一致。

进一步可推得隔振台位移 $x(t)$ 对于基座位移 $u(t)$ 的传递函数：

$$\Phi(s) = \frac{2\zeta\frac{s^2}{\omega_n^2} + \left(1 + 2\zeta\frac{K}{Nm\omega_n^3}\right)\frac{s}{\omega_n} + \frac{K}{Nm\omega_n^3}}{2\zeta\frac{s^4}{N\omega_n^4} + \left(\frac{N+1}{N}\right)\frac{s^3}{\omega_n^3} + 2\zeta\frac{s^2}{\omega_n^2} + \left(1 + 2\zeta\frac{K}{Nm\omega_n^3}\right)\frac{s}{\omega_n} + \frac{K}{Nm\omega_n^3}} \tag{4.2.5}$$

式中：ζ 为节流装置的阻尼系数；

$\omega_n=\sqrt{k/m}$,其中 $k=\dfrac{n(p_1+p_2)A^2}{V_0}$,$V_0=V_a=V_b$,$A$ 为活塞有效面积;

$N=V_1/V_2$。

在式(4.2.5)中令 $s=\mathrm{i}\omega$,并经过初等运算和整理,则可导出图 4.2.1 所示伺服隔振气垫的隔振传递率公式:

$$T(g,\zeta)=\sqrt{\frac{\left(\dfrac{K}{Nm\omega_n^3}-2\zeta g^2\right)+\left(1+2\zeta\dfrac{K}{Nm\omega_n^3}\right)g^2}{\left[\dfrac{K}{Nm\omega_n^3}-2\zeta\left(1-\dfrac{g^2}{N}\right)g^2\right]^2+\left[\left(1+2\zeta\dfrac{K}{Nm\omega_n^3}\right)g-\dfrac{N+1}{N}g^3\right]^2}} \tag{4.2.6}$$

式中:g 为频率比,是激励频率 ω 与隔振系统无阻尼固有频率 ω_n 的比值。

给定储气箱与气缸的容积比 $N=V_1/V_2$ 和控制增益参数 $K/(Nm\omega_n^3)$,并取不同的阻尼比 ζ,按式(4.2.6)做数值计算,求得伺服隔振气垫的绝对传递率与频率比 g 的关系曲线,如图 4.2.2所示。该图中的曲线族没有公共点,这是伺服隔振气垫传递率曲线族与普通隔振气垫传递率曲线族(见图 4.2.3)的一个显著差别。图中曲线表明,当阻尼比充分大时,例如,$\zeta=0.786\sim1.20$ 时,伺服隔振气垫的传递率曲线的峰点较低,意味着相应的伺服隔振系统不会出现共振现象。

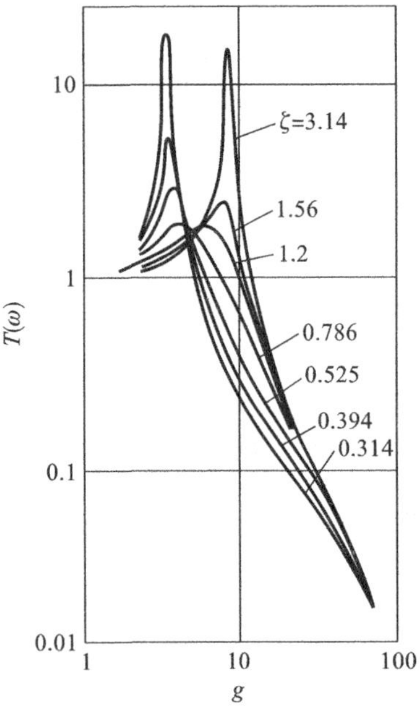

图 4.2.2　伺服隔振气垫传递率曲线族

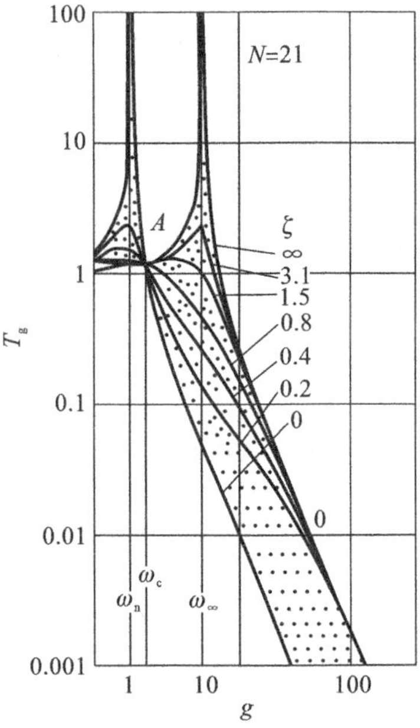

图 4.2.3　普通隔振气垫传递率曲线族

4.2.2　电液伺服作动器

电液伺服作动器承载能力及控制力大,稳定性及可靠性高,能满足重型隔振对象的要求,因此得到较为广泛的应用。其缺点是机构延时大,适用于低频振动控制。

电液伺服隔振系统的工作原理如图 4.2.4 所示。该系统有两个传感器,传感器Ⅰ测量被隔振对象的加速度,传感器Ⅱ测量被隔振对象与基座间的相对位移 δ 和相对速度 $\dot{\delta}$,它的输出信号是 δ 和 $\dot{\delta}$ 的线性组合量。两个传感器的输出信号在控制器 B 中线性组合,形成新的反馈信号,经过控制器的变换和放大,产生的高功率信号驱动电液阀运动,控制进入油缸上下缸的

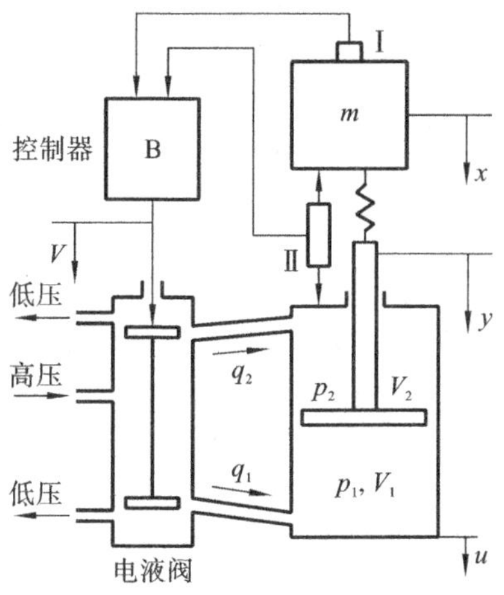

图 4.2.4　电液伺服作动器工作原理

液体流率，改变上下缸的压力，产生合适的控制力，抑制基座运动对被隔振对象的激励。

4.2.3　电磁式作动器

电磁式作动器由于具有无接触、无磨损、无润滑、低功耗等特点在控制方面得到广泛应用。根据主磁路磁场形成机理的不同，电磁式作动器可分为永磁型和电磁型两类。所谓永磁型是指用永磁体构成作动器的主磁路磁场；而电磁型则是利用励磁线圈和导磁材料（如硅钢片等）形成作动器的主磁路磁场。根据作动器运动部件的不同，电磁式作动器又可分为动圈式和动铁式两种类型。通常情况下，永磁型作动器多采用动圈式，如目前广泛应用的电磁激振器便属此类；而电磁型作动器则多采用动铁式。电磁式作动器的优点是频率范围宽，可控性好，易于对复杂周期振动及随机振动实施控制。

电磁式作动器工作原理如图 4.2.5 所示。图中：i 是通过线圈的控制电流；i_s 是通过线圈的恒流；V_s 是恒流源电压；V 是控制电压；h 是两个电磁铁之间的气隙。

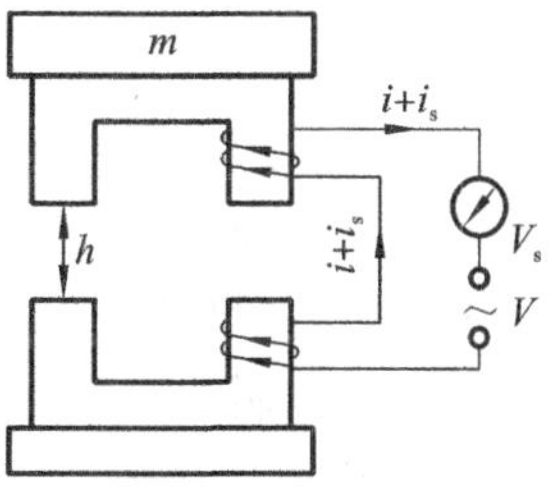

图 4.2.5　电磁式作动器工作原理

从图 4.2.5 中可看出，改变电流可以改变两个电磁铁之间的吸引力或斥力，从而达到隔离振动的目的。

当直流线圈通以直流电流（励磁电流）时，便在气隙处建立了恒定磁场，产生施加于衔铁的作用力（预载力）；此时当交流线圈通以交流电流（控制电流）时，又在气隙处产生交变磁场，从而改变了衔铁的受力情况，相当于在预载力上加上了交变的控制力。

4.3　控制律设计方法

控制律是控制器输入与输出之间的传递关系，它是振动主动控制中的核心问题。目前振动主动控制中应用最为广泛的是闭环控制（又称反馈控制），其实质是通过适当的系统状态或输出反馈，来决定作动器的控制力。反馈控制律的设计可分为两类：一类是基于被控系统数学模型的设计方法，即事先了解被控系统的内部结构和参数，构造出精确的数学模型，基于此模型运用现代控制理论的设计方法获得最优的主动控制律，如模态控制、极点配置法、PID 控制、最优控制、鲁棒控制和变结构控制等;另一类无须知道被控系统的结构,将其视为“黑箱”,仅以其状态或输出作为反馈信号,由算法自身的寻优特性得到最优控制律,或者由其状态和输出得出与系统“等价”的数学模型,基于此模型设计反馈控制律,常见的如自适应控制、模糊控制、神经网络控制等。

4.3.1 特征结构配置

线性系统的闭环特征值决定系统的动态特性,特征向量影响系统的稳定性。特征结构配置法根据线性系统的动态响应由其闭环特征值完全决定的性质,使相应的控制律设计直接满足闭环特征值与特征向量的预定要求,进而改善系统的动态特性(包括稳定性与响应)。对多变量可控系统而言,满足系统特征值给定配置的控制增益不唯一,这一重要性质预示了对应的特征向量的选择有一定的自由,为在进行极点配置的同时改善系统其他性能提供了可能。这种在选择闭环特征向量上的灵活性不仅可以用于增强控制系统对模型误差或不确定因素的鲁棒性,而且可以用于确保闭环系统控制能量尽可能小地消耗。特征结构配置法先把对系统提出的性能指标表达成以闭环特征值与特征向量直接或间接描述的形式,充分利用反馈控制下特征值和特征向量可配置的条件,构造与其相关的某种优化问题,获取匹配形态良好的闭环特征值与特征向量,形成较完善的特征结构,并由此最终求得反馈控制增益。

4.3.2 模态控制

根据振动理论,系统或结构的振动可以将其置于模态空间来考察,无限自由度系统在时域的振动通常可以用其低阶自由度系统在模态空间内少量几个模态的振动足够近似地描述,这样,无限自由度系统的振动控制可转化为在模态空间内少量几个模态的振动控制,亦即控制模态。这种方法称为模态控制法,分为模态耦合控制与独立模态空间控制。独立模态空间控制可实现对所需控制的模态进行独立的控制,不影响其他未控制的模态,具有直观简便、易设计的优点,目前已成为模态控制中的一个主流方法。

独立模态空间控制需经过如下四个环节:

(1) 测量物理空间下的位移和速度;

(2) 从位移和速度提取模态坐标及模态坐标导数,此环节称为“滤模态”;

(3) 确定各阶模态控制位移增益与速度增益;

(4) 模态控制力转换至实际控制力。

这种方法充分利用了模态分析技术的特点,但先决条件是被控系统完全可控和可观,且必须预先知道应该控制的特定模态。

4.3.3 PID 控制

PID 控制系统的原理如图 4.3.1 所示。

PID 控制器是一种线性控制器,根据给定值 $r(t)$ 与实际输出值 $y(t)$ 构成控制偏差

$$e(t)=r(t)-y(t) \tag{4.3.1}$$

就动力响应主动控制而言,给定值 $r(t)$ 常常为零。

将偏差按比例(P)、积分(I)、微分(D)通过线性组合构成控制量,对被控对象进行控制。其控制规律为

$$u(t)=K_{\mathrm{p}}\left[e(t)+\frac{1}{T_{\mathrm{i}}}\int_{0}^{t}e(\tau)\mathrm{d}\tau+T_{\mathrm{d}}\frac{\mathrm{d}e(t)}{\mathrm{d}t}\right] \tag{4.3.2}$$

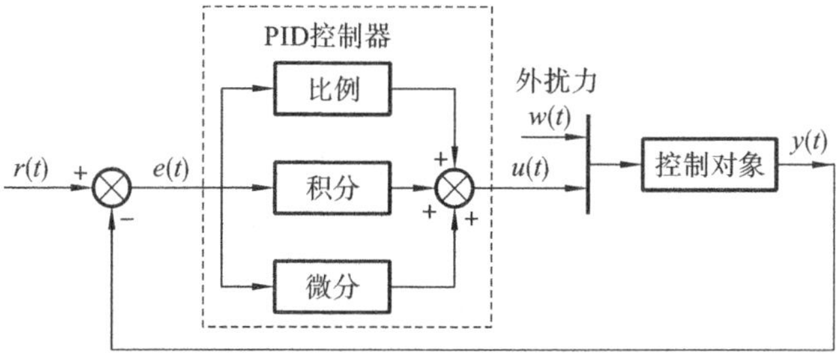

图 4.3.1　PID 控制系统的原理

或者写成传递函数形式

$$G(s)=\frac{U(s)}{e(s)}=K_{\mathrm{p}}\left(1+\frac{1}{T_{\mathrm{i}}s}+T_{\mathrm{d}}s\right) \tag{4.3.3}$$

式中:K_{p} 为比例系数；

T_{i} 为积分时间常数；

T_{d} 为微分时间常数。

PID 控制原理简单,易于整定,使用方便,被广泛应用于工业过程控制和振动控制,适用于可建立精确数学模型的确定性振动控制系统。但对于非线性时变系统的振动控制,常规 PID 控制器难以获得满意的控制效果。

4.3.4　最优控制

作动器的输出能量是有限的,如果所需的控制能量大于实际可用的控制能量,闭环系统将难以满足预定的要求。最优控制就是兼顾响应与控制两方面相互矛盾的要求使其性能指标达到最优的一类控制。最优控制是比较通用的确定振动主动控制系统参数的方法,它利用极值原理、最优滤波或动态规划等最优化方法来求解结构振动最优控制输入。通常采用受控结构的状态响应和控制输入的二次型作为性能指标 J,以便同时保证受控结构的动态稳定性和经济性,这种方式称为线性二次最优控制(LQ)。

$$J=\int_0^{\infty}[\boldsymbol{x}^{\mathrm{T}}(t)\boldsymbol{Q}\boldsymbol{x}(t)+\boldsymbol{u}^{\mathrm{T}}(t)\boldsymbol{R}\boldsymbol{u}(t)]\mathrm{d}t \tag{4.3.4}$$

式中:$\boldsymbol{Q}$、$\boldsymbol{R}$ 分别为半正定的状态权阵和正定的控制输入权阵。

$\boldsymbol{Q}$ 取得大一些,可以达到较快的振动衰减效果,反之,$\boldsymbol{R}$ 取得大些,可以达到较小的能量消耗。

控制输入的形式解为

$$\boldsymbol{u}(t)=-\boldsymbol{R}^{-1}\boldsymbol{B}^{\mathrm{T}}\boldsymbol{P}(t)\boldsymbol{x}(t) \tag{4.3.5}$$

$\boldsymbol{P}(t)$为下面的 Riccati 方程的解

$$\boldsymbol{P}(t)+\boldsymbol{P}(t)\boldsymbol{A}+\boldsymbol{A}^{\mathrm{T}}\boldsymbol{P}(t)-\boldsymbol{P}(t)\boldsymbol{B}\boldsymbol{R}^{-1}\boldsymbol{B}^{\mathrm{T}}\boldsymbol{P}(t)+\boldsymbol{Q}=\boldsymbol{0} \tag{4.3.6}$$

考虑系统随机输入噪声与随机测量噪声的线性二次最优控制叫作线性二次高斯最优控制(LQG)。这种针对系统受到随机因素的作用而采取的控制策略更具有实用性。LQG 最优控制是 LQ 最优控制与最优估计两方面问题的综合。应用 LQG 控制理论进行振动主动控制的实现流程如图 4.3.2 所示。

最优控制虽可兼顾系统的稳定性和控制的经济性,但通常需用试凑法选定加权矩阵,而且需要求解复杂的 Riccati 矩阵方程,很不方便。由于最优控制律是建立在系统理想数学模型基

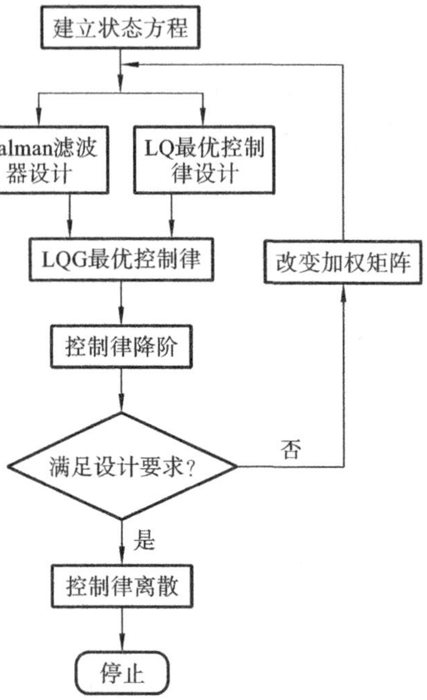

图 4.3.2　LQG 控制流程图

础之上的，而实际结构控制中往往采用降阶模型且存在多种约束条件。因此基于最优控制律设计的控制器作用于实际的受控结构时，大都只能实现次最优控制。

4.3.5　自适应控制

自适应控制是基于一定的数学模型和一定的性能指标综合出来的，但由于先验知识很少，需要根据系统运行的信息，应用在线辨识的方法，使模型逐步完善，从而使控制系统获得一定的适应能力。自适应控制的研究对象是具有不确定性的系统。所谓的“不确定性”是指被控对象的数学模型不完全确定，包含一些未知因素和随机因素。现在比较成熟的自适应控制系统有以下两类：自校正控制和参考模型自适应控制系统。自校正控制是一种将受控结构参数在线辨识与控制器参数整定相结合的控制方式；而参考模型自适应控制是由自适应机构驱动受控结构，使受控结构的输出跟踪参考模型的输出。在振动控制中多采用前一种控制方法。自适应控制系统由控制对象、辨识器和控制器等三部分组成，如图 4.3.3 所示。

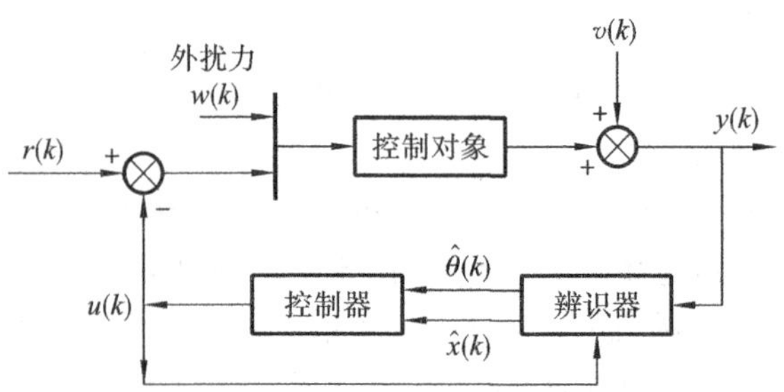

图 4.3.3　在线辨识的自适应控制系统

图中 $r(k)$ 为参考输入，$w(k)$、$v(k)$ 分别为随机扰动和测量噪声，$\hat{\theta}(k)$、$\hat{x}(k)$ 分别表示控

制对象的参数估计和状态估计，$y(k)$为控制对象的观测输出，$u(k)$为输入控制作用。辨识器根据一定的估计算法，在线计算控制对象的未知参数 θ 和未知状态 x 的估值 $\hat{\theta}$、$\hat{x}$。控制器再利用估值 $\hat{\theta}$、$\hat{x}$ 以及事先指定的性能指标，综合最优控制作用 $u(k)$，经过不断的辨识和控制，使系统的性能指标渐近地趋于最优，从而使控制对象的振动控制达到满意效果。

4.3.6 模糊控制

模糊控制系统的原理如图 4.3.4 所示，图中 $e(t)$为位移误差，$u(t)$为控制力。模糊控制部分由传感器、模糊控制器及执行器组成，核心部分为模糊控制器。模糊控制器由精确量的模糊化、规则库模糊推理和模糊量的非模糊化三部分组成。精确量的模糊化是把语言变量化为适当论域上的模糊子集。在振动控制系统中通常以振动位移、速度、加速度等作为输入变量，并进行模糊化处理。模糊控制规则是模糊控制的关键，它的形成有四条基本途径，即依靠专家经验和知识、对操纵者的控制行为建模、对过程进行建模和自组织等。模糊推理即对建立的模糊控制规则经过模糊推理决策出控制变量的模糊子集。它是一个模糊量，需要采取合理的方法转换为精确量，才能更好地发挥模糊推理的决策效果。

在振动控制中采用模糊控制系统代替线性控制系统有以下优点：

(1) 在设计系统时无须建立控制对象的数学模型；

(2) 系统的鲁棒性强，尤其适合于非线性、时变系统的控制；

(3) 只用以语言为代表的模糊向量描述系统。

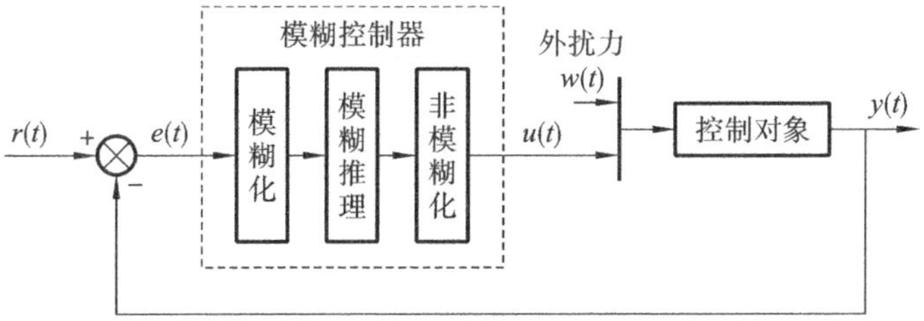

图 4.3.4 模糊控制系统的原理

4.3.7 神经网络控制

神经网络(neural network，NN)是以一种简单计算处理单元(即神经元)为节点，采用某种网络拓扑结构组成的活性网络。可以用来描述几乎任意的非线性系统，而且神经网络还具有学习能力、记忆能力、计算能力以及各种智能化处理能力，在不同程度和层次上模仿人脑神经系统的信息处理、存储和检索的功能。在控制领域神经网络的主要特点如下：

(1) 能够充分逼近任意复杂的非线性关系，从而形成非线性动力学系统，以表示某些被控对象的模型或控制器模型；

(2) 能够学习和适应不确定系统的动态特性；

(3) 所有定量或定性的信息都分别储存于网络内的各种神经单元，从而具有很强的容错性和鲁棒性。

采用信息的分布式并行处理，可以进行快速大量运算。基于神经网络的振动控制原理如图 4.3.5 所示，神经网络由 1 个输入层、1 个非线性隐层和 1 个线性输出层组成。

控制算法包括输出层和隐层的训练算法，在振动控制中，传感器信号经放大器放大后，由

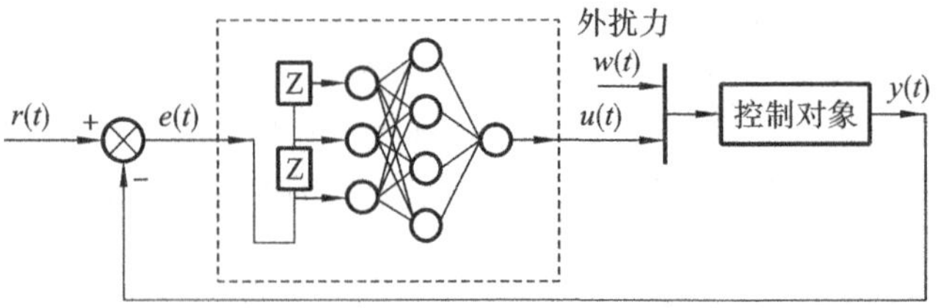

图 4.3.5　基于神经网络的振动控制原理

A/D 转换器转换后进入计算机，作为神经网络控制器中的误差信号，经过控制算法处理后产生控制信号由 D/A 转换器输出，经放大后驱动执行器产生控制力作用到控制对象，从而达到抑制振动的目的。

思　考　题

1. 在题图 4.1 中，取 $m=1$ kg，$c=0.1$ N·s/m，$k=1$ N/m，外激励 $f(t)=\sin 2t$ N，$r(t)$为 1 m的单位阶跃位移，若取 $K_p=20$，$T_i=1$，$T_d=5$，试用 Matlab 编程仿真，研究减振控制和跟踪控制的效果及所需施加的控制力，假设系统初始条件为零。

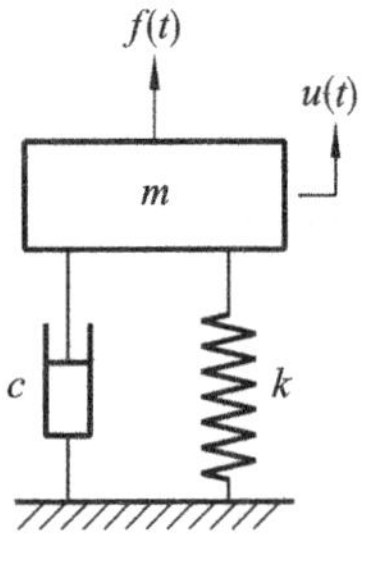

题图 4.1

2. 试求出第 1 题中控制系统的稳定裕度。

3. 若无阻尼系统的质量矩阵为$\begin{bmatrix}1 & 0\\0 & 1\end{bmatrix}$，刚度矩阵为$\begin{bmatrix}2 & -1\\-1 & 2\end{bmatrix}$，初始位移矩阵为$\begin{bmatrix}0.1\\0.2\end{bmatrix}$，初始速度为 0。现在第一自由度处施加状态反馈控制力，试研究 LQR 控制器的控制效果。

4. 在第 3 题中，假设观察信号为第一自由度的位移，其他条件不变。试采用输出反馈对系统振动进行控制，初始估计误差 $e(0)=x(0)$。

第5章　隔振与吸振装置设计

为减小船体结构振动引起的辐射水声，应设法降低船体的结构振动。引起船体结构振动的一个很重要的原因是船上各种动力机械设备运行时对船体的激励，因此要对机械设备进行隔振，以减少机械设备对船体的激励。本章主要讨论单、双层隔振装置的组成、设计及隔振效果的评估。

5.1　单层隔振系统

设备与基础(或称基座)之间通过具有较大弹性的隔振元件支撑，而非刚性相连，则设备、基础与具有较大弹性的隔振元件所组成的系统就称为隔振系统。所谓单层隔振系统就是设备与基础之间只有一层隔振元件的隔振系统。

单层隔振系统虽然形式简单，但与其他复杂隔振系统一样具备三种功用：一是当设备本身是振源时，减少设备的振动和结构噪声向基础的传递；二是当设备不是振源时，减少基础即周围环境的振动和结构噪声向设备的传递；三是当基础受到较大的冲击作用时，使设备的冲击响应和冲击加速度处于允许的范围之内，从而保护设备。

由于被弹性支撑的设备具有一定的几何形状，弹性支撑元件在空间中的一定范围内分布。因此，虽然单层隔振系统在初步设计阶段可以作为单自由度振动系统考虑，但在技术设计阶段则应将其当作多自由度振动系统考虑。

本节我们从研究单自由度线性振动系统做受迫简谐振动时，其力的传递率和运动传递率随激励频率和系统阻尼比的变化情况入手，讨论隔振系统的基本设计准则。

将单层隔振系统当作单自由度系统考虑，实际上就是将被弹性元件支撑的设备当作质点，忽略设备质量在空间中的分布特性，同时不考虑弹性元件的空间分布。

实际的单层隔振系统简化后，不外乎如图5.1.1和图5.1.2所示的两种情况之一。图5.1.1中设备是振源，即质点 m 上作用有简谐激励力 $F(t)=kf(t)=kA\cos\omega t$，隔振的目的是使系统中传到基础上的力幅与激励力力幅之比即力的传递率尽量减小，此即所谓的积极隔振系统；图5.1.2所示的情况是，设备本身不是振源，但基础做简谐运动 $y(t)=Y\cos\omega t$，隔振的目的是使设备的响应 $x(t)=X\cos(\omega t-\varphi)$ 的幅值 X 与基础简谐运动幅值 Y 之比即运动传递率尽量小，此即所谓的消极隔振系统。

积极隔振系统的运动微分方程为

$$m\ddot{x}(t)+c\dot{x}(t)+kx(t)=F(t) \tag{5.1.1}$$

将 $F(t)=kf(t)=kA\cos\omega t$ 代入式(5.1.1)并无量纲化得

$$\ddot{x}(t)+2\zeta\omega_{\mathrm{n}}\dot{x}(t)+\omega_{\mathrm{n}}^2x(t)=\omega_{\mathrm{n}}^2A\cos\omega t \tag{5.1.2}$$

式中：$\omega_{\mathrm{n}}=\sqrt{\dfrac{k}{m}}$，为系统的无阻尼固有频率；

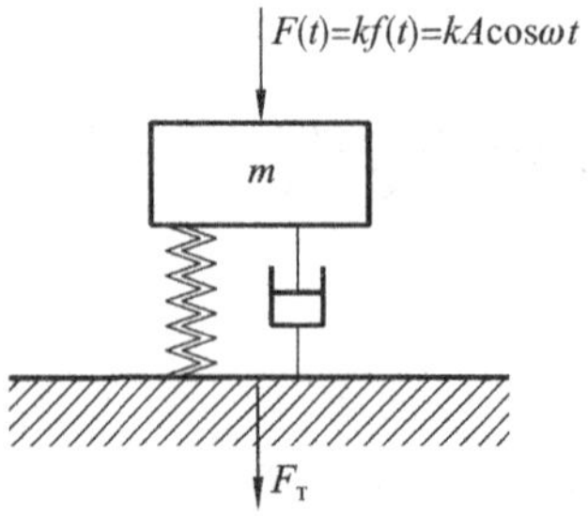

图 5.1.1　单层积极隔振系统

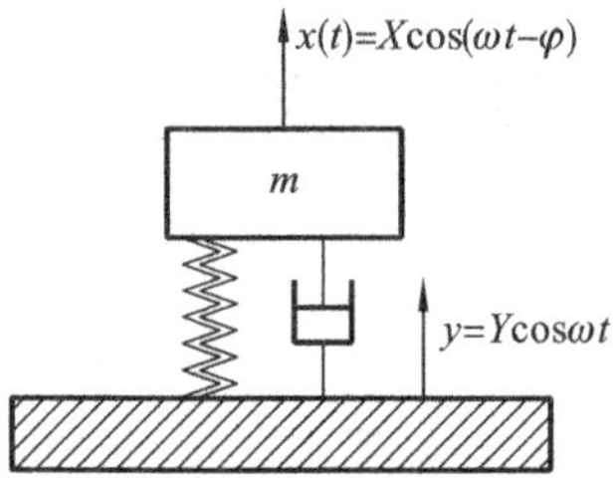

图 5.1.2　单层消极隔振系统

$\zeta=\dfrac{c}{2m\omega_n}$，为黏滞阻因子或阻尼比。

消极隔振系统的运动微分方程为

$$\ddot{x}(t)+2\zeta\omega_n[\dot{x}(t)-\dot{y}(t)]+\omega_n^2[x(t)-y(t)]=0 \tag{5.1.3}$$

式(5.1.2)的稳态解为

$$x(t)=|H(\omega)|A\cos(\omega t-\varphi)$$

$$H(\omega)=\frac{1}{1-\left(\dfrac{\omega}{\omega_n}\right)^2+\mathrm{i}\cdot 2\zeta\dfrac{\omega}{\omega_n}}$$

$$\varphi=\angle H(\omega)=\arctan\frac{2\zeta\dfrac{\omega}{\omega_n}}{1-\left(\dfrac{\omega}{\omega_n}\right)^2}$$

通过隔振系统传到基础上的力为

$$f_T=c\dot{x}(t)+kx(t)$$

其传递力的幅值为

$$F_T=\sqrt{(c\omega X)^2+(kX)^2} \tag{5.1.4}$$

将 $X=|H(\omega)|A$ 代入式(5.1.4)，并考虑到作用在设备上的简谐激励力的幅值为 kA，则可求得力的传递率为

$$T_F=\left|\frac{F_T}{kA}\right|=|H(\omega)|\sqrt{1+\left(2\zeta\frac{\omega}{\omega_n}\right)^2} \tag{5.1.5}$$

式(5.1.3)的稳态解为

$$x(t)=|H(\omega)|\sqrt{1+\left(2\zeta\frac{\omega}{\omega_n}\right)^2}Y\cos(\omega t-\varphi)$$

所以系统的运动传递率 $|X/Y|$ 为

$$T_M=\left|\frac{X}{Y}\right|=|H(\omega)|\sqrt{1+\left(2\zeta\frac{\omega}{\omega_n}\right)^2} \tag{5.1.6}$$

比较式(5.1.5)和式(5.1.6)可知，积极隔振系统的力传递率和消极隔振系统的运动传递率的表达式对激励频率 ω 的依赖关系是完全相同的，因此，在隔振设计中，不必区分是积极隔振还是消极隔振，两者的设计准则是相同的。

图 5.1.3 给出了传递率随频率比 ω/ω_n（激励频率与系统固有频率之比）及阻尼比 ζ 的变化而变化的曲线族。可以看出：只有当 $\omega/\omega_n>\sqrt{2}$时，传递率才小于 1。因此若要使隔振系统具

有隔离效果，应使系统的固有频率 ω_n 小于系统的激励频率的 $1/\sqrt{2}$；当 $\omega/\omega_n<1/\sqrt{2}$时，传递率接近于 1。因此，如果由于某种原因，系统的固有频率不能设计得太低，则应使 ω_n 大于系统激励频率的$\sqrt{2}$倍。在 $1/\sqrt{2}<\omega/\omega_n<\sqrt{2}$的频段内，传递率出现峰值，阻尼比 ζ 对抑制峰值的大小起决定性作用，ζ 越大，峰值越小；但当 $\omega/\omega_n>\sqrt{2}$时，阻尼比 ζ 的提高反而使传递率增大。

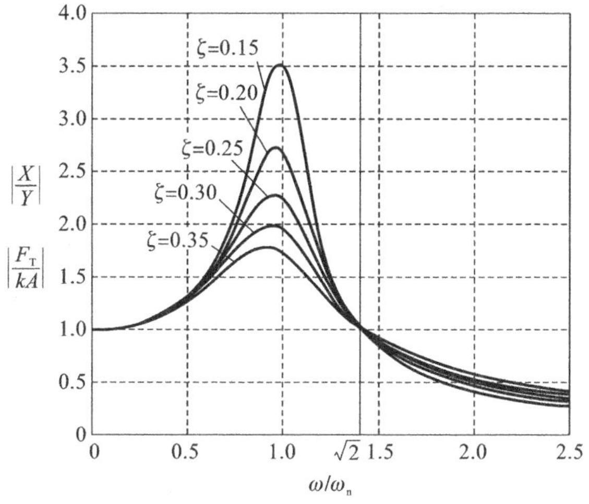

图 5.1.3　传递率曲线

单层隔振系统的初步设计步骤为：首先明确系统的基本参数，包括被隔振设备的质量 m，主要的激振力频率等；然后选择合适的隔振器，明确隔振器的动刚度和黏性阻尼系数 c；在此基础上，估算系统的固有频率 ω_n，将其与主要的激励频率 ω 比较，使 $\omega/\omega_n>\sqrt{2}$；之后，可转入技术设计阶段。

在技术设计阶段中，不能再将单层隔振系统作为单自由度系统考虑，因为实际的单层隔振系统是一个六自由度系统，被隔振的设备具有一定的几何形状，质量也具有一定的分布特性，除了用其总质量来表征外，还需用通过质心的三个选定的相互垂直的坐标轴的转动惯量来描述。此外，隔振器的布置也具有一定的空间分布特性。因此，在技术设计阶段，应将单层隔振系统作为多自由度振动系统来考虑。

5.2　双层隔振系统

双层隔振系统与单层隔振系统的主要区别是，采用两层隔振器，并在两层隔振器之间插入一个中间质量块。系统运动时，中间质量块的惯性力能平衡掉一部分由上层隔振器传来的力，从而使被隔振设备与基础之间的力传递率减小。

双层隔振系统可简化为如图 5.2.1 所示的无阻尼二自由度系统。作如上简化时假定：激励力 $F(t)$通过被隔振设备的质量中心；上、下层隔振器都是对称布置的，其刚度中心、质量中心和几何中心位于同一条铅垂线上；忽略隔振器的阻尼，将被隔振设备、中间质量块当作质点。无阻尼二自由度双层隔振系统的运动微分方程为

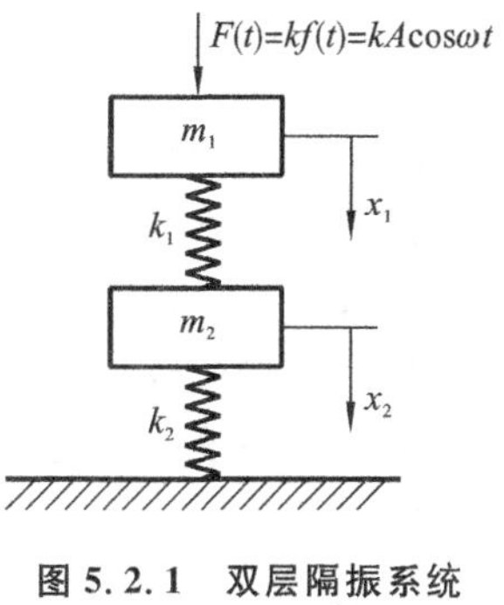

图 5.2.1　双层隔振系统

$$\left.\begin{aligned} m_1\ddot{x}_1 + k_1(x_1 - x_2) &= F_0\sin\omega t \\ m_2\ddot{x}_2 + k_1(x_2 - x_1) + k_2x_2 &= 0 \end{aligned}\right\} \quad (5.2.1)$$

5.3　振动主动控制的应用

5.3.1　主动减振

主动减振的目的是抑制机器本身的振动。图 5.3.1 中 m-k-c 构成一单自由度振动系统，其中 m 为机器设备，c 和 k 分别为其支撑阻尼与支撑刚度，机器上作用有激励力 $F(t)$。为了抑制机器 m 的振动，加装上主动控制系统：传感器测得机器的振动，传递给控制器，经变换和放大后，驱动作动器产生控制力

$$f(t) = -k'x(t) - c'\dot{x}(t) \quad (5.3.1)$$

式中：k'、c'取决于所设计的控制系统的参数，且均为正实数。

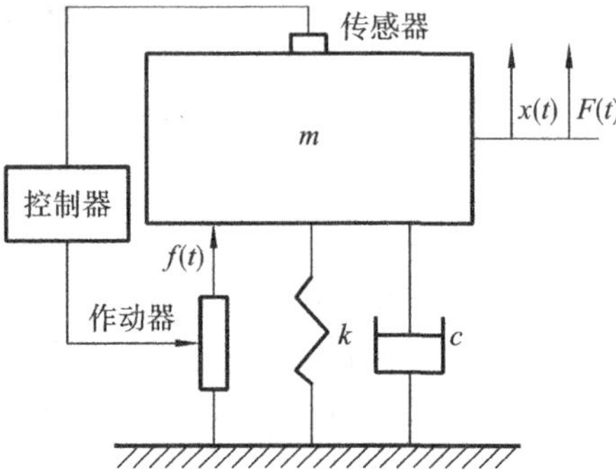

图 5.3.1　主动减振原理图

这里控制力也是 $x(t)$与 $\dot{x}(t)$的线性齐次函数。加入主动控制系统后，整个系统的运动方程为

$$m\ddot{x}(t) + c\dot{x}(t) + kx(t) = F(t) + f(t) \quad (5.3.2)$$

将式(5.3.1)代入式(5.3.2)，得主动控制减振系统的运动方程

$$m\ddot{x}(t) + (c + c')\dot{x}(t) + (k + k')x(t) = F(t) \quad (5.3.3)$$

将式(5.3.3)与单自由度的受迫振动运动方程相比可知，加入主动控制系统后，系统的阻尼系数和刚度系数都增加了。阻尼的增加，可使其耗散的动能增大，从而抑制振动，产生阻尼减振的效果；而刚度增大，若设计合理，也可以抑制振动，这就是主动控制减振的机理。

5.3.2　主动隔振

被动隔振系统简单可靠，在工程中已得到广泛使用，但对于被动隔振系统，往往有相互矛盾的设计要求：一方面作为隔振器，要求系统的固有频率很低，以取得较好的隔振效果；另一方面，作为支撑结构，为了保证设备的安装精度和支撑系统的稳定性，又要求有足够的支撑结构刚度。因此，在设计被动隔振系统时，往往不可避免地采取折中的方法，即牺牲一部分隔振效果，以提高支撑系统的稳定性。为了解决这一矛盾，人们提出了在被动隔振系统中加入主动控制的概念，引入外界能量来提供主动隔振控制力，解决隔振效果与支撑刚度间的矛盾。

主动隔振就是在被动隔振的基础上，并联能产生满足一定要求作用的作动器，或者用作动

器代替被动隔振装置的部分或全部元件，通过适当控制作动器的运动，达到隔振的目的。它特别适用于超低频隔振和高精度隔振。主动隔振按形式分有完全主动隔振和半主动隔振等；按采用的作动器分有伺服气垫型、电液伺服型、电磁型、磁悬浮型，以及电（磁）流变体、磁致伸缩材料、形状记忆材料、压电材料型等。

1. 完全主动隔振

图 5.3.2 所示为单自由度系统主动隔振原理，图中 $x(t)$ 表示机械的振动位移，k 和 c 为被动隔振元件的刚度和阻尼，$y(t)$ 代表船体基础的激励。

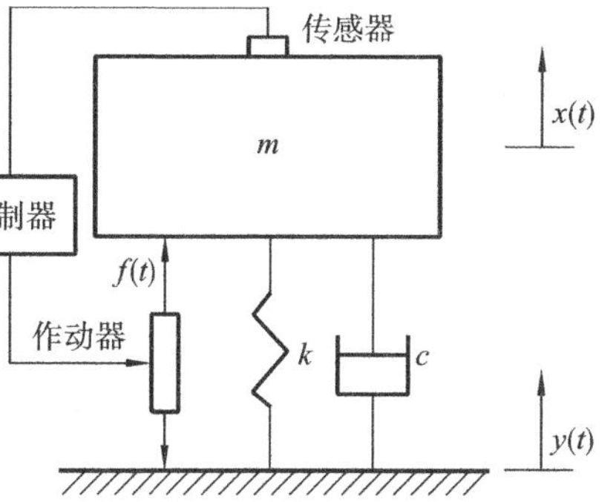

图 5.3.2　主动隔振原理图

被隔振机械的运动方程为

$$m\ddot{x}(t)+c[\dot{x}(t)-\dot{y}(t)]+k[x(t)-y(t)]=f(t) \tag{5.3.4}$$

式中：$f(t)$ 为作动器的控制力。

将式(5.3.4)在零初始条件下进行拉氏变换，得

$$(ms^2+cs+k)X(s)-F(s)=(cs+k)Y(s) \tag{5.3.5}$$

式中：$X(s)$、$Y(s)$ 和 $F(s)$ 分别是 $x(t)$、$y(t)$ 和 $f(t)$ 的拉氏变换。

(1) 作动器不发生作用时，即 $F(s)=0$，被隔振机械设备的响应为

$$X_0(s)=\frac{(cs+k)Y(s)}{ms^2+cs+k} \tag{5.3.6}$$

(2) 按被隔振机械的位移控制，即

$$F(s)=-W(s)X(s) \tag{5.3.7}$$

式中：$W(s)$ 为传感器、控制器与作动器之间的传递函数。

将式(5.3.7)代入式(5.3.5)后整理得

$$\frac{X(s)}{X_0(s)}=\frac{1}{1+\dfrac{W(s)}{ms^2+cs+k}}\equiv K(s) \tag{5.3.8}$$

若用 $\mathrm{i}\omega$ 代替式(5.3.8)中的 s，得出的 $K(\mathrm{i}\omega)$ 为表示主动隔振有效性的指标。必须选择 $W(s)$ 使主动隔振系统稳定，并且 $|K(\mathrm{i}\omega)|<1,\omega\in[\omega_1,\omega_2]$，$\omega_1$、$\omega_2$ 为隔振系统的工作频率上、下限。

如果选择 $W(s)$ 具有如下形式：

$$W(s)=as^2+bs-k' \tag{5.3.9}$$

则将其代入式(5.3.5)后整理得

$$\frac{X(s)}{Y(s)}=\frac{cs+k}{(m+a)s^2+(b+c)s+(k-k')} \tag{5.3.10}$$

从式(5.3.10)可以看出，具有式(5.3.9)所示的控制律的主动隔振系统具有下列特点：

①加入主动控制系统后，系统在振动时的实际质量增加，而隔振弹簧的静变形仍是 mg/k；

②加入主动控制系统后，系统的阻尼系数增大了，阻尼增加，则隔振系统耗散的能量增大；

③能够提供与隔振对象绝对速度成正比的阻尼力 $bsX(s)$，而被动隔振仅能提供与隔振对象和基础之间相对速度成正比的阻尼力 $cs[X(s)-Y(s)]$；

④加入主动控制系统后，整个系统在振动时的弹性系数变小，而隔振弹簧的静变形仍不变。

如果选择 $W(s)$ 具有如下形式：

$$W(s)=\frac{\omega_n^2}{s^2+\omega_n^3} \tag{5.3.11}$$

则式(5.3.8)变为

$$K(s)=\frac{X(s)}{X_0(s)}=\frac{1}{1+\dfrac{\omega_n^2}{(s^2+\omega_n^2)(ms^2+cs+k)}}$$

则

$$\lim_{\omega\to\omega_n}|K(\mathrm{i}\omega)|=0$$

显然，采用式(5.3.11)所示的控制律时，可使频率为 ω 的扰动的传递率为零，从而使该频率下的隔振效果十分显著，这就是主动反共振隔振。

(3) 按船体基础的位移响应控制，即

$$F(s)=-\overline{W}(s)Y(s)$$

则由式(5.3.5)得

$$\frac{X(s)}{X_0(s)}=1-\frac{\overline{W}(s)}{cs+k}\equiv\overline{K}(s)$$

同样，只要选择 $\overline{W}(s)$，使 $\omega\in[\omega_1,\omega_2]$，$|\overline{K}(\mathrm{i}\omega)|<1$，且整个系统稳定，就能取得有效的隔振效果。

2. 半主动隔振

主动控制隔振的效果比无源隔振要好得多。可是，前者要求设计和制造一套比较复杂的自动控制系统，而且，还要有一套支持控制系统工作的能源装置。由于代价较大，因而限制了主动控制隔振的应用。针对主动隔振的问题，出现了一种相对简单、所需能量小的隔振措施——半主动隔振，其示意图如图 5.3.3 所示。

D. Karnopp 等人于 1974 年最早提出不要专用能源装置的半主动隔振方案。它比主动控制隔振系统的结构要简单一些，特别是在船舶动力机械中，省去能源装置是一个非常突出的优点。

通常在半主动隔振系统中采用阻尼系数可调节的主动式阻尼器(如调节油液阻尼器油腔的大小或调节空气弹簧节流孔的大小)，该阻尼器提供大小可连续调节的被动阻尼力，这种调节所需的能量很小。

在前述的完全主动隔振中已指出，主动隔振可提供与隔振对象绝对运动速度成正比的阻尼力，因此，半主动隔振系统中阻尼器的调节原则是使半主动隔振系统提供的阻尼力尽可能接近完全主动隔振系统所能提供的阻尼力。若主动隔振系统所提供的阻尼力(称为理想阻尼

力)是

$$F_{des}=-c_1\dot{x}$$

而半主动隔振系统提供的实际阻尼力为

$$F_{act}=-c(\dot{x}-\dot{y})$$

式中：c、c_1 为阻尼系数；

$\dot{x}$、$\dot{y}$ 为隔振对象和基础的绝对运动速度。

调节原则为：

①如果 F_{des} 与 F_{act} 同号，则调节半主动隔振系统的阻尼系数，使 $F_{des}\approx F_{act}$；

②如果 F_{des} 与 F_{act} 异号，则 $F_{des}=0$。

也即

$$\begin{cases}F_{act}\approx F_{des}, & \dot{x}(\dot{x}-\dot{y})\geqslant 0\\ F_{act}=0, & \dot{x}(\dot{x}-\dot{y})<0\end{cases}$$

采用上式的调节规律，可以使半主动隔振的效果接近于完全主动隔振的效果，如图 5.3.4 所示。

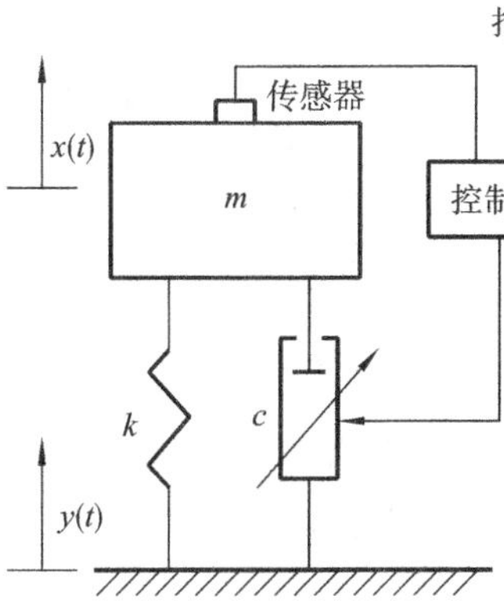

图 5.3.3　半主动隔振示意图

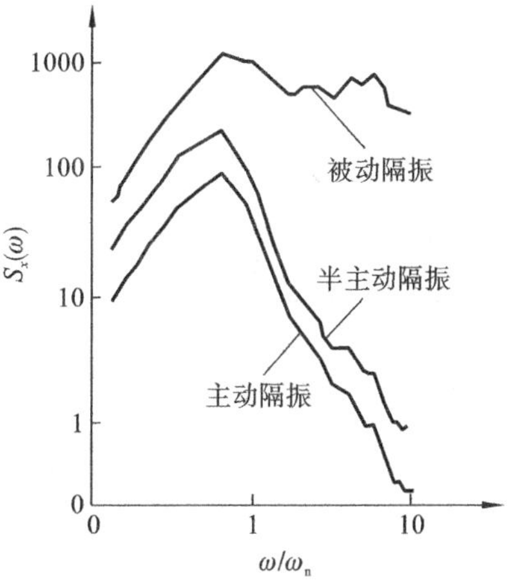

图 5.3.4　隔振系统传递率的比较

5.3.3　主动吸振

吸振是指在振动主系统上附加特殊的子系统，以转移或消耗主系统的振动能量。被动式动力吸振器存在两大缺陷：第一，它不适用于外激励频率变化较大的场合；第二，当吸振器质量较小时，其振幅过大。主动式动力吸振器可以较好地克服上述缺陷。

主动式动力吸振器是按一定的规律主动地改变动力吸振器的弹性元件或惯性元件的特性，或者通过作动器驱动吸振器的运动质量按一定规律运动的一种动力吸振器。根据工作原理和设计准则的不同，可分为频率可调谐式动力吸振器和非频率可调谐式动力吸振器。

从被动式动力吸振器理论可知，当连接于受控对象上的动力吸振器的固有频率等于外激励频率时，受控对象处于反共振状态，此时受控对象的振动达到最小值，动力吸振器处于调谐状态。但如果此时外激励频率发生变化，则动力吸振器的吸振效果会显著降低，因此必须发展能够自动跟随外激励频率的动力吸振器，使其始终处于调谐状态。频率可调谐式动力吸振器正是顺应这种要求而研制的。

频率可调谐式动力吸振器的工作原理是：识别外激励频率与动力吸振器固有频率之差，在线调节动力吸振器的弹性元件的刚度或惯性元件的质量，使动力吸振器的固有频率始终与外激励的频率一致，即动力吸振器始终处于调谐状态。根据实现手段的不同，它有惯性可调式和刚度可调式两种。

1. 惯性可调式动力吸振器

典型的惯性可调式动力吸振器如图 5.3.5 所示，这是一个倒立摆，在转动轴处装有步进电动机，步进电动机的输出轴连接丝杠，随着丝杠的转动，滑动质量块 m 的位置发生变化，从而使 m 绕 O 点的转动惯量发生改变，达到调节惯量的目的。

2. 刚度可调式动力吸振器

典型的刚度可调式动力吸振器如图 5.3.6 所示。当外界激励频率发生改变时，步进电动机按照一定的规律调节丝杠，从而改变吸振器质量块在弹性梁上的位置，达到改变吸振器弹性元件刚度的目的，使吸振器始终处于调谐状态。

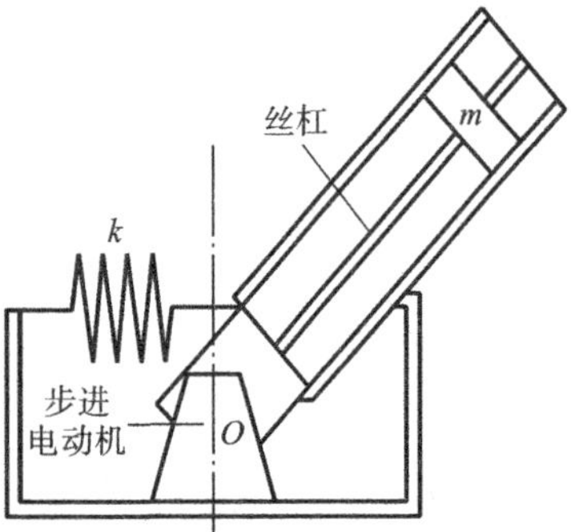

图 5.3.5　惯性可调式动力吸振器

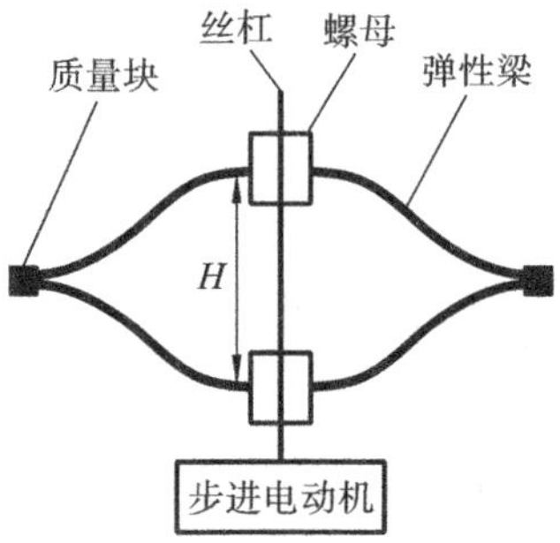

图 5.3.6　刚度可调式动力吸振器

图 5.3.7 所示为带有动力吸振器的旋转机械的简图。它在启动段的转速变化过程如图 5.3.8 所示，包括线性加速段和匀速段。它的第一阶固有频率处于加速段内，即

$$\omega = \begin{cases} at & t \leqslant t_{acc} \\ \omega_{max} & t > t_{acc} \end{cases}$$

式中：t_{acc}为转速加速结束时间；

ω_{max}为最大工作转速，$\omega_{max} = at_{acc}$；

a 为角加速度。

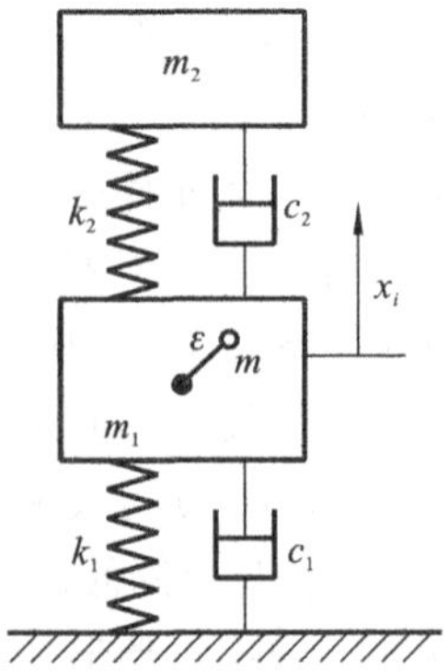

图 5.3.7　带动力吸振器的旋转机械

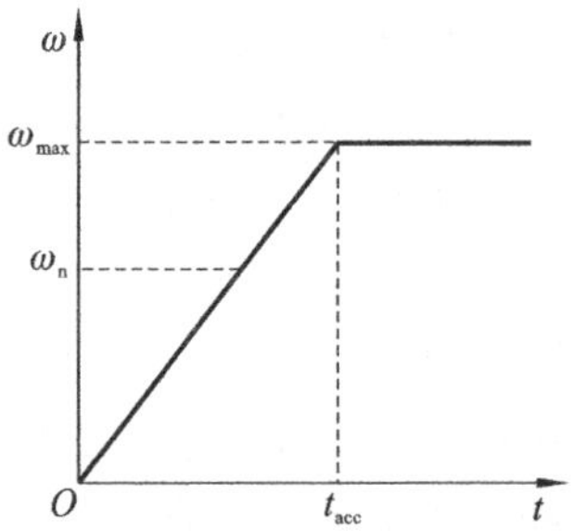

图 5.3.8　旋转机械启动段的转速变化

非平衡激励力为

$$F = m\varepsilon(at)^2\sin\left(\frac{1}{2}at^2\right) - m\varepsilon a\cos\left(\frac{1}{2}at^2\right)（线性加速段） \tag{5.3.12}$$

$$F = m\varepsilon\omega_{\max}^2\sin(\omega_{\max}t)（匀速段） \tag{5.3.13}$$

式中：m 为不平衡惯性质量；

ε 为偏心距。

由式(5.3.12)和式(5.3.13)可知，在线性加速段，非平衡激励力的频率随时间变化，因此动力吸振器的频率也应随时间变化，以使其始终处于调谐状态。

上面的刚度可调式动力吸振器是利用金属梁(片)实现的，除此之外，还出现了采用电磁、液压、气液等手段实现刚度调节的主动式动力吸振器。图 5.3.9所示为气液式动力吸振器原理图。动力吸振器的质量由双杆活塞提供，支撑弹簧与气室所构成的空气弹簧并联，另有一连通管沟通上、下油腔，由可调压的液压系统向上、下油腔供油。当压力升高时，气室中的压力也随之上升，气室容积减小，空气弹簧刚度增大。由于连通管中油液的惯性和阻尼的作用，当受控对象振动时，动力吸振器活塞杆两端油腔一端受压，一端扩充。瞬间受压油腔中一部分油液经连通管流向另一腔，另一部分油液流入本腔的气室，气室的压力增加；而瞬间扩充油腔内的压力下降，本腔气室中的一部分油流回该腔，使气室的压力下降。因此通过调节油压，就可以调节气室提供的空气弹簧的刚度。

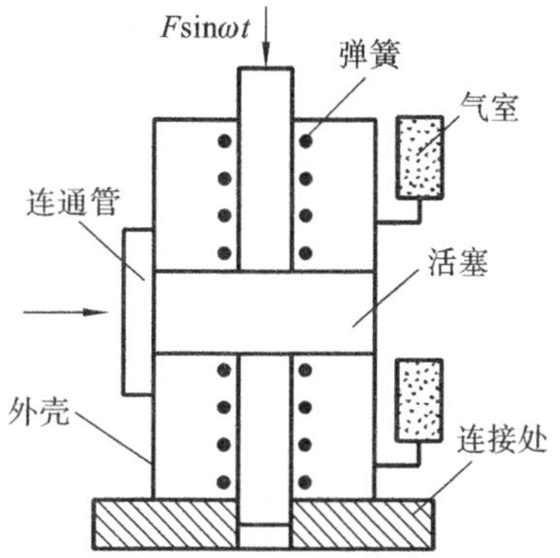

图 5.3.9　气液式动力吸振器原理

思 考 题

1. 设机体的振动频率为 30 Hz，仪表板重 20 kg，在仪表板和机体之间加装的隔振器刚度系数 k=2000 N/m，阻尼系数 c=50 N·s/m，求机体到仪表板运动的被隔振率。

2. 鼓风机的转速为 3000 r/min，重 2 t，偏心质量为 0.1 kg，偏心距为 0.5 m，不计阻尼影响。若需鼓风机传递到地面上的力幅小于 1 N，求地面和鼓风机之间加装隔振器的刚度系数需满足的条件。

3. 如题图 5.1 所示，质量块通过弹簧和阻尼器支撑在振动台上，如 m=10 kg，k=1000 N/m，c=40 N·s/m，振动台面位移 u_b=0.05sin20t m，求质量块相对台面的位移振动幅值。

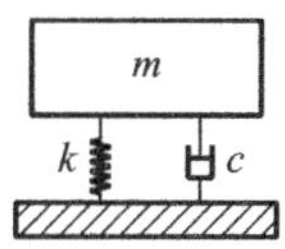

题图 5.1

第6章　结构振动基础

严格地讲，任何机器的零件和结构元件都是由质量和刚度连续分布的弹性体组成的，需要无限多个坐标来描述，是无限多个自由度的连续系统。为了使问题简化，便于分析和计算，将它们离散成有限个自由度系统。但在某些情况下，工程设计要求一些零部件按弹性体做振动分析，不能做离散化处理。这就需要对工程上常用的弹性体如杆、轴、梁、板、壳等求严密解，求出它们在一定边界条件下的固有特性及系统的响应。

本章将研究这些简单弹性体，其质量和刚度连续分布，并假设这些结构是均匀的和各向同性的，且在弹性范围内服从胡克定律。

6.1　杆的纵向振动

6.1.1　运动微分方程

设有一根均质等截面直杆，如图 6.1.1 所示。规定：u 为轴向位移；F 为作用在横截面上的轴向力；ε 为单位长度的伸长量；A 为直杆的截面面积；E 为拉压弹性模量；ρ 为质量密度。

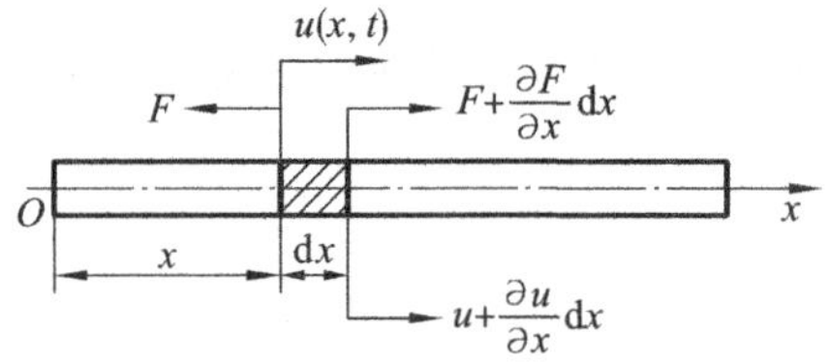

图 6.1.1　杆单元的位移

由图 6.1.1 可知，$\mathrm{d}x$ 微段两端的拉伸力之差为$(\partial F/\partial x)\cdot\mathrm{d}x$，而截面拉力为

$$F = AE\varepsilon = AE\cdot\partial u/\partial x$$

同样，$\mathrm{d}x$ 微段在 $x+\mathrm{d}x$ 截面处的振动位移应是 $u+\partial u/\partial x\cdot\mathrm{d}x$，单元体的轴向力由牛顿第二定律得到，即

$$\rho A\,\mathrm{d}x\frac{\partial^2 u}{\partial t^2} = F + \frac{\partial F}{\partial x}\mathrm{d}x - F = AE\frac{\partial^2 u}{\partial x^2}\mathrm{d}x$$

或

$$\frac{\partial^2 u}{\partial x^2} = \frac{1}{a^2}\frac{\partial^2 u}{\partial t^2} \tag{6.1.1}$$

式中 $a^2=E/\rho$，对一定材料的杆来说，a 是一个常数。

方程(6.1.1)为等截面杆纵向振动运动方程，这是一个包含(x,t)两个自变量的偏微分方程，即波动方程。可以证明式中 a 是杆件中沿 x 轴纵波的传播速度。

6.1.2　微分方程的解

下面讨论式(6.1.1)的齐次微分方程解，现按常用的待定系数法来寻找它的简谐解。设

$$\{x\} = \{X\}e^{i\omega t}$$

在方程(6.1.1)中，振动位移的列向量$\{x\}$变成坐标 x 和时间 t 两个变量的连续函数，用一个未知函数来表示杆纵向振动的振型，称为振型函数。

为此，设 $X(x)$为振型函数，另设 $\Phi(t)$为时间函数，并令杆纵向自由振动的解具有下列形式：

$$u(x,t) = X(x)\Phi(t) \tag{6.1.2}$$

将式(6.1.2)代入式(6.1.1)，得

$$\Phi(t)\frac{d^2X(x)}{dx^2} = \frac{1}{a^2}X(x)\frac{d^2\Phi(t)}{dt^2} \tag{6.1.3}$$

应用分离变量法，则式(6.1.3)改写为

$$\frac{a^2}{X(x)}\cdot\frac{d^2X(x)}{dx^2} = \frac{1}{\Phi(t)}\frac{d^2\Phi(t)}{dt^2} \tag{6.1.4}$$

式(6.1.4)可分成两个常微分运动方程，一个在空间域，另一个在时间域，但它们必须等于同一常数，此式方能成立。设分离常数为$-\omega^2$，这个设定是为了使解在时域内是有限的，并且可得到满足边界条件的非零解。这样有

$$\frac{d^2\Phi(t)}{dt^2} + \omega^2\Phi(t) = 0 \tag{6.1.5}$$

$$\frac{d^2X(x)}{dx^2} + \frac{\omega^2}{a^2}X(x) = 0 \tag{6.1.6}$$

解得

$$\Phi(t) = A_1\cos\omega_n t + B_1\sin\omega_n t \tag{6.1.7}$$

$$X(x) = C_1\cos\omega_n(x/a) + D_1\sin\omega_n(x/a) \tag{6.1.8}$$

式中：$X(x)$为杆纵向自由振动的振型函数即主振型；

ω_n 为杆纵向自由振动的固有频率。

将式(6.1.7)和式(6.1.8)代入式(6.1.2)，得杆的纵向自由振动解为

$$\begin{aligned} u(x,t) &= [C_1\cos\omega_n(x/a) + D_1\sin\omega_n(x/a)](A_1\cos\omega_n t + B_1\sin\omega_n t) \\ &= \left(C\cos\frac{\omega_n x}{a} + D\sin\frac{\omega_n x}{a}\right)\sin(\omega_n t + \varphi) \end{aligned} \tag{6.1.9}$$

式中：C、D、ω_n、φ 为四个待定常数，由杆的两个边界条件和两个初始条件决定。

现考察两端自由杆，分析固有频率及主振型。在任何时刻自由端的边界条件为

$$\left.\frac{\partial u}{\partial x}\right|_{x=0} = 0,\quad \left.\frac{\partial u}{\partial x}\right|_{x=l} = 0$$

将以上两边界条件分别代入式(6.1.9)，得

$$\left.\frac{\partial u}{\partial x}\right|_{x=0} = D\frac{\omega_n}{a}\sin(\omega_n t + \varphi) = 0 \tag{6.1.10}$$

$$\left.\frac{\partial u}{\partial x}\right|_{x=l} = \left(D\frac{\omega_n}{a}\cos\frac{\omega_n l}{a} - C\frac{\omega_n}{a}\sin\frac{\omega_n l}{a}\right)\sin(\omega_n t + \varphi) = 0 \tag{6.1.11}$$

因 $\sin(\omega_n t+\varphi)\neq 0$，故 $D=0$，由式(6.1.11)得

$$-C\frac{\omega_n}{a}\sin\frac{\omega_n l}{a} = 0$$

此时 C 不能为零，否则就得到 $u(x,t)=0$ 的非振动解，因此必有

$$\sin\frac{\omega_n l}{a} = 0 \tag{6.1.12}$$

式(6.1.12)为杆纵向振动的频率方程,它有无限多个固有频率。由式(6.1.12)得

$$\frac{\omega_n l}{a} = i\pi$$

故杆的固有频率为

$$\omega_n = \frac{i\pi a}{l} = \frac{i\pi}{l}\sqrt{\frac{E}{\rho}} \quad (i = 1,2,\cdots) \tag{6.1.13}$$

由于 $X(x)$ 幅值的任意性,对应于 ω_n 的振型可取

$$X_i(x) = C_i \cos\frac{i\pi x}{l} \tag{6.1.14}$$

令 $i=1,2,3$,分别代入式(6.1.13)和式(6.1.14),可求得前三阶固有频率和相应的主振型,即

$$i = 1, \quad \omega_{n1} = \frac{\pi}{l}\sqrt{\frac{E}{\rho}}, \quad X_1(x) = C_1 \cos\frac{\pi x}{l}$$

$$i = 2, \quad \omega_{n2} = \frac{2\pi}{l}\sqrt{\frac{E}{\rho}}, \quad X_2(x) = C_2 \cos\frac{2\pi x}{l}$$

$$i = 3, \quad \omega_{n3} = \frac{3\pi}{l}\sqrt{\frac{E}{\rho}}, \quad X_3(x) = C_3 \cos\frac{3\pi x}{l}$$

将以上三阶主振型表示在图 6.1.2 中,可以看出,随着频率阶数的增加,节点数也随之增加。

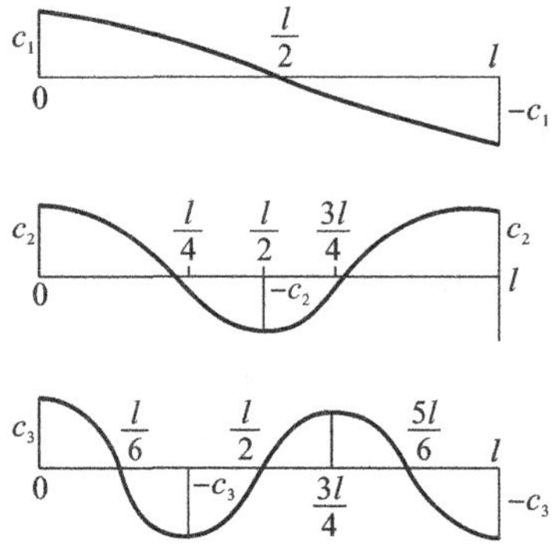

图 6.1.2 杆纵向振动的主振型

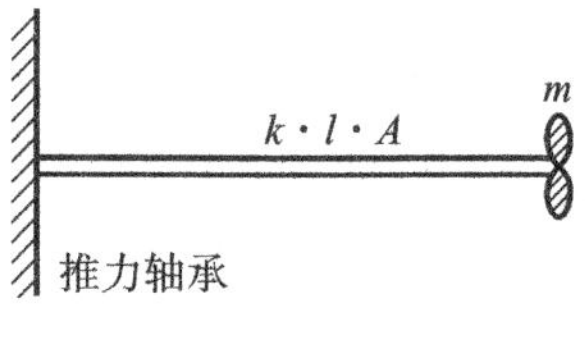

图 6.1.3 船舶推进轴系

【例 6.1.1】 船舶推进轴系的力学模型简化后如图 6.1.3 所示,求其纵向振动的固有频率及主振型。

【解】 由图 6.1.3 可知,边界条件为

$$u\big|_{x=0} = 0 \tag{6.1.15(a)}$$

在 $x=l$ 处,轴向拉伸力必须等于振动质量 m 的惯性力,即

$$AE\left(\frac{\partial u}{\partial x}\right)_{x=l} = -m\left(\frac{\partial^2 u}{\partial t^2}\right)_{x=l} \tag{6.1.15(b)}$$

将式(6.1.15(a))代入式(6.1.9)得 $C=0$。由式(6.1.15(b))得

$$AE\frac{\omega_n}{a}\cos\frac{\omega_n l}{a} = m\omega_n^2 \sin\frac{\omega_n l}{a}$$

或

$$\frac{AE}{am\omega_n} = \tan\frac{\omega_n l}{a} \tag{6.1.15(c)}$$

令 $\alpha=\rho Al/m,\beta=\omega_{n}l/a$，则式(6.1.15(c))改写为

$$\alpha=\beta\tan\beta \tag{6.1.15(d)}$$

此式为本例的超越方程，解方程(6.1.15(d))得各阶固有频率为

$$\omega_{ni}=\frac{a\beta_i}{l} \tag{6.1.15(e)}$$

对一个确定的轴系，a 值是已知的，若取弹性模量 $E=2.1\times10^{11}\ \mathrm{N/m^2}$，质量密度 $\rho=7.85\times10^3\ \mathrm{kg/m^3}$，则

$$a=\sqrt{\frac{E}{\rho}}=\sqrt{\frac{2.1\times10^{11}}{7.85\times10^3}}=5.2\times10^3\ \mathrm{m/s}$$

固有频率为

$$\omega_{ni}=\frac{\beta_i a}{l}\approx5.2\times10^3\ \frac{\beta_i}{l}\ \mathrm{rad/s}$$

将 $\beta\tan\beta=\alpha$ 的超越方程系数以表格形式给出，如表 6.1.1 所示。表中 β_1 是相应系统基频 $\omega_1(i=1)$ 的数值。振型系数按式(6.1.14)求解即可。

表 6.1.1　超越方程系数

α	0.01	0.10	0.30	0.50	0.70	0.90	1.00	1.50
β_1	0.10	0.31	0.52	0.65	0.75	0.83	0.86	0.99
α	2.00	3.00	4.00	5.00	10.0	20.0	100.0	∞
β_1	0.08	1.20	1.26	1.31	1.43	1.50	1.55	$\pi/2$

对于直杆纵向振动的典型边界条件，如两端固定、两端自由等，均可用同样的方法进行计算，结果列于表 6.1.2 中。

表 6.1.2　直杆典型边界条件

边界条件	频率方程	主振型方程
一端固定 一端自由	$\omega_n=\frac{(2i-1)\pi}{2l}\sqrt{\frac{E}{\rho}}$	$\Phi_i(x)=\sin(2i-1)\frac{\pi x}{2l}$, $i=1,2,\cdots$
两端固定	$\omega_n=\frac{\pi}{l}\sqrt{\frac{E}{\rho}}$	$\Phi_i(x)=\sin\frac{i\pi x}{l}$, $i=1,2,\cdots$
两端自由	$\omega_n=\frac{i\pi}{l}\sqrt{\frac{E}{\rho}}$	$\Phi_i(x)=\cos\frac{i\pi x}{l}$, $i=1,2,\cdots$

6.2　轴的扭转振动

6.2.1　运动微分方程

如图 6.2.1 所示，规定：θ 为扭转角；T 为扭矩；J 为单位长度绕纵轴的扭转动惯量；I_p 为

绕纵轴的截面惯性矩；ρ 为质量密度；G 为材料的剪切模量。

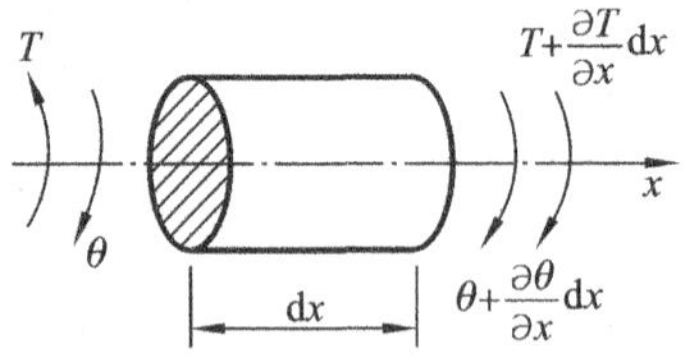

图 6.2.1　轴单元受力分析

根据图 6.2.1 所示的单元体受力情况，由材料力学可知，扭矩与扭转角的关系为

$$T = GI_{\mathrm{p}}\frac{\partial \theta}{\partial x}$$

单位长度上扭矩的变化量为

$$\frac{\partial T}{\partial x}\mathrm{d}x = GI_{\mathrm{p}}\frac{\partial^2 \theta}{\partial x^2}\mathrm{d}x$$

则 $x+\mathrm{d}x$ 截面上的内扭矩为

$$T+\frac{\partial T}{\partial x}\mathrm{d}x = T + GI_{\mathrm{p}}\frac{\partial^2 \theta}{\partial x^2}\mathrm{d}x$$

单元圆柱形的扭转动惯量 J 为

$$\mathrm{d}J = \rho I_{\mathrm{p}}\mathrm{d}x$$

由牛顿第二定律得

$$\rho I_{\mathrm{p}}\mathrm{d}x\frac{\partial^2 \theta}{\partial t^2} = \left(T + GI_{\mathrm{p}}\frac{\partial^2 \theta}{\partial x^2}\mathrm{d}x\right) - T$$

$$\rho\frac{\partial^2 \theta}{\partial t^2} = G\frac{\partial^2 \theta}{\partial x^2} \tag{6.2.1}$$

令 $b = \sqrt{G/\rho}$，则式(6.2.1)改写为

$$\frac{\partial^2 \theta}{\partial x^2} = \frac{1}{b^2}\frac{\partial^2 \theta}{\partial t^2} \tag{6.2.2}$$

式(6.2.2)是轴做扭转振动的偏微分方程。该式与式(6.1.1)的形式完全一样，式中 b 是扭转波的传播速度，也是一个常数。注意 $J=I_{\mathrm{p}}\rho$ 只适合于圆形截面的情况。

6.2.2　微分方程的解

由于轴的扭转振动方程与杆的纵向振动运动方程的形式完全一样，按式(6.1.1)直接写出式(6.2.2)的解为

$$\begin{aligned}\theta(x,t) &= \left(A\sin\frac{\omega_{\mathrm{n}}x}{b} + B\cos\frac{\omega_{\mathrm{n}}x}{b}\right)(C\sin\omega_{\mathrm{n}}t + D\cos\omega_{\mathrm{n}}t)\\ &= \left(A_1\sin\frac{\omega_{\mathrm{n}}x}{b} + B_1\cos\frac{\omega_{\mathrm{n}}x}{b}\right)\sin(\omega_{\mathrm{n}}t+\varphi)\end{aligned} \tag{6.2.3}$$

式(6.2.3)表示圆轴扭振的振型函数。式中 ω_{n} 代表圆轴扭振的固有频率，A、B、ω_{n}、φ 是待定常数。式(6.2.3)也可写成

$$\theta(x,t) = X(x)(C\sin\omega_{\mathrm{n}}t + D\cos\omega_{\mathrm{n}}t) \tag{6.2.4(a)}$$

式中

$$X(x) = A\sin\frac{\omega_{\mathrm{n}}}{b}x + B\cos\frac{\omega_{\mathrm{n}}x}{b} \tag{6.2.4(b)}$$

【例 6.2.1】　图 6.2.2 表示两端自由带有两个圆盘的系统。计算轴系扭转振动的固有频率和主振型。设轴长为 l，圆盘对于轴线的转动惯量为 J_1 和 J_2。

【解】　由图可知，系统的边界条件为

$$J_1\left(\frac{\partial^2 \theta}{\partial t^2}\right)_{x=0} = GI_{\mathrm{p}}\left(\frac{\partial \theta}{\partial x}\right)_{x=0}$$

$$J_1\left(\frac{\partial^2\theta}{\partial t^2}\right)_{x=l}=GI_p\left(\frac{\partial\theta}{\partial x}\right)_{x=l}$$

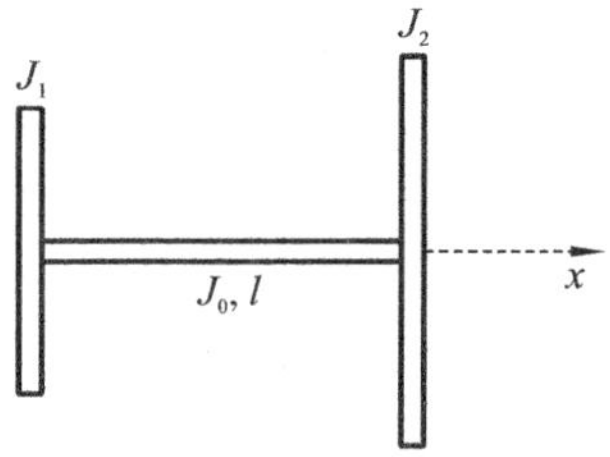

图 6.2.2　轴系扭转系统

将式(6.2.3)代入边界条件，得

$$-J_1\omega_n^2B_1=A_1\frac{\omega_n}{b}GI_p-\omega_n^2\left(A_1\sin\frac{\omega_n l}{b}+B_1\cos\frac{\omega_n l}{b}\right)J_2$$
$$=-\frac{\omega_n}{b}GI_p\left(A_1\cos\frac{\omega_n l}{b}+B_1\sin\frac{\omega_n l}{b}\right)$$

消去 A_1 和 B_1，得

$$J_2\omega_n^2\left(\cos\frac{\omega_n l}{b}-\frac{\omega_n b}{GI_p}J_1\sin\frac{\omega_n l}{b}\right)=-\frac{\omega_n}{b}GI_p\left(\frac{\omega_n b}{GI_p}J_1\cos\frac{\omega_n l}{b}+\sin\frac{\omega_n l}{b}\right)$$

令 $\frac{\omega_n l}{b}=\beta, R_1=\frac{J_1}{J_0}=\frac{J_1}{\rho l I_p}, R_2=\frac{J_2}{J_0}=\frac{J_2}{\rho l I_p}$（$J_0$ 是轴绕自身中心线的转动惯量），于是可得

$$\beta R_2(1-R_1\beta\tan\beta)=-(\tan\beta+R_1\beta)$$

或

$$\tan\beta=\frac{(R_1+R_2)\beta}{R_1R_2\beta^2-1}\tag{6.2.5}$$

式(6.2.5)就是本例系统的频率方程，它是一个超越方程，有无穷多个解 $\beta_i(i=1,2,\cdots)$。而 $\omega_{ni}=\beta_i b/l(i=1,2,\cdots)$为系统的各阶固有频率。把 ω_{ni} 代入式(6.2.2)和式(6.2.4(b))，这时 $B=B_i$，就可得相应的各阶主振型，即

$$X_i=B_i\left(\cos\frac{\omega_{ni}x}{b}-R_1\beta_i\sin\frac{\omega_{ni}x}{b}\right)\quad(i=1,2,\cdots)\tag{6.2.6}$$

上述推导说明连续系统的各阶固有频率和主振型完全取决于系统的边界条件，亦即边界条件决定弹性体自由振动的解。

若 R_1 和 R_2 很小或轴两端无盘，表示两端自由的轴做自由振动，即有

$$\tan\beta=0\tag{6.2.7}$$

从而

$$\beta_i=i\pi\quad(i=1,2,\cdots)\tag{6.2.8}$$

式(6.2.8)为两端自由的圆轴自由振动固有频率方程。

6.3　梁的横向振动

6.3.1　运动微分方程

设直梁做横向弯曲振动，如图 6.3.1(a)所示。若梁挠度 $y=y(x,t)$仅由弯曲引起，这种梁模型称为欧拉-伯努利梁。规定：y 为横向挠度；u 为梁单位长度的质量；Q 为横向切力；M 为弯矩；I 为梁截面绕中心轴的截面惯性矩；α 为剪切因子。

对图 6.3.1(b)中分离的梁微元体，按牛顿第二定律有

$$u\frac{\partial^2 y}{\partial t^2}\mathrm{d}x=-\left(Q+\frac{\partial Q}{\partial x}\mathrm{d}x\right)+Q+q(x,t)\mathrm{d}x$$

或

$$u\frac{\partial^2 y}{\partial t^2}=-\frac{\partial Q}{\partial x}+q(x,t)\tag{6.3.1}$$

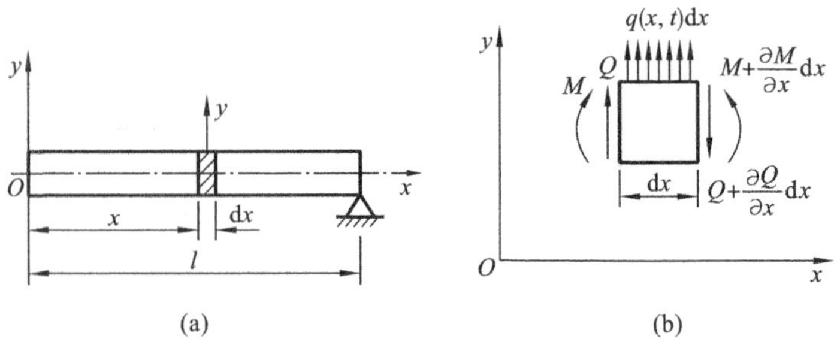

图 6.3.1 弯曲梁受力分析图

式中：$u=\rho A$。

另外，由梁微元体对右端面任意点的力矩平衡，有

$$-Q\mathrm{d}x+\frac{\partial M}{\partial x}\mathrm{d}x=0$$

或

$$\frac{\partial M}{\partial x}=Q,\quad \frac{\partial Q}{\partial x}=\frac{\partial^2 M}{\partial x^2} \tag{6.3.2}$$

由材料力学可知

$$M=EI(\partial^2 y/\partial x^2) \tag{6.3.3}$$

式中：EI 为梁的抗弯刚度。将式(6.3.3)代入式(6.3.2)得

$$\frac{\partial Q}{\partial x}=\frac{\partial^2 M}{\partial x^2}=\frac{\partial^2}{\partial x^2}\left(EI\frac{\partial^2 y}{\partial x^2}\right)=EI\frac{\partial^4 y}{\partial x^4} \tag{6.3.4}$$

由式(6.3.1)和式(6.3.4)得

$$EI\frac{\partial^4 y}{\partial x^4}+\rho A\frac{\partial^2 y}{\partial t^2}=q(x,t) \tag{6.3.5}$$

式(6.3.5)称为欧拉-伯努利梁方程。若梁为等截面，EI 为常数，定义

$$\alpha=\sqrt{\frac{EI}{\rho A}} \tag{6.3.6}$$

当梁做自由振动时，$q(x,t)=0$，则有

$$\frac{\partial^4 y}{\partial x^4}+\frac{1}{\alpha^2}\frac{\partial^2 y}{\partial t^2}=0 \tag{6.3.7}$$

6.3.2 微分方程的解

求解式(6.3.7)所示的四阶齐次微分方程。设解的形式为

$$y(x,t)=Y(x)\Phi(t) \tag{6.3.8}$$

将式(6.3.8)对 x 和 t 分别求四次偏导和二次偏导，得

$$\frac{\partial^4 y}{\partial x^4}=\Phi(t)\frac{\mathrm{d}^4 Y(x)}{\mathrm{d}x^4}$$

$$\frac{\partial^2 y}{\partial t^2}=Y(x)\frac{\mathrm{d}^2\Phi(t)}{\mathrm{d}t^2}$$

把以上两式代入式(6.3.7)，得

$$\frac{\alpha^2\mathrm{d}^4 Y(x)}{Y(x)\mathrm{d}x^4}=-\frac{\mathrm{d}^2\Phi(t)}{\Phi(t)\mathrm{d}t^2}=\text{常数}=\omega_n^2 \tag{6.3.9}$$

必须把分离常数设置为 ω_n^2，方能使方程成立，由此导出

$$\frac{d^2\Phi(t)}{dt^2} = \omega_n^2\Phi(t) = 0 \tag{6.3.10}$$

$$\frac{d^4Y(x)}{dx^4} - \frac{\omega_n^2}{\alpha^2}Y(x) = 0 \tag{6.3.11}$$

方程(6.3.10)的解为

$$\Phi(t) = A_1\sin\omega_n t + B_1\cos\omega_n t \tag{6.3.12}$$

方程(6.3.11)可改写为

$$\frac{d^4Y(x)}{dt^4} - \beta^4 Y(x) = 0 \tag{6.3.13}$$

式中：

$$\beta^4 = \frac{\omega_n^2}{\alpha^2} = \frac{\rho A}{EI}\omega_n^2 \tag{6.3.14}$$

方程(6.3.13)的解的形式为 e^{sx}，从而有特征方程 $s^4-\beta^4=0$，根为 $s_{1,2}=\pm i\beta$，$s_{3,4}=\pm\beta$。因此对每个 β 值有如下形式的解：

$$Y(x) = C\sin\beta x + D\cos\beta x + E\sinh\beta x + F\cosh\beta x \tag{6.3.15}$$

式中 C、D、E、F 为待定常数。由边界条件可得到梁的频率方程，通过求其根 β_i 进而确定固有频率 ω_n，即

$$\omega_{ni} = \beta_i^2\sqrt{\frac{EI}{\rho A}} \quad (i=1,2,\cdots) \tag{6.3.16}$$

常用的边界条件为

(1) 简支端：$y=0$，$M=0$，有 $Y=\dfrac{d^2Y}{dx^2}=0$；

(2) 固定端：$y=0$，$Q=\dfrac{\partial u}{\partial x}=0$，有 $Y=\dfrac{dY}{dx}=0$；

(3) 自由端：$M=0$，$Q=0$，有 $\dfrac{d^2Y}{dx^2}=\dfrac{d^3Y}{dx^3}=0$。

以两端固定的梁为例，边界条件为

$$Y|_{x=0}=0,\quad \left.\frac{dY}{dx}\right|_{x=0}=0$$

$$Y|_{x=l}=0,\quad \left.\frac{dY}{dx}\right|_{x=l}=0$$

将边界条件代入式(6.3.15)，得

$$\left.\begin{aligned} &C+E=0\\ &D+F=0\\ &C\sin\beta l + D\cos\beta l + E\sinh\beta l + F\cosh\beta l = 0\\ &C\cos\beta l + D\sin\beta l + E\cosh\beta l + F\sinh\beta l = 0 \end{aligned}\right\} \tag{6.3.17}$$

消去 C、D、E、F 可得

$$\cos\beta l \cdot \cosh\beta l = 1 \tag{6.3.18}$$

这就是两端固定梁的频率方程，式中的 βl 只能用数值计算法求出。于是振型函数可写为

$$Y_i(x) = A_i(\cos\beta_i x - \cosh\beta_i x) + (\sin\beta_i x - \sinh\beta_i x) \tag{6.3.19}$$

式中 A_i 为 β_i、l 的函数，即

$$A_i = -\frac{\sin\beta_i l - \sinh\beta_i l}{\cos\beta_i l - \cosh\beta_i l} = \frac{\cos\beta_i l - \cosh\beta_i l}{\sin\beta_i l + \sinh\beta_i l}$$

另外，可将式(6.3.16)改为

$$\omega_{ni} = \frac{\beta_i^2 l^2}{l^2}\sqrt{\frac{EI}{u}} = \left(\frac{\beta_i l}{\pi}\right)^2 \frac{\pi^2}{l^2}\sqrt{\frac{EI}{u}} = \alpha_i \omega^* \tag{6.3.20}$$

式中：

$$\alpha_i = \left(\frac{\beta_i l}{\pi}\right)^2$$

$$\omega^* = \left(\frac{\pi}{l}\right)^2 \sqrt{\frac{EI}{u}} \tag{6.3.21}$$

根据不同的边界条件，相应的频率方程、振型系数以及前四阶的 $\beta_i l$ 和 α_i 的值见表 6.3.1。

表 6.3.1　梁典型边界条件

边界条件	频率方程①和振型函数②	$\beta_i l$	α_i
	①$\cos\beta l\cosh\beta l = 1$ ②$Y(x) = A(\cos\beta x + \cosh\beta x) + (\sin\beta x + \sinh\beta x)$ $A = -\frac{\sin\beta l - \sinh\beta l}{\cos\beta l - \cosh\beta l} = \frac{\cos\beta l - \cosh\beta l}{\sin\beta l + \sinh\beta l}$	$\beta_1 l = 4.73004$ $\beta_2 l = 7.85321$ $\beta_3 l = 10.99561$ $\beta_4 l = 14.13717$	$\alpha_1 = 2.267$ $\alpha_2 = 6.249$ $\alpha_3 = 12.25$ $\alpha_4 = 20.25$
	①$\tan\beta l = \tanh\beta l$ ②$Y(x) = A\sin\beta x + \sinh\beta x$ $A = \frac{\sinh\beta l}{\sin\beta l} = \frac{\cosh\beta l}{\cos\beta l}$	$\beta_1 l = 3.92660$ $\beta_2 l = 7.06853$ $\beta_3 l = 10.21013$ $\beta_4 l = 13.35177$	$\alpha_1 = 1.562$ $\alpha_2 = 5.063$ $\alpha_3 = 10.56$ $\alpha_4 = 18.06$
	①$\sin\beta l = 0$ ②$Y(x) = A\sin\beta l$ $A =$ 常数	$\beta_1 l = 3.14150$ $\beta_2 l = 6.28319$ $\beta_3 l = 9.42478$ $\beta_4 l = 12.56637$	$\alpha_1 = 1$ $\alpha_2 = 4$ $\alpha_3 = 9$ $\alpha_4 = 16$
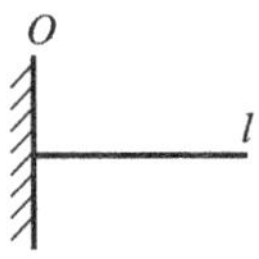	①$\cos\beta l \cdot \cosh\beta l = -1$ ②$Y(x) = A(\cos\beta x - \cosh\beta x) + (\sin\beta x - \sinh\beta x)$ $A = -\frac{\sin\beta l + \sinh\beta l}{\cos\beta l + \cosh\beta l} = \frac{\cos\beta l + \cosh\beta l}{\sin\beta l - \sinh\beta l}$	$\beta_1 l = 1.87510$ $\beta_2 l = 4.69409$ $\beta_3 l = 7.85476$ $\beta_4 l = 10.99554$	$\alpha_1 = 0.356$ $\alpha_2 = 2.232$ $\alpha_3 = 6.252$ $\alpha_4 = 12.25$
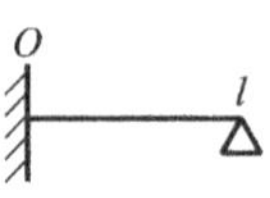	①$\tan\beta l = \tanh\beta l$ ②$Y(x) = A(\cos\beta x - \cosh\beta x) + (\sin\beta x - \sinh\beta x)$ $A = -\frac{\sin\beta l - \sinh\beta l}{\cos\beta l - \cosh\beta l} = -\frac{\sin\beta l + \sinh\beta l}{\cos\beta l + \cosh\beta l}$	$\beta_1 l = 3.92660$ $\beta_2 l = 7.06858$ $\beta_3 l = 10.21018$ $\beta_4 l = 13.35177$	$\alpha_1 = 1.562$ $\alpha_2 = 5.063$ $\alpha_3 = 10.56$ $\alpha_4 = 18.06$
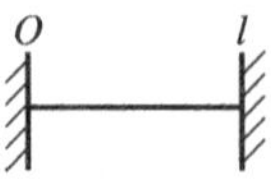	①$\cos\beta l \cdot \cosh\beta l = 1$ ②$Y(x) = A(\cos\beta x - \cosh\beta x) + (\sin\beta x - \sinh\beta x)$ $A = -\frac{\sin\beta l - \sinh\beta l}{\cos\beta l - \cosh\beta l} = \frac{\cos\beta l - \cosh\beta l}{\sin\beta l + \sinh\beta l}$	$\beta_1 l = 4.73004$ $\beta_2 l = 7.85321$ $\beta_3 l = 10.99561$ $\beta_4 l = 14.13717$	$\alpha_1 = 2.267$ $\alpha_2 = 6.249$ $\alpha_3 = 12.25$ $\alpha_4 = 20.25$

以上所述梁的端点都是刚性支承。当端点是弹性支承时，则切力和弯矩可按弹性系数的大小做相应的改变。

6.3.3 主振型的正交性

和多自由度离散系统一样，连续系统包括振动梁在内也存在主振型的正交性。

设 $Y_m(x)$ 和 $Y_n(x)$ 为对应于 m 阶和 n 阶固有频率 ω_{m} 和 ω_{n} 的正则振型函数，由式(6.3.13)得

$$\left.\begin{aligned}\frac{\mathrm{d}^4Y_m(x)}{\mathrm{d}x^4}&=\omega_{\mathrm{m}}^2\frac{\rho A}{EI}Y_m(x)\\\frac{\mathrm{d}^4Y_n(x)}{\mathrm{d}x^4}&=\omega_{\mathrm{n}}^2\frac{\rho A}{EI}Y_n(x)\end{aligned}\right\}\tag{6.3.22}$$

将式(6.3.22)中的第一式乘以 $Y_n(x)$，第二式乘以 $Y_m(x)$后相减，再从 0 到 l 对 x 进行积分，得

$$\begin{aligned}&(\omega_{\mathrm{m}}^2-\omega_{\mathrm{n}}^2)\frac{\rho A}{EI}\int_0^l Y_m(x)Y_n(x)\mathrm{d}x\\&=\int_0^l\left[Y_n(x)\frac{\mathrm{d}^4Y_m(x)}{\mathrm{d}x^4}-Y_m(x)\frac{\mathrm{d}^4Y_n(x)}{\mathrm{d}x^4}\right]\mathrm{d}x\\&=Y_n(x)\frac{\mathrm{d}^3Y_m(x)}{\mathrm{d}x^3}\bigg|_0^l-Y_m(x)\frac{\mathrm{d}^3Y_n(x)}{\mathrm{d}x^3}\bigg|_0^l\\&\quad-\frac{\mathrm{d}Y_n(x)}{\mathrm{d}x}\frac{\mathrm{d}^2Y_m(x)}{\mathrm{d}x^2}\bigg|_0^l+\frac{\mathrm{d}Y_m(x)}{\mathrm{d}x}\frac{\mathrm{d}^2Y_n(x)}{\mathrm{d}x^2}\bigg|_0^l\end{aligned}\tag{6.3.23}$$

当表 6.3.1 中 3 种支承条件任意组合时，式(6.3.23)的右边恒等于零。当 $m\neq n$ 时，$\omega_{\mathrm{m}}\neq\omega_{\mathrm{n}}$，由此得

$$(\omega_{\mathrm{m}}^2-\omega_{\mathrm{n}}^2)\frac{\rho A}{EI}\int_0^l Y_m(x)Y_n(x)\mathrm{d}x=0\tag{6.3.24}$$

当 $m\neq n$ 时，$\omega_{\mathrm{m}}^2-\omega_{\mathrm{n}}^2\neq 0$，即得正交关系

$$\int_0^l\rho AY_m(x)Y_n(x)\mathrm{d}x=0\tag{6.3.25}$$

$$\int_0^l EI\frac{\mathrm{d}^2Y_m(x)}{\mathrm{d}x^2}\frac{\mathrm{d}^2Y_n(x)}{\mathrm{d}x^2}\mathrm{d}x=0\tag{6.3.26}$$

而

$$\left.\begin{aligned}k_i&=\int_0^l EI\left(\frac{\mathrm{d}^2Y_m(x)}{\mathrm{d}x^2}\right)^2\mathrm{d}x\\m_i&=\int_0^l\rho AY_m^2(x)\mathrm{d}x\end{aligned}\right\}\tag{6.3.27}$$

式中 m_i 和 k_i 称为广义质量和广义刚度。式(6.3.25)～式(6.3.27)的关系代表正则振型的正交性。

6.3.4 剪切变形与转动惯量的影响

梁挠度曲线的斜度，不仅有由弯矩造成的变形，而且也有剪切力产生的变形。图 6.3.2 所示的梁单元体分离图表示几何形状的变化。

假设剪切变形为零，则梁单元体的中心线将与截面的法线重合。由于剪切力的作用，单元体将在端面不转动的情况下趋于菱形，中心线的斜率因剪切角而减小。现分析剪切力与变形的关系。

设弯曲产生的倾斜角为θ,剪切角为ψ,由于角度很小,相应斜率的大小与角弧度大小近似相等,则梁挠度曲线的斜率为$\theta-\psi=\mathrm{d}y/\mathrm{d}x$,即

$$\psi=\theta-\mathrm{d}y/\mathrm{d}x \tag{6.3.28}$$

式中ψ称为斜率损失。梁有两个弹性方程,即

$$\left.\begin{aligned}M&=EI\frac{\partial\theta}{\partial x}\\ \theta-\frac{\partial y}{\partial x}&=\frac{Q}{\gamma AG}\end{aligned}\right\} \tag{6.3.29}$$

式中:γ为取决于横截面形状的数值因子;

A为断面面积;

G为剪切模量。

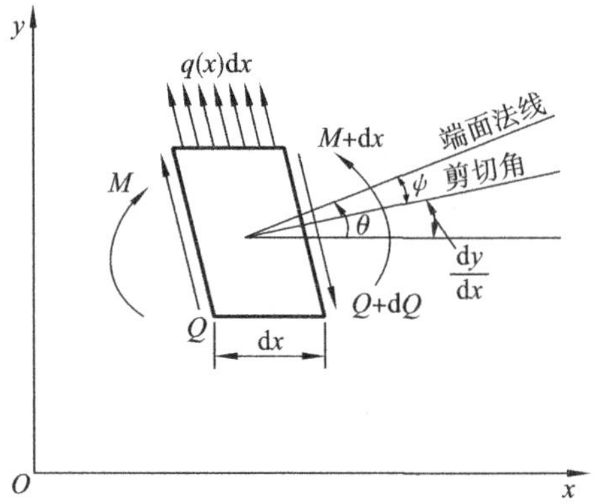

图 6.3.2　剪切变形的影响

根据达朗贝尔原理,对图6.3.2中的梁单元建立动力方程和动力矩方程,则

$$\left.\begin{aligned}\rho A\frac{\partial^2 y}{\partial t^2}&=-\frac{\partial Q}{\partial x}+q(x)\\ \rho I\frac{\partial^2\theta}{\partial t^2}&=\frac{\partial M}{\partial x}-Q\end{aligned}\right\} \tag{6.3.30}$$

把式(6.3.28)、式(6.3.29)代入式(6.3.30),经化简后得等截面直梁的振动方程为

$$\begin{aligned}&EI\frac{\partial^4 y}{\partial x^4}+\rho A\frac{\partial^2 y}{\partial t^2}-\rho I\left(1+\frac{E}{\gamma G}\right)\frac{\partial^4 y}{\partial x^2\partial t^2}+\frac{\rho^2 I\partial^4 y}{\gamma G\partial t^4}\\ &=q(x,t)+\frac{\rho I}{\gamma AG}\frac{\partial^2 y}{\partial t^2}-\frac{IE}{\gamma AG}\frac{\partial^2 y}{\partial x^2}\end{aligned} \tag{6.3.31}$$

当$q\equiv 0$时,即梁做自由振动,有

$$EI\frac{\partial^4 y}{\partial x^4}+\rho A\frac{\partial^2 y}{\partial t^2}-\rho I\left(1+\frac{E}{\gamma G}\right)\frac{\partial^4 y}{\partial x^2\partial t^2}+\frac{\rho^2 I}{\gamma G}\frac{\partial^4 y}{\partial t^4}=0 \tag{6.3.32}$$

式(6.3.32)称为铁木辛柯梁振动方程。式中含有考虑剪切变形和转动惯量影响的附加项。

为了分析剪切变形和转动惯量的效应,下面研究长为l、两端简支的等截面梁的振动。假设i阶振型可用主振型函数表示为

$$y(x,t)=\sin\frac{i\pi x}{l}A_i\cos\omega_i t \tag{6.3.33}$$

将式(6.3.33)代入式(6.3.32),得频率方程

$$EI\left(\frac{i\pi}{l}\right)^4 - \rho A\omega_i^2 - \rho I\left(1+\frac{E}{\gamma G}\right)\left(\frac{i\pi}{l}\right)^2\omega_i^2 + \frac{I\rho^2\omega_i^4}{\gamma G} = 0 \tag{6.3.34}$$

上式中，最后一项与其他几项相比一般很小，可略去不计，于是求得 ω_i^2 的近似值为

$$\omega_i^2 = \frac{EI}{\rho A}\left(\frac{i\pi}{l}\right)^4\left[1-\left(\frac{I}{A}\right)\left(1+\frac{E}{\gamma G}\right)\left(\frac{i\pi}{l}\right)^4\right] \tag{6.3.35}$$

式(6.3.35)中的中括号展开得到的第一项是欧拉-伯努利梁的固有频率，第二项表示剪切变形和转动惯量效应。

一般来讲，对于短而粗的梁必须考虑旋转惯量和剪切变形的效应，故需要用式(6.3.32)或式(6.3.35)，求受迫响应时，则采用式(6.3.5)。但在工程上应用这些方程显得太复杂，故常常略去上述两种效应。通常，当 $l/h>10$（l 为梁长，h 为梁截面高）时应用式(6.3.5)的误差可忽略。在这一情况下，算出的梁的固有频率将略大于精确值。

假设 $G=3E/8$，并取一矩形截面杆，其 $\gamma=0.833$，得 $E/(\gamma G)\approx 3.2$，可见剪切引起的修正是转动惯量引起的修正的 3.2 倍。假定 l/i 是梁高 h 的 10 倍，则可得

$$\frac{1}{2}\left(\frac{i\pi}{l}\right)^2\left(\frac{I}{A}\right)^2 = \frac{1}{2}\,\frac{\pi^2}{12}\,\frac{1}{100} \approx 0.004$$

所以转动惯量和剪切变形的总修正为

$$0.004\times(1+3.2)\approx 1.7\%$$

这个估计值与前面“当 $l/h>10$ 时误差可忽略”的提法一致。

6.4　薄板的横向振动

在工程应用中，板是经常遇到的一种基本结构，因此板的振动问题早已引起重视。

6.4.1　薄板振动微分方程

所谓平板是两个平行面和垂直于这两个平行面的柱面或棱柱面所围成的物体。如果板的厚度 h 远小于中面的最小尺寸 b（例如 $b/8$ 至 $b/5$），这个板就称为薄板。如图 6.4.1 所示，规定：h 为中面垂直方向距离；u、v、w 分别为沿 x、y、z 三个方向的线位移；θ_x、θ_y、θ_z 分别为绕 x、y、z 三个轴线的角位移；σ_x、σ_y、σ_z 为板三个方向的应力；ε_x、ε_y、ε_z 为板三个方向的应变；τ_x、τ_y、τ_z 为板三个方向的剪应力；ν 为泊松比；E 为板的弹性模量。

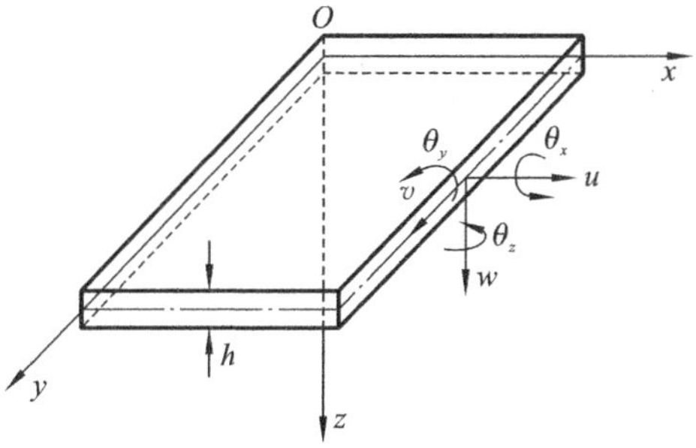

图 6.4.1　薄板的位移

1. 弹性薄板的基本假设

(1) 由于是薄板，一般 $h\ll a$、b；

(2) 载荷方向均垂直于板面；

(3) 符合小挠度理论，即微振动条件，一般 $w<(1/4\sim1/5)h$，由于垂直于中面方向的应变 ε_z 极其微小，取 $\varepsilon_z=0$，即 $\partial w/\partial z=0$，也就是说，薄板全部厚度内所有的点均具有相同的位移 w；

(4) 直法线假设，应力分量 τ_{zx}、τ_{zy} 和 σ_z 远小于其他 3 个应力分量，则有 $\gamma_{zx}=\gamma_{yz}=0$；

(5) 中面内各点均没有平行于中面的位移，即 $(u)_{z=0}=0$，$(v)_{z=0}=0$，或 $(\varepsilon_x)_{z=0}=0$，$(\varepsilon_y)_{z=0}=0$，$(\gamma_{zy})_{z=0}=0$。

2. 几何方程及物理方程

根据以上假设，中面各点横向位移为 $w(x,y,t)$ 时，板上任意一点沿 x、y、z 三个方向的位移分量 u、v、w 分别为

$$\left.\begin{aligned} u &= -z\frac{\partial w}{\partial x} \\ v &= -z\frac{\partial w}{\partial y} \\ w &= w \end{aligned}\right\} \tag{6.4.1}$$

由弹性力学知，从应变和位移的几何关系可得各点的 3 个主要应变分量为

$$\left.\begin{aligned} \varepsilon_x &= \frac{\partial u}{\partial x} = -z\frac{\partial^2 w}{\partial x^2} \\ \varepsilon_y &= \frac{\partial v}{\partial y} = -z\frac{\partial^2 w}{\partial y^2} \\ \gamma_{xy} &= \frac{\partial v}{\partial x}+\frac{\partial u}{\partial y} = -2z\frac{\partial^2 w}{\partial x\partial y} \end{aligned}\right\} \tag{6.4.2}$$

由广义胡克定律知，应力与应变有如下关系：

$$\left.\begin{aligned} \sigma_x &= \frac{\sigma}{1-\nu^2}(\varepsilon_x+\mu\varepsilon_y) = \frac{Ez}{1-\nu^2}\left(\frac{\partial^2 w}{\partial x^2}+\mu\frac{\partial^2 w}{\partial y^2}\right) \\ \sigma_y &= -\frac{Ez}{1-\nu^2}\left(\frac{\partial^2 w}{\partial y^2}+\mu\frac{\partial^2 w}{\partial x^2}\right) \\ \tau_{xy} &= G\gamma_{xy} = -2zG\frac{\partial^2 w}{\partial x\partial y} \end{aligned}\right\} \tag{6.4.3}$$

3. 薄板的内力

板的受力分析如图 6.4.2 所示。取 x 方向的力平衡有

$$\frac{\partial\sigma_x}{\partial x}\mathrm{d}y\mathrm{d}z\mathrm{d}x+\frac{\partial\tau_{yx}}{\partial y}\mathrm{d}y\mathrm{d}x\mathrm{d}z+\frac{\partial\tau_{zx}}{\partial z}\mathrm{d}z\mathrm{d}x\mathrm{d}y=0$$

或

$$\frac{\partial\sigma_x}{\partial x}+\frac{\partial\tau_{yx}}{\partial y}+\frac{\partial\tau_{zx}}{\partial z}=0$$

$$\frac{\partial\tau_{xy}}{\partial x}+\frac{\partial\sigma_y}{\partial y}+\frac{\partial\tau_{zy}}{\partial z}=0$$

当 $\tau_{zx}=\tau_{zy}=0$，$z=h/2$ 时对上式积分，得

$$\left.\begin{aligned} \tau_{zx} &= \frac{1}{2}\left(z^2-\frac{h^2}{4}\right)\left[\frac{z}{1-\nu^2}\left(\frac{\partial^3 w}{\partial x^3}+\mu\frac{\partial^3 w}{\partial y^2\partial x}\right)+2G\frac{\partial^3 w}{\partial x\partial y^2}\right] \\ \tau_{zy} &= \frac{1}{2}\left(z^2-\frac{h^2}{4}\right)\left[\frac{z}{1-\nu^2}\left(\frac{\partial^3 w}{\partial y^3}+\mu\frac{\partial^3 w}{\partial x^2\partial y}\right)+2G\frac{\partial^3 w}{\partial x^2\partial y}\right] \end{aligned}\right\} \tag{6.4.4}$$

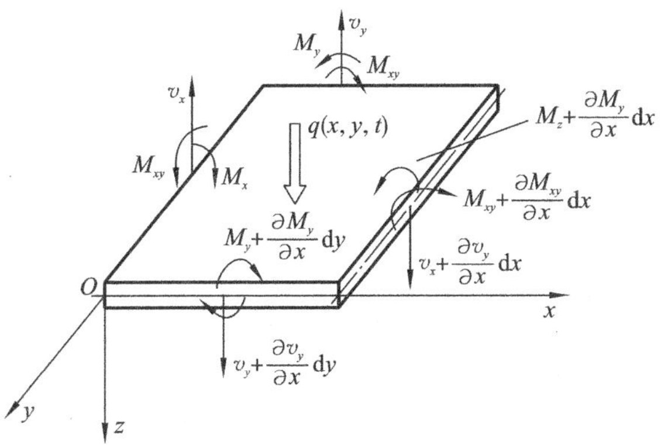

图 6.4.2　薄板受力分析

4. 建立微分方程

分别写出位移和弯矩方程

$$\left.\begin{aligned} v_x &= \int_{-\frac{h}{2}}^{\frac{h}{2}} \tau_{xy}\,\mathrm{d}z, \quad v_y = \int_{-\frac{h}{2}}^{\frac{h}{2}} \tau_{yz}\,\mathrm{d}z \\ M_x &= \int \sigma_x z\,\mathrm{d}z, \quad M_y = \int \sigma_y z\,\mathrm{d}z \end{aligned}\right\} \tag{6.4.5}$$

由于

$$M_{xy} = M_{yx}\int \tau_{xy} z\,\mathrm{d}z, \quad \tau_{xy} = \tau_{yx}$$

故

$$M_{xy} = M_{yx}$$

将式(6.4.5)代入式(6.4.3)，得

$$\left.\begin{aligned} v_x &= -D\frac{\partial}{\partial x}\left(\frac{\partial^2 w}{\partial x^2}+\frac{\partial^2 w}{\partial y^2}\right) \\ v_y &= -D\frac{\partial}{\partial y}\left(\frac{\partial^2 w}{\partial x^2}+\frac{\partial^2 w}{\partial y^2}\right) \\ M_x &= -D\left(\frac{\partial^2 w}{\partial x^2}+\mu\frac{\partial^2 w}{\partial y^2}\right) \\ M_y &= -D\left(\frac{\partial^2 w}{\partial y^2}+\mu\frac{\partial^2 w}{\partial x^2}\right) \\ M_{xy} &= M_{yx} = -D(1-\nu)\frac{\partial^2 w}{\partial x\partial y} \end{aligned}\right\} \tag{6.4.6}$$

式中：D 为板的抗弯刚度，$D=Eh^3/12(1-\nu^2)$。

由 z 方向的力平衡得

$$-v_x\mathrm{d}y+\left(v_x+\frac{\partial v_x}{\partial x}\mathrm{d}x\right)\mathrm{d}y-v_y\mathrm{d}x+\left(v_y+\frac{\partial v_y}{\partial y}\mathrm{d}y\right)\mathrm{d}x$$
$$+q(x,y,t)\mathrm{d}x\mathrm{d}y = m\frac{\partial w}{\partial t^2}(x,y,t)$$

或

$$\frac{\partial v_x}{\partial x}+\frac{\partial v_y}{\partial y}-m\frac{\partial^2 w}{\partial t^2}+q(x,y,t)=0 \tag{6.4.7}$$

由 x、y 平面内力矩平衡，得

$$\left.\begin{aligned} v_x &= \frac{\partial M_x}{\partial x} + \frac{\partial M_{yx}}{\partial y} \\ v_y &= \frac{\partial M_y}{\partial y} + \frac{\partial M_{xy}}{\partial x} \end{aligned}\right\} \tag{6.4.8}$$

将上式代入式(6.4.7)，得

$$D\left(\frac{\partial^4 w}{\partial x^4} + \frac{\partial^4 w}{\partial x^2 \partial y^2} + \frac{\partial^4 w}{\partial y^4}\right) + \frac{\gamma h}{g}\left(\frac{\partial^2 w}{\partial t^2}\right) = q(x,y,t) \tag{6.4.9}$$

当系统无外载荷时，得薄板的自由振动方程，即

$$D\left(\frac{\partial^4 w}{\partial x^4} + \frac{\partial^4 w}{\partial x^2 \partial y^2} + \frac{\partial^4 w}{\partial y^4}\right) + \frac{\gamma h}{g}\left(\frac{\partial^2 w}{\partial t^2}\right) = 0 \tag{6.4.10}$$

5. 用能量法建立振动微分方程

将式(6.4.3)改写为

$$\sigma = \begin{Bmatrix} \sigma_x \\ \sigma_y \\ \sigma_z \end{Bmatrix} = \frac{E}{1-\nu^2}\begin{Bmatrix} 1 & \nu & 0 \\ \nu & 1 & 0 \\ 0 & 0 & \dfrac{1-\nu}{2} \end{Bmatrix}\begin{Bmatrix} \varepsilon_x \\ \varepsilon_y \\ \varepsilon_{xy} \end{Bmatrix} = D\varepsilon \tag{6.4.11}$$

根据式(6.4.11)和(6.4.4)可得板的势能表达式为

$$\begin{aligned} U &= \frac{1}{2}\int_\tau \varepsilon^{\mathrm{T}} \sigma \mathrm{d}\tau \\ &= \frac{1}{2}\iiint_{-h/2}^{h/2} (\sigma_x \varepsilon_x + \sigma_y \varepsilon_y + \tau_{xy}\gamma_{xy}) \mathrm{d}x\mathrm{d}y\mathrm{d}z \\ &= \frac{1}{2}\iint D\left[\left(\frac{\partial^2 w}{\partial x^2}\right)^2 + \left(\frac{\partial^2 w}{\partial y^2}\right)^2 + 2\nu \frac{\partial^2 w}{\partial x^2}\frac{\partial^2 w}{\partial y^2} \right. \\ &\quad \left. + 2(1-\nu)\left(\frac{\partial^2 w}{\partial x \partial y}\right)^2\right] \mathrm{d}x\mathrm{d}y \\ &= \frac{1}{2}\iint D\left\{(\nabla^2 w)^2 - 2(1-\nu)\left[\frac{\partial^2 w}{\partial x^2}\frac{\partial^2 w}{\partial y^2} - \left(\frac{\partial^2 w}{\partial x \partial y}\right)^2\right]\right\} \mathrm{d}x\mathrm{d}y \end{aligned}$$

其中：τ 为薄板体积；∇^2 为拉普拉斯算子，即

$$\nabla^2 = \frac{\partial^2}{\partial x^2} + \frac{\partial^2}{\partial y^2} \tag{6.4.12}$$

而板的动能表达式为

$$V = \frac{1}{2}\iiint_\tau \rho\left(\frac{\partial w}{\partial t}\right)^2 \mathrm{d}t = \frac{1}{2}\iiint_{-h/2}^{h/2} \rho\left(\frac{\partial w}{\partial t}\right)^2 \mathrm{d}x\mathrm{d}y\mathrm{d}z$$

若板的厚度 h 为常数，则上式可写为

$$V = \frac{\rho h}{2}\int_s \left(\frac{\partial w}{\partial t}\right)^2 \mathrm{d}x\mathrm{d}y = \frac{\rho h}{2}\iint \left(\frac{\partial w}{\partial t}\right)^2 \mathrm{d}x\mathrm{d}y$$

$$U = \frac{D}{2}\iint (\nabla^2 \omega)^2 - 2(1-\nu)\left[\frac{\partial^2 w}{\partial x^2}\frac{\partial w^2}{\partial y^2} - \left(\frac{\partial^2 w}{\partial x \partial y}\right)^2\right] \mathrm{d}x\mathrm{d}y \tag{6.4.13}$$

由能量守恒 $\mathrm{d}(V+U)/\mathrm{d}t = 0$，有

$$D\left(\frac{\partial^4 w}{\partial x^4} + 2\frac{\partial^4 w}{\partial x^2 \partial y^2} + \frac{\partial^4 w}{\partial y^4}\right) + \rho h \frac{\partial^2 w}{\partial t^2} = 0 \tag{6.4.14}$$

6.4.2　矩形板振动

下面讨论边长分别为 a、b 的等厚度矩形薄板的自由振动。此时微分方程(6.4.14)可改写为

$$\frac{\partial^4 w}{\partial x^4}+2\frac{\partial^4 w}{\partial x^2\partial y^2}-\frac{\partial^4 w}{\partial y^4}+\frac{\rho h}{D}\frac{\partial^2 w}{\partial t^2}=0 \tag{6.4.15}$$

考虑到边界无外力作用,不同的边界条件分别表示为

$$\left.\begin{array}{l}
\text{固定端}\\
w=0,\quad \dfrac{\partial w}{\partial x}=0\quad (x=0,x=a)\\
w=0,\quad \dfrac{\partial w}{\partial y}=0\quad (y=0,y=b)\\
\text{简支端}\\
w=0,\quad \dfrac{\partial^2 w}{\partial x^2}=0\quad (x=0,x=a)\\
w=0,\quad \dfrac{\partial^2 w}{\partial y^2}=0\quad (y=0,y=b)\\
\text{自由端}\\
\dfrac{\partial^2 w}{\partial x^2}+\nu\dfrac{\partial^2 w}{\partial y^2}=0,\quad \dfrac{\partial^2 w}{\partial x^2}+(2-\nu)\dfrac{\partial^2 w}{\partial x\partial y}=0\quad (x=0,x=a)\\
\dfrac{\partial^2 w}{\partial y^2}+\nu\dfrac{\partial^2 w}{\partial x^2}=0,\quad \dfrac{\partial^2 w}{\partial y^2}+(2-\nu)\dfrac{\partial^2 w}{\partial x\partial y}=0\quad (y=0,y=b)
\end{array}\right\} \tag{6.4.16}$$

实际结构的四边可由上述 3 种情况的各种组合构成。例如四边简支、两边简支两边固定,或一边固定三边自由等。

设方程(6.4.15)的解为

$$w=z(x,y)\mathrm{e}^{\mathrm{i}\omega t} \tag{6.4.17}$$

式中:z 是振型函数;ω 为固有频率。将上式代入式(6.4.15),得

$$\frac{\partial^4 z}{\partial x^4}+2\frac{\partial^4 z}{\partial x^2\partial y^2}+\frac{\partial^4 z}{\partial y^4}-k^4 z=0 \tag{6.4.18}$$

式中:

$$k^4=\frac{\rho h}{D}\omega^2 \tag{6.4.19}$$

显然对于不同的边界条件,板有不同的振型函数及相应的固有频率。下面讨论两种边界条件的自由振动解。

1. 四边简支矩形板

矩形板做横向振动时,其振型函数为

$$z_{ij}=A_{ij}\sin\frac{i\pi x}{a}\sin\frac{j\pi y}{a} \tag{6.4.20(a)}$$

可证明,当 $i,j=1,2,\cdots,n$ 时,边界条件总能满足。将式(6.4.20(a))代入方程(6.4.18),得

$$\left[\left(\frac{i\pi}{a}\right)^4+2\left(\frac{i\pi}{a}\right)^2\left(\frac{j\pi}{b}\right)^2+\left(\frac{j\pi}{b}\right)^4-k^4\right]A_{ij}=0 \tag{6.4.20(b)}$$

由式(6.4.20(b))得频率方程如下:

$$k^4=\left[\left(\frac{i\pi}{a}\right)^2+\left(\frac{j\pi}{b}\right)^2\right]^2 \tag{6.4.20(c)}$$

由式(6.4.20(c))和式(6.4.19)可得固有频率为

$$\omega_{ij}=\frac{\pi^2}{a^2}\left(i^2+\frac{a^2j^2}{b^2}\right)\sqrt{\frac{D}{\rho h}}\quad(i,j=1,2,\cdots) \tag{6.4.21}$$

对于方板，$a=b$，代入式(6.4.21)就可得到它的固有频率。每个固有频率都为重根，即 $\omega_{ij}=\omega_{ji}$。这是一个特例。同时，对方板来说，同一频率可能出现不同的节线位置。其节线方程为

$$A_{ij}\sin\frac{i\pi x}{a}\sin\frac{j\pi x}{a}+A_{ij}\sin\frac{j\pi x}{a}\sin\frac{i\pi x}{a}=0 \tag{6.4.22}$$

这种现象类似于其他重根时的场合。

2. 两对边简支另外两对边任意的矩形板

若矩形板 $x=0$，$x=a$ 处为简支，可设振型函数为

$$z_{ij}=\sin\frac{i\pi x}{a}G_{ij}(y)\quad(i,j=1,2,\cdots) \tag{6.4.23}$$

式中：$G_{ij}(y)$为 y 的待定函数。将式(6.4.23)代入式(6.4.15)，可得 $G_{ij}(y)$方程，即

$$\frac{\mathrm{d}^2G_{ij}(y)}{\mathrm{d}y^2}-\frac{2i^2\pi^2}{a^2}\frac{\mathrm{d}^2G_{ij}(y)}{\mathrm{d}y^2}+\left(\frac{j^4\pi^4}{a^4}-k_{ij}^4\right)G_{ij}(y)=0 \tag{6.4.24(a)}$$

令 $G_{ij}=\mathrm{e}^{sy}$代入上式可得它的特征方程

$$s^2-2i^2\frac{\pi^2}{a^2}s^2+\left(\frac{j^4\pi^4}{a^4}-k_{ij}^4\right)=0 \tag{6.4.24(b)}$$

则方程的根为

$$\left.\begin{aligned}s_{1,2}&=\pm\sqrt{\frac{i^2\pi^2}{a^2}-k_{ij}^2}\\ s_{3,4}&=\pm\sqrt{\frac{i\pi^2}{a^2}+k_{ij}^2}\end{aligned}\right\} \tag{6.4.24(c)}$$

式中 s_1、s_3 是实根或虚根，而 s_2、s_4 必为实根。若 s_1、s_3 为实根，方程(6.4.24(a))的解可写为

$$G_{ij}(y)=A_{ij}\sinh s_1y+B_{ij}\cosh s_1y+C_{ij}\sinh s_2y+D_{ij}\cosh s_2y \tag{6.4.24(d)}$$

若 s_1 和 s_3 为虚根，则

$$G_{ij}(y)=A_{ij}\sin s_1y+B_{ij}\cos s_1y+C_{ij}\cosh s_2y+D_{ij}\cosh s_2y \tag{6.4.24(e)}$$

其中常数 A_{ij}、B_{ij}、C_{ij}、D_{ij} 之间的比例以及特征值均由板在 $y=0$、$y=b$ 两边的边界条件来确定。

此外，对于圆形板，势能 U 和动能 V 宜用极坐标表示。如果板的厚度不变，则 U 和 V 的表达式为

$$U=\frac{D}{2}\int_s\left\{\left(\frac{\partial w}{\partial r^2}+\frac{1}{r}\frac{\partial w}{\partial r}+\frac{1}{r^2}\frac{\partial^2 w}{\partial\theta^2}\right)-2(1-\nu)\frac{\partial^2 w}{\partial r^2}\left(\frac{1}{r}\frac{\partial w}{\partial r}+\frac{1}{r^2}\frac{\partial^2 w}{\partial\theta^2}\right)+2(1-\nu)\left[\frac{\partial}{\partial r}\left(\frac{1}{r}\frac{\partial w}{\partial\theta}\right)\right]^2\right\}r\mathrm{d}\theta\mathrm{d}r \tag{6.4.25}$$

$$V=\frac{\rho h}{2}\int_s\left(\frac{\partial w}{\partial t}\right)^2r\mathrm{d}\theta\mathrm{d}r \tag{6.4.26}$$

思　考　题

1. 求解两端固定杆的固有频率和振型。

2. 如题图 6.1 所示，杆端受到静态拉力 F_0 作用，$t=0$ 时 F_0 突然释放，求其后杆的纵向振动响应。

3. 如题图 6.2 所示，杆受到轴向正弦力作用，求杆的纵向振动响应特解。

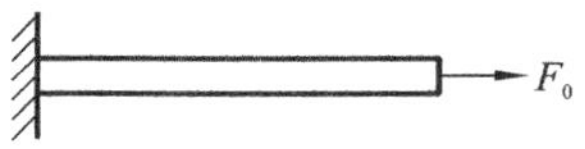

题图 6.1

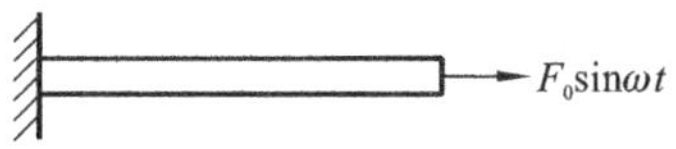

题图 6.2

4. 试推导两端自由梁横向振动的频率方程。

5. 在 $t=0$ 时刻，作用于两端简支梁中部的静态力 F_0 突然卸除，求随后梁的横向振动响应。

第 7 章　声波波动方程

7.1　理想流体中的声波方程

7.1.1　声波与质点

声音是空气中的一种弹性波，称为声波，它是由振动产生的。例如，振动着的音叉在邻近空气中不断产生“密部”和“疏部”，并由近及远地传播开去。人耳接收到这种弹性波带来的压力扰动，由听神经传至大脑，于是就听到了声音。所以，产生声波有两个条件：一是声源，二是弹性媒质。声源发出的扰动在弹性媒质中沿空间传播就形成声波。

波动与振动既有联系，也有区别。振动量只是时间的函数，波动量则不仅是时间的函数，同时还是空间的函数。

人耳的鼓膜只可能与流体直接接触，所以通常讲的声音多数指空气中的声波。其实，气体、液体和固体都是弹性媒质，都可以有声波传播。对于空气中的声波，媒质质点的振动方向与波的传播方向一致，这种波称为纵波或压缩波。另外一种波，其质点运动方向与波的传播方向垂直(例如水表面波)，称为横波或切变波。由于空气只有压缩弹性，不能承受剪力，因此空气中只存在压缩波。固体媒质则不同，它既有压缩弹性，又有剪切弹牲，因此固体中不仅存在压缩波，而且有切变波，还存在着由不同方向的弹性组合而成的弯曲波、扭转波等，情况比空气中复杂得多。固体中波速高，振动衰减又小，当传递至目的地后经过结构辐射，振动立即转变为空气声或水声。机械设备及船舶、飞机等大型工程结构中声频范围振动的传递问题是近年来的重要研究方向，目前国际上已习惯于将结构中声频范围的振动波直接称为结构声(或固体声)。

广义上声波定义为：通过某种弹性媒质，且以该媒质的特征速度传播的一种扰动(压力、质点速度、应力等的变化或其中几种变化的综合)。

需要强调，声传播是弹性媒质能量的传递过程，媒质中各部分质点皆在各自平衡位置前后移动，质点平衡位置并未迁移。因此可以说，声波是一种能量流，而不是质量流。

衡量声波强弱的物理量是声压，声压是存在声波扰动时空气的绝对压力与平衡状态压力之差，即

$$p = P - P_0 \tag{7.1.1}$$

式中：p 为声压，P 为空气绝对压力，P_0 为平衡状态压力，单位都是 Pa(1 Pa=1 N/m^2)。可见，声压是一种逾量压力，可以为正，也可以为负，空气“密部”为正，“疏部”为负。对于单频声来讲，在时间域，有一定的周期 T 和频率 f，这两个概念与振动里的概念相同；在空间域，一个完整声波的长度称为波长，以 λ 表示，单位为 m。

每秒钟声波传播的距离称为声速，以 c 表示，单位为 m/s。声源每振动一次，声波在空间前进一个波长，因此有

$$c = \lambda f \tag{7.1.2}$$

式中：λ 为波长(m)；f 为频率(Hz)。声速取决于媒质特性，具体地讲，和媒质的弹性模量与密度的比值的平方根成正比。20 ℃时在空气中声速为 343 m/s，在水中为 1450 m/s，在钢中(纵波)为 5000 m/s。

可听声的频率范围为 20 Hz～20 kHz。低于 20 Hz 的称为次声，高于 20 kHz 的称为超声。人耳听不见次声，但仍会受到影响，一般晕车晕船就是这个频率范围的波引起的。超声对人体并无伤害，现已成为探测金属结构及人体内部的有用工具。人耳能够听见的最低声压称为听阈，对于 1000 Hz 单频声，听阈约为 20 Pa。从听阈至痛阈上下相差 100 万倍，可见人的听觉具有很大的动态范围。

波动声学是声学中的经典方法。在波动声学中引入了质点的概念，质点是媒质中的一个微团。从微观上看包含极大数量的分子，作为无规则运动状态相互碰撞的结果，总体平均速度为零，因此理论分析时对个别分子的运动可不予考虑；同时，从宏观上看质点的体积又足够小，以至于可以将质点内的密度、温度、压力及振动速度等参数视为均匀一致的。质点有一定质量(惯性)，其体积大小随压力变化而变化，具有该媒质的体积弹性模量。

7.1.2　基本参数

存在声波的空间称为声场。声场的基本参数为声压、质点振动速度、密度增量及温度增量。设平衡状态空气压力为 P_0，均匀流速为 U_0，密度为 ρ_0，绝对温度为 T_0，声场中某点某一时刻的绝对参数为 $P(x,y,z,t)$，$U(x,y,z,t)$，$\rho(x,y,z,t)$，$T(x,y,z,t)$。由于声场参数为叠加在平衡状态参数上的脉动量，故有

声压　$p(x,y,z,t) = P(x,y,z,t) - P_0$

质点速度　$u(x,y,z,t) = U(x,y,z,t) - U_0$

密度增量　$\rho'(x,y,z,t) = \rho(x,y,z,t) - \rho_0$

温度增量　$T'(x,y,z,t) = T(x,y,z,t) - T_0$

由于声压测量比较容易实现，并且通过声压可以间接地求出质点速度等其他参数，所以声压成为最常用的基本参数。

7.1.3　基本假设

在理论分析中需要对媒质中的声传播过程作出一些假设。尽管这些假设会给结果的适用范围带来一定的局限性，但是它们使分析过程大大简化，并可使得出的规律更加简单明了。假设：

(1) 媒质为理想流体，不存在黏性，因而声波在这种理想流体媒质中传播时没有能量损耗。

(2) 无声扰动时媒质在宏观上处于静止状态，即均匀流速 U_0 等于零，并且媒质是均匀的，因此在平衡状态下媒质中的压力 P_0、密度 ρ_0 及温度 T_0 都是常数。

(3) 声波传播过程是绝热过程。以 1000 Hz 单频声为例，波长 $\lambda=0.34$ m，半波长 $\lambda/2$ 对应于温度最高点与最低点之间的距离。已知空气中热扩散速度为 0.5 m/s，在半波长对应的时间间隔 0.5 ms 内热量传递距离只有 0.25×10^{-3} m，它与半波长 0.17 m 相比极小。因此，声波传播过程中热量来不及对外扩散，故可以假定为绝热过程。

(4) 媒质中传播的是力振幅波，各种声学参数常远小于平衡状态参数。以一个大气压(10^5 Pa)、20 ℃空气中 1000 Hz 单频声为例，即使对于 130 dB 这样很高的声压级来说，声压与

平衡状态大气压力的比值只有 0.00063。

7.1.4 运动方程

运动方程表示压力 p、密度 ρ 及质点速度 $\boldsymbol{u}$ 之间的关系，它可以通过应用牛顿第二定律获得。在媒质中取一个单元体，如图 7.1.1 所示。单元体质量为

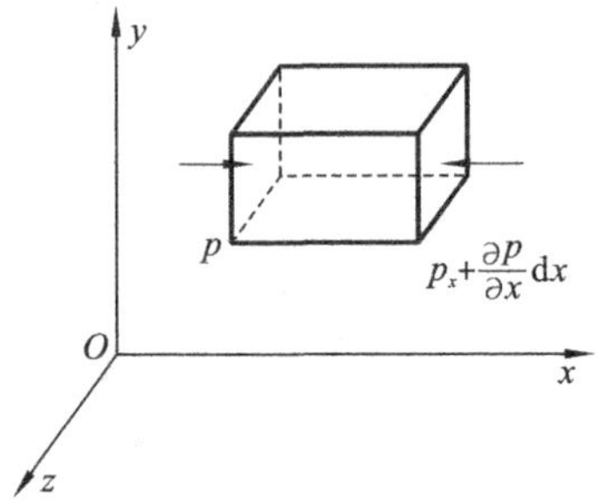

图 7.1.1 单元体受力情况

$$\mathrm{d}m=\rho\cdot\mathrm{d}x\cdot\mathrm{d}y\cdot\mathrm{d}z=\rho\cdot\mathrm{d}V \tag{7.1.3}$$

设质点振动速度为 $\boldsymbol{u}=u_x\boldsymbol{i}+u_y\boldsymbol{j}+u_z\boldsymbol{k}$。由于单元体速度既是时间也是空间的函数，求加速度必须取速度对时间的全微分导数，对一维情况有

$$a=\frac{\mathrm{d}u_x}{\mathrm{d}t}=\frac{\partial u_x}{\partial t}+\left(\frac{\partial u_x}{\partial x}\cdot\frac{\partial x}{\partial t}\right)=\frac{\partial u_x}{\partial t}+\frac{\partial u_x}{\partial x}\cdot u_x$$

推广到三维情况，加速度为

$$\boldsymbol{a}=\frac{\mathrm{d}\boldsymbol{u}}{\mathrm{d}t}=\frac{\partial\boldsymbol{u}}{\partial t}+\frac{\partial\boldsymbol{u}}{\partial x}\cdot u_x+\frac{\partial\boldsymbol{u}}{\partial y}\cdot u_y+\frac{\partial\boldsymbol{u}}{\partial z}\cdot u_z$$

设哈密尔顿算子为

$$\boldsymbol{\nabla}=\frac{\partial}{\partial x}\boldsymbol{i}+\frac{\partial}{\partial y}\boldsymbol{j}+\frac{\partial}{\partial z}\boldsymbol{k}$$

则

$$\boldsymbol{a}=\frac{d\boldsymbol{u}}{dt}=\frac{\partial\boldsymbol{u}}{\partial t}+(\boldsymbol{u}\cdot\boldsymbol{\nabla})\boldsymbol{u} \tag{7.1.4}$$

上式右边第一项称为当地加速度，第二项称为迁移加速度。再看单元体受力，如忽略黏性力，作用在单元体上沿 x 方向的合力为

$$\mathrm{d}f_x=\left[p-\left(p+\frac{\partial p}{\partial x}\cdot\mathrm{d}x\right)\right]\mathrm{d}y\cdot\mathrm{d}z=\frac{-\partial p}{\partial x}\cdot\mathrm{d}V$$

完整的三维力矢量为

$$\mathrm{d}\boldsymbol{f}=\left(\frac{\partial p}{\partial x}\boldsymbol{i}+\frac{\partial p}{\partial y}\boldsymbol{j}+\frac{\partial p}{\partial z}\boldsymbol{k}\right)\cdot\mathrm{d}V=-\boldsymbol{\nabla}p\cdot\mathrm{d}V \tag{7.1.5}$$

代入牛顿第二定律 $\mathrm{d}\boldsymbol{f}=\mathrm{d}m\cdot\boldsymbol{a}$，得

$$\rho\cdot\mathrm{d}V\left[\frac{\partial\boldsymbol{u}}{\partial t}+(\boldsymbol{u}\cdot\boldsymbol{\nabla})\boldsymbol{u}\right]=-\boldsymbol{\nabla}p\cdot\mathrm{d}V$$

即

$$\rho\cdot\left[\frac{\partial\boldsymbol{u}}{\partial t}+(\boldsymbol{u}\cdot\boldsymbol{\nabla})\boldsymbol{u}\right]+\boldsymbol{\nabla}p=0$$

将 $\rho=\rho_0+\rho'$ 代入上式，忽略二阶及二阶以上微量后可得

$$\rho_0\cdot\frac{\partial\boldsymbol{u}}{\partial t}+\boldsymbol{\nabla}p=0 \tag{7.1.6}$$

这就是理想流体运动方程。对于一维情况（平面波），显然有

$$\rho_0\frac{\partial u_x}{\partial t}+\frac{\partial p}{\partial x}=0 \tag{7.1.7}$$

7.1.5 连续方程

连续方程也称质量守恒方程，它反映媒质密度增量 ρ' 与质点速度 $\boldsymbol{u}$ 之间的关系。设在媒

质中存在一个单元体框架，其体积为 $dV=dx\cdot dy\cdot dz$，如图7.1.2所示。为保持质量守恒，dV 体积内质量随时间的变化率必须等于单位时间内进入 dV 的净质量流。在一维情况下，单元体框架内质量随时间的变化率为 $d(\rho\cdot dV)/dt$，每秒流入质量为 $\rho u_x\cdot dy\cdot dz$，流出质量为

$$(\rho\cdot u_x\cdot dy\cdot dz)+\frac{\partial(\rho\cdot u_x\cdot dy\cdot dz)}{\partial x}\cdot dx$$

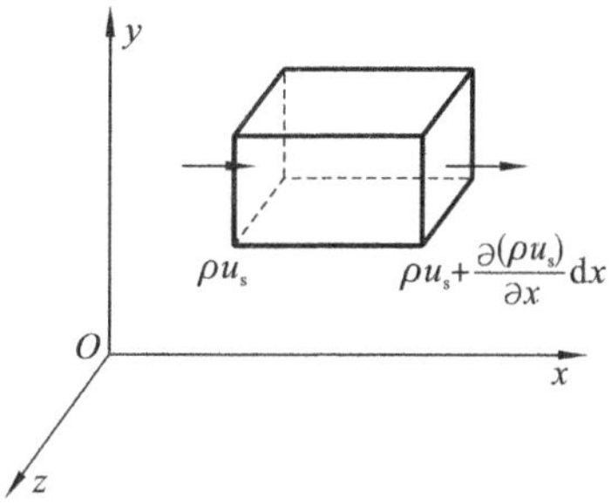

图7.1.2　空间体积元的质量流

质量守恒式为

$$\frac{\partial\rho}{\partial t}\cdot dV=-\frac{\partial(\rho\cdot u_x)}{\partial x}\cdot dV$$

即

$$\frac{\partial\rho}{\partial t}+\frac{\partial(\rho\cdot u_x)}{\partial x}=0$$

此即 x 方向的一维连续方程。推广到三维情况有

$$\frac{\partial\rho}{\partial t}+\frac{\partial(\rho\cdot u_x)}{\partial x}+\frac{\partial(\rho\cdot u_y)}{\partial y}+\frac{\partial(\rho\cdot u_z)}{\partial z}=0$$

即

$$\frac{\partial\rho}{\partial t}+\boldsymbol{\nabla}\cdot\rho\cdot\boldsymbol{u}=0$$

这是一个标量方程。将 $\rho=\rho_0+\rho'$ 代入，忽略二阶及二阶以上的微量后得

$$\frac{\partial\rho'}{\partial t}+\rho_0\cdot\boldsymbol{\nabla}\boldsymbol{u}=0\tag{7.1.8}$$

此即理想流体的连续方程。对于一维情况，显然有

$$\frac{\partial\rho'}{\partial t}+\rho_0\frac{\partial u_x}{\partial x}=0\tag{7.1.9}$$

7.1.6　状态方程

根据基本假设，声波传播过程是绝热过程。理想气体绝热过程存在关系式 $PV^\gamma=$ 常数，即 $P/\rho^\gamma=$ 常数。式中 P 为气体压力，V 为体积，ρ 为密度，γ 为定压热容与定容热容之比。设 P_0、ρ_0 为平衡状态气体的压力和密度，则有

$$\frac{P}{P_0}=\left(\frac{\rho}{\rho_0}\right)^\gamma$$

将 $P=P_0+p$ 及 $\rho=\rho_0+\rho'$ 代入上式，并按泰勒级数展开，得

$$1+\frac{p}{P_0}=\left(1+\frac{\rho'}{\rho_0}\right)^\gamma=1+\gamma\frac{\rho'}{\rho_0}+\frac{\gamma(\gamma-1)}{2!}\left(\frac{\rho'}{\rho_0}\right)^2+\cdots$$

由于 $\rho'\ll\rho$，忽略二阶及二阶以上微量后得

$$p=\frac{\gamma P_0}{\rho_0}\cdot\rho'\tag{7.1.10}$$

对于一般流体，绝热体积弹性模量 B 相当于单位相对体积压缩所需要的声压，即

$$B=\frac{dP}{-\left(\frac{dV}{V}\right)}=\frac{dP}{-\left(\frac{d\rho}{\rho_0}\right)}=\frac{p}{\left(\frac{\rho'}{\rho_0}\right)}$$

即有

$$p=\frac{B}{\rho_0}\cdot\rho'\tag{7.1.11}$$

设常数 $c_0^2=\gamma P_0/\rho_0=B/\rho_0$（从后面对波动方程解的分析可以看出，$c_0$ 即为平衡状态空气中的声速），代入式(7.1.10)或式(7.1.11)，得理想气体状态方程为

$$p = c_0^2 \cdot \rho' \tag{7.1.12}$$

7.1.7　声波波动方程

将式(7.1.12)对时间求导得

$$\frac{\partial p}{\partial t} = c_0^2 \frac{\partial \rho'}{\partial t}$$

代入式(7.1.8)得

$$\frac{1}{c_0^2}\frac{\partial p}{\partial t} = -\rho_0 \nabla \boldsymbol{u}$$

对 t 求导得

$$\frac{1}{c_0^2}\frac{\partial^2 p}{\partial t^2} = -\rho_0 \nabla \frac{\partial \boldsymbol{u}}{\partial t} \tag{7.1.13}$$

用哈密尔顿算子∇乘以式(7.1.6)两边，得

$$\rho_0 \cdot \nabla \cdot \frac{\partial \boldsymbol{u}}{\partial t} + \nabla^2 p = 0$$

与式(7.1.13)对比得

$$\nabla^2 p = \frac{1}{c_0^2}\frac{\partial^2 p}{\partial t^2} \tag{7.1.14}$$

此式即为理想流体中的三维声波波动方程。对于一维情况简化为

$$\frac{\partial^2 p}{\partial x^2} = \frac{1}{c_0^2}\frac{\partial^2 p}{\partial t^2} \tag{7.1.15}$$

同样，可以推导出以质点速度 $\boldsymbol{u}$ 或密度增量 ρ' 表示的声波波动方程分别为

$$\nabla^2 \boldsymbol{u} = \frac{1}{c_0^2}\frac{\partial^2 \boldsymbol{u}}{\partial t^2} \tag{7.1.16}$$

及

$$\nabla^2 \rho' = \frac{1}{c_0^2}\frac{\partial^2 \rho'}{\partial t^2} \tag{7.1.17}$$

以上声波波动方程是按照直角坐标系推导的。在无反射的自由空间，无指向性声源辐射产生的是球面波声场，这种情况下选用球坐标(r,θ,ϕ)进行计算比较方便。直角坐标与球坐标之间的转换关系为

$$\begin{cases} x = r \cdot \sin\theta \cdot \cos\phi \\ y = r \cdot \sin\theta \cdot \sin\phi \\ z = r \cdot \cos\theta \end{cases}$$

可以证明，以球坐标表示的拉普拉斯算子为

$$\nabla^2 = \frac{\partial^2}{\partial r^2} + \frac{2}{r}\frac{\partial}{\partial r} + \frac{1}{r^2 \cdot \sin\theta} \cdot \frac{\partial}{\partial \theta}\left(\sin\theta \cdot \frac{\partial}{\partial \theta}\right) + \frac{1}{r^2 \cdot \sin\theta} \cdot \frac{\partial^2}{\partial \phi^2}$$

对关于球面中心对称的声场，声压仅仅是 r 的函数，即 $p=p(r)$，则上式简化为

$$\nabla^2 = \frac{\partial^2}{\partial r^2} + \frac{2}{r}\frac{\partial}{\partial r}$$

代入直角坐标系中的波动方程式(7.1.14)得

$$\frac{\partial^2 p}{\partial r^2}+\frac{2}{r}\frac{\partial p}{\partial r}=\frac{1}{c_0^2}\frac{\partial^2 p}{\partial t^2}$$

对上式左边进行变换，得

$$\begin{aligned}\frac{\partial^2 p}{\partial r^2}+\frac{2}{r}\frac{\partial p}{\partial r}&=\frac{1}{r}\left[\left(r\frac{\partial^2 p}{\partial r^2}+\frac{\partial p}{\partial r}\right)+\frac{\partial p}{\partial r}\right]\\&=\frac{1}{r}\left\{\frac{\partial}{\partial r}\left[\frac{\partial}{\partial r}(rp)\right]\right\}\\&=\frac{1}{r}\frac{\partial^2(rp)}{\partial r^2}\end{aligned}$$

代入前式，经整理后可得

$$\frac{\partial^2(rp)}{\partial r^2}=\frac{1}{c_0^2}\frac{\partial^2(rp)}{\partial t^2} \tag{7.1.18}$$

此即球坐标声波波动方程。可见，如果将乘积 rp 当作一个变量看待，该方程与直角坐标声波波动方程形式相同。

7.1.8　平面声波

在声波传播过程中，所有振动相位相同的点组成的面称为波阵面（或波前），波阵面形状是平面的波称为平面波。设想在无限均匀媒质里有一个无限大刚性平面沿法线方向来回振动，这时在空气中产生的显然是平面声波。平面波声场应按照下列一维波动方程求解：

$$\frac{\partial^2 p}{\partial x^2}=\frac{1}{c_0^2}\frac{\partial^2 p}{\partial t^2} \tag{7.1.19}$$

考虑到任意时间函数可以分解为许多不同频率简谐函数的叠加（或积分），根据分离变量法可假设方程的解具有如下简谐形式：

$$p(x,t)=p(x)\cdot e^{i\omega t} \tag{7.1.20}$$

式中：ω 为角频率（rad/s）。

将式（7.1.20）代入式（7.1.19），得出与声压空间分布 $p(x)$ 有关的常微分方程，即

$$\frac{d^2 p(x)}{dx^2}+k^2\cdot p(x)=0$$

式中：k 为波数，$k=\omega/c_0=2\pi/\lambda$。

将 $p(x)$ 写成复数形式为

$$p(x)=p_A\cdot e^{-i\omega t}+p_B\cdot e^{-i\omega t} \tag{7.1.21}$$

式中：p_A 和 p_B 为两个任意常数，由边界条件确定。

将式（7.1.21）代入式（7.1.20），得出声波波动方程的通解为

$$p(x,t)=p_A\cdot e^{i(\omega t-kx)}+p_B\cdot e^{i(\omega t+kx)} \tag{7.1.22}$$

上式右边第一项代表沿 x 轴正方向的行进波，第二项代表沿 x 轴负方向的行进波。现在讨论的是无限媒质中的声场，不存在边界反射，故第二项 $p_B=0$，上式变为

$$p(x,t)=p_A\cdot e^{i(\omega t-kx)} \tag{7.1.23}$$

式中：p_A 等于初始时刻（$t=0$ 时）声源处（$x=0$）的最大声压。

式（7.1.23）表示的正向行进波声压随时间和空间的变化关系如图 7.1.3 所示。设想经过 Δt 时间间隔后具有同样声压值的波阵面传播了距离 Δx，即要求满足

$$e^{i(\omega\Delta t-k\cdot\Delta x)}=1$$

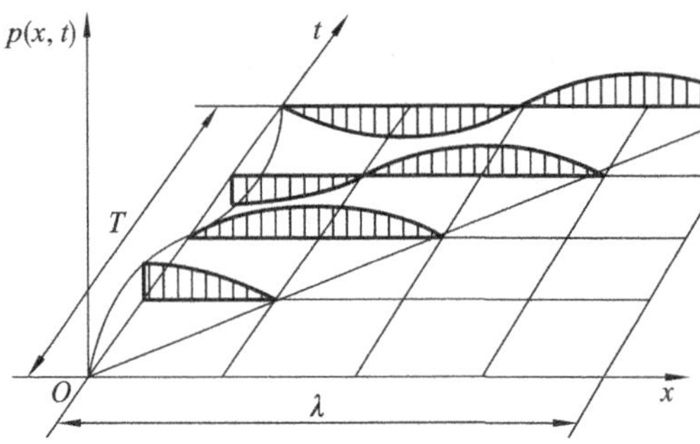

图 7.1.3　沿 x 轴正向行进波的声压分布

解得

$$\Delta x = \frac{\omega}{k} \cdot \Delta t = c \cdot \Delta t \tag{7.1.24}$$

上式说明 c 代表单位时间内波阵面传播的距离，也就是声波传播速度，简称声速。

据式(7.1.23)还可以深入讨论一下角频率 ω 和波数 k 的含义。角频率 ω 表示在时间域中每秒时间间隔对应的相位角变化($\omega=2\pi/T=2\pi f$)，振动频率 f 大，则 ω 大，表示每秒钟对应的振动相位差大。波数 k 表示在空间域中每米长度对应的相位角变化($k=2\pi/\lambda=2\pi f/c$)，振动频率 f 大，k 也大，表示每米长度对应的相位差也越大。因此从物理意义上讲，可以认为：ω 是时间域的角频率，而 k 则相当于空间域的角频率。

声阻抗率 Z_s 定义为声压 p 与质点速度 u 之比，即

$$Z_s = p/u \tag{7.1.25}$$

对于平面声波，声压为

$$p(x,t) = p_A \cdot e^{i(\omega t - kx)}$$

根据式(7.1.7)，质点速度为

$$u(x,t) = -\frac{1}{\rho_0}\int \frac{\partial p}{\partial x}dt = \frac{k}{\rho_0 \omega} \cdot p(x,t) = \frac{p(x,t)}{\rho_0 c}$$

所以平面波的声阻抗率为

$$Z_s = \frac{p(x,t)}{u(x,t)} = \rho_0 c \tag{7.1.26}$$

上式表明，在平面波自由声场中，声压与质点速度始终按照同相位变化，声阻抗率为实常数。数值 $\rho_0 c$ 称为媒质的特性阻抗。在一个大气压(10^5 Pa)、20 ℃条件下，$\rho_0=1.21$ kg/m^3，$c=343$ m/s，空气的特性阻抗 $\rho_0 c=415$ N · s/m^3。

7.1.9　声波的反射、折射与绕射

声波和光波相似，遇到不同媒质就要发生反射和折射，这里仅限于讨论平面声波。入射波、反射波与折射波的方向满足 Snell 定律，即

$$\frac{\sin\theta_i}{c_1} = \frac{\sin\theta_r}{c_1} = \frac{\sin\theta_t}{c_2} \tag{7.1.27}$$

式中：c_1 及 c_2 分别为媒质Ⅰ及Ⅱ中的声速；

θ_i 为入射角；

θ_r 为反射角；

θ_t 为折射角。

式(7.1.27)也可分别表达为

反射定律：入射角等于反射角，即

$$\theta_i = \theta_r \tag{7.1.28}$$

折射定律：入射角正弦与折射角正弦之比等于两种媒质中声速之比，即

$$\frac{\sin\theta_i}{\sin\theta_t} = \frac{c_1}{c_2} \tag{7.1.29}$$

两种媒质中声速如果不同，声波传入媒质Ⅱ中时方向就会改变。

关于入射波、反射波与折射(或透射)波之间的振幅关系，可以根据分界面上的边界条件求出。分界面两边的声压与法向质点速度应该连续，即有

$$p_i = p_r = p_t \tag{7.1.30}$$

$$u_i \cdot \cos\theta_i + u_r\cos\theta_r = u_t\cos\theta_t \tag{7.1.31}$$

式中：p 为声压；

u 为质点速度；

下标 i、r、t 分别表示入射波、反射波与透射波。

由式(7.1.30)及式(7.1.31)可求出反射波与入射波振幅之比，称为声压反射系数 γ，即

$$\gamma = \frac{p_r}{p_i} = \left(\frac{\rho_2 c_2}{\cos\theta_t} - \frac{\rho_1 c_1}{\cos\theta_i}\right)\Big/\left(\frac{\rho_2 c_2}{\cos\theta_t} + \frac{\rho_1 c_1}{\cos\theta_i}\right) \tag{7.1.32}$$

透射波与入射波振幅之比称为声压透射系数 τ，即

$$\tau = \frac{p_t}{p_i} = 2\,\frac{\rho_2 c_2}{\cos\theta_t}\Big/\left(\frac{\rho_2 c_2}{\cos\theta_t} + \frac{\rho_1 c_1}{\cos\theta_i}\right) \tag{7.1.33}$$

声波在传播过程中遇到障碍物时，能绕过障碍物而引起声波传播方向的改变，这种现象称为声波的衍射或绕射。平面声波通过缝隙后波阵面不再是平面，在缝的中部波的传播方向不变，缝两端的声线则产生弯曲。缝越窄，波长越大，波阵面就越弯曲，绕射现象越显著。

7.2　声场描述

7.2.1　声压、声强、声能密度、声功率

声压是声场内某点空气绝对压力与平衡状态压力之差。一般测量的是声压的均方根值，也称为有效声压，即

$$p_{rms} = \sqrt{\frac{1}{T}\int_0^T p^2(t)\cdot \mathrm{d}t} \tag{7.2.1}$$

对于简谐波有

$$p = p_{rms} = p_m/\sqrt{2} \tag{7.2.2}$$

式中：p_m 为声压幅值。

声强定义为垂直于传播方向单位面积上通过的声能量流速率，即单位时间单位面积上通过的能量流，单位为 $J/(s\cdot m^2)$。由定义可写出瞬时声强为

$$I(t) = p(t)\cdot u(t) \tag{7.2.3}$$

式中：$p(t)$ 为声压；

$u(t)$为质点速度。

将上式对时间取平均值，得平均声强为

$$I = \frac{1}{T}\int_0^T p(t)\cdot u(t)\mathrm{d}t \tag{7.2.4}$$

对于自由场中的平面声波，声压和质点速度分别为

$$p(x,t) = \mathrm{Re}\{p_{\mathrm{m}}\cdot \mathrm{e}^{\mathrm{i}(\omega t - kx)}\} = p_{\mathrm{m}}\cdot\cos(\omega t - kx)$$

$$u(x,t) = \mathrm{Re}\left\{\frac{p_{\mathrm{m}}}{\rho_0 c_0}\cdot \mathrm{e}^{\mathrm{i}(\omega t - kx)}\right\} = \frac{p_{\mathrm{m}}}{\rho_0 c_0}\cos(\omega t - kx)$$

将以上两式代入式(7.2.4)，得平面波的平均声强为

$$I = \frac{p_{\mathrm{m}}^2}{2\rho_0 c_0} = \frac{p_{\mathrm{rms}}^2}{\rho_0 c_0} \tag{7.2.5}$$

有必要指出，声强实质上是一个矢量，它不仅有大小，而且有方向。在固体结构振动与声辐射关系的研究中，利用测量出的声强矢量分布图，可以清楚地表示出声能的强度与流向。声强矢量 $\boldsymbol{I}$ 的方向取决于质点速度 $\boldsymbol{u}$ 的方向，即有

$$\boldsymbol{I} = p\cdot\boldsymbol{u} \tag{7.2.6}$$

声能密度是声场中单位体积的声能，包含媒质质点的动能和势能。设流体元体积为 υ_0，动能为 V，势能为 U。在远离声源处，多数声波都近似于平面波。对于自由场中的平面波，单位体积的动能为

$$\frac{V}{\upsilon_0} = \frac{1}{2}\rho_0 u^2 = \frac{p^2}{2\rho_0 c_0^2} \tag{7.2.7}$$

当流体元体积由 υ_0 变为 υ_1 时，得到势能

$$U = -\int_{\upsilon_0}^{\upsilon_1} p\mathrm{d}\upsilon \tag{7.2.8}$$

式中负号是考虑正压力使体积减小的缘故。由密度 $\rho = m/\upsilon$ 得

$$\mathrm{d}\rho = -\frac{m}{\upsilon}\mathrm{d}\upsilon$$

将绝热过程关系式 $\partial P/\partial\rho = \gamma P/\rho$ 代入上式，得

$$\mathrm{d}\upsilon = -\frac{\upsilon}{\gamma P_0}\mathrm{d}p$$

对于压力和体积的微小变化，上式可近似为

$$\mathrm{d}\upsilon = -\frac{\upsilon_0}{\gamma P_0}\mathrm{d}p \tag{7.2.9}$$

将上式代入式(7.2.8)，从 0 至 p 积分，得单位体积势能为

$$\frac{U}{\upsilon_0} = \frac{p^2}{2\gamma P_0} = \frac{p^2}{2\rho_0 c_0^2} \tag{7.2.10}$$

式中 $c_0^2 = \gamma P_0/\rho_0$。

单位体积总声能为动能与势能之和，故得瞬时声能密度为

$$\varepsilon(t) = \frac{V+U}{\upsilon_0} = \frac{p^2(t)}{\rho_0 c_0^2} \tag{7.2.11}$$

平均声能密度可由上式对时间积分得出

$$\varepsilon = \frac{1}{T}\int\frac{p^2(t)}{\rho_0 c_0^2}\mathrm{d}t = \frac{p_{\mathrm{rms}}^2}{\rho_0 c_0^2} \tag{7.2.12}$$

将上式与式(7.2.5)比较可见，声强与声能密度存在下述关系：

$$I = \varepsilon \cdot c_0 \tag{7.2.13}$$

声功率是声源发出的总功率，等于声强在与声能流方向垂直表面上的面积分，即

$$W = \int_s I \mathrm{d}S \tag{7.2.14}$$

必须指出，声压或声强表示的是声场中声波的点强度，对于非平面波的一般声场，它们随测点至声源距离的增加而减小，同时还受到周围声学环境（比如房间边界反射引起的混响效应）的影响。而声功率表示声源辐射的总强度，它与测量距离及测点的具体位置无关，所以在机械噪声源的声学特性参数中声功率具有更好的可对比性。

7.2.2　声压级、声强级、声功率级

人耳可听声的动态范围很大，声压上下相差 100 万倍。但是听觉感受到的响度大小并不与绝对声压成正比，而是与绝对声压比的对数值成一定比例。为了反映上述特点，从电工学中引入反映倍比关系的对数量——“级”来表示声音的强弱，这就是声压级、声强级和声功率级。定义如下（lg 表示以 10 为底的常用对数）：

声压级

$$L_p = 10\lg\left(\frac{p}{p_0}\right)^2 = 20\lg\frac{p}{p_0}(\mathrm{dB}) \tag{7.2.15}$$

声强级

$$L_I = 10\lg\frac{I}{I_0}(\mathrm{dB}) \tag{7.2.16}$$

声功率级

$$L_W = 10\lg\frac{W}{W_0}(\mathrm{dB}) \tag{7.2.17}$$

式中：基准声压 $p_0 = 20\ \mu\mathrm{Pa}$，基准声强 $I_0 = 10^{-12}\ \mathrm{W/m^2}$，基准声功率 $W_0 = 10^{-12}\ \mathrm{W}$。

L_p、L_I 和 L_W 的单位都是 dB（分贝），是来源于电信工程的无量纲相对单位，大小等于两个具有功率量纲的量的比值的常用对数的 1/10。

下面考察声强级与声压级的关系，即

$$\begin{aligned} L_I &= 10\lg\frac{I}{I_0} = 10\lg\frac{p^2}{\rho_0 c_0 I_0} \\ &= 10\lg\left(\frac{p}{p_0}\right)^2 + 10\lg\frac{p_0^2}{\rho_0 c_0 I_0} \\ &= L_p - 10\lg k \end{aligned} \tag{7.2.18}$$

式中：k 取决于环境条件。一个大气压（10^5 Pa）、20 ℃时空气特性阻抗 $\rho_0 c = 415\ \mathrm{N \cdot s/m^3}$，$k = 415/400 = 1.038$，$10\lg k = 0.16$ dB。在工程中 0.16 dB 可以忽略不计，因此常温下声强级近似等于声压级。

声功率是声强的面积分，因此声功率级与声强级的关系为

$$L_W = 10\lg\frac{W}{W_0} = 10\lg\frac{I \cdot S}{I_0 \cdot S_0} \tag{7.2.19}$$

式中：基准声功率 $W_0 = 10^{-12}$ W，基准面积 $S_0 = 1\ \mathrm{m^2}$。

7.2.3　噪声叠加

设两个声源共同作用的声场中某点由各声源单独产生的声压分别为 p_1 和 p_2，则总声

压为

$$p = p_1 + p_2 \tag{7.2.20}$$

总声压的时间均方值为

$$\begin{aligned}\overline{p}^2 &= \frac{1}{T}\int_0^T p^2 \mathrm{d}t = \frac{1}{T}\int_0^T (p_1 + p_2)^2 \mathrm{d}t \\ &= \frac{1}{T}\int_0^T p_1^2 \mathrm{d}t + \frac{1}{T}\int_0^T p_2^2 \mathrm{d}t + \frac{2}{T}\int_0^T p_1 \cdot p_2 \mathrm{d}t \\ &= \overline{p}_1^2 + \overline{p}_2^2 + \frac{2}{T}\int_0^T p_1 \cdot p_2 \mathrm{d}t \end{aligned} \tag{7.2.21}$$

式中：$\overline{p}^2$ 表示 p^2 的时间平均值。设

$$\begin{aligned} p_1 &= p_{1m} \cdot \cos(\omega_1 t - \varphi_1) \\ p_2 &= p_{2m} \cdot \cos(\omega_2 t - \varphi_2) \end{aligned} \tag{7.2.22}$$

下面分两种情况进行讨论。

1. 两个频率相同的单频声源

当 $\omega=\omega_1=\omega_2$ 时，式(7.2.21)右边第三项为

$$\frac{2}{T}\int_0^T p_{1m} \cdot p_{2m} \cdot \cos(\omega t - \varphi_1) \cdot \cos(\omega t - \varphi_2) \mathrm{d}t \neq 0$$

此时将会产生干涉现象，两个声压的合成结果与它们之间的相位差密切相关。如果相位相同，叠加后该点声压为单个声源产生声压的两倍，总声压级比单个声源声压级高 6 dB；若两个声源相位正好相反，则该点总声压为零，声压级为负无穷。一般情况介于上述两个极端情形之间。利用声程差消声或有源消声（噪声主动控制）的根据就是上述反相同频率声波的相消干涉原理。

2. 若干不相关声源

对于两个声源，此时 $\omega_1 \neq \omega_2$，根据三角函数系的正交性，式(7.2.21)中右边第三项为

$$\frac{2}{T}\int_0^T p_{1m} \cdot p_{2m} \cdot \cos(\omega_1 t - \varphi_1) \cdot \cos(\omega_2 t - \varphi_2) \mathrm{d}t = 0$$

因此有

$$\overline{p}^2 = \overline{p}_1^2 + \overline{p}_2^2 \tag{7.2.23}$$

对于多个不相干声源，总均方声压为

$$p^2 = \sum_{i=1}^{n} p_i^2 \tag{7.2.24}$$

因此，除同频率声源的特殊情况外，多数场合的噪声都适用能量相加法则。总声压级计算如下：

$$L = 10\lg\left(\frac{p}{p_0}\right)^2 = 10\lg\left(\sum_{i=1}^{n} 10L_{i/10}\right) \tag{7.2.25}$$

若干个噪声平均值的计算也按照能量平均法则，设有 n 个声压级 L_{pi}，则平均声压级 $\overline{L}_p$ 如下：

$$\overline{L}_p = 10\lg\left(\frac{1}{n}\sum_{i=1}^{n} 10L_{pi/10}\right) \tag{7.2.26}$$

7.2.4　噪声的频谱分析

声波在传播过程中，由于阻尼的存在，强度（幅值）会衰减，但频率不会改变。频谱分析能

表示出噪声中含有的频率成分。将它们与机械部件及机构的参数(例如齿轮的转数与齿数、通风机的转速与叶片数、柴油机的转速与缸数等)联系起来分析,成为进行噪声源识别的有力工具。噪声频谱分析主要有 1/1 或 1/3 倍频带分析以及恒定带宽窄带分析两种。

1. 1/1 或 1/3 倍频带频谱分析

应用恒定百分比带宽滤波器,其幅频特性曲线如图 7.2.1 所示。f_0 为滤波器中心频率,从 f_0 处幅值下降 3 dB 对应的是下限截止频率 f_1 和上限截止频率 f_2。滤波器带宽为

$$B = f_2 - f_1 \tag{7.2.27}$$

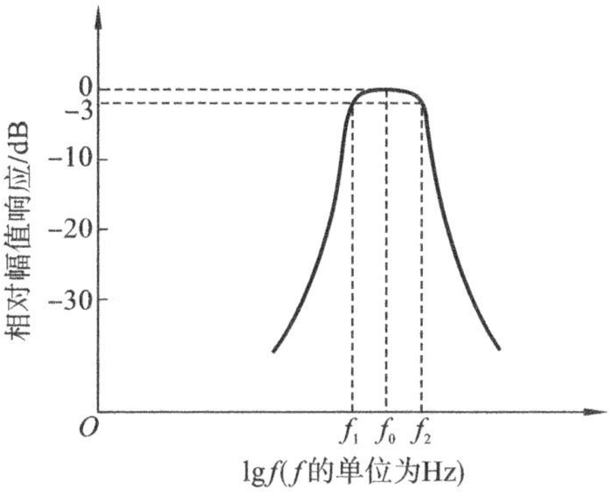

图 7.2.1　1/1 或 1/3 倍频带滤波器幅频特性

设相邻两个滤波器"窗口"中心频率之比为

$$(f_0)_{i+1}/(f_0)_i = 2^n \tag{7.2.28}$$

式中 $n=1$ 时为 1/1 倍频带滤波器,$n=1/3$ 时为 1/3 倍频带滤波器。上、下截止频率与中心频率的关系为

$$\frac{f_2}{f_0} = \frac{f_0}{f_1} \tag{7.2.29}$$

式(7.2.29)表明,f_0 是 f_1 和 f_2 的几何中心而不是算术中心。当横坐标采用对数标尺 lg$f$ 时,f_0 才为 f_1 和 f_2 的中点。由于相邻两个滤波器首尾相接,即$(f_1)_{i+1}=(f_2)_i$,$i=1,2,3,\cdots$,故有

$$\frac{f_2}{f_1} = 2^n \tag{7.2.30}$$

滤波器带宽 B 与中心频率 f_0 之比称为相对带宽,即

$$\frac{B}{f_0} = \frac{f_2 - f_1}{f_0} = 2^{n/2} - 2^{-n/2}$$

对于 1/1 倍频带滤波器:$n=1$,$B/f_0=70.7\%$;

对于 1/3 倍频带滤波器:$n=1/3$,$B/f_0=23\%$。

由此可见,每一个 1/1 倍频带带宽包含着 3 个 1/3 倍频带。表 7.2.1 所示为 1/1 倍频带和 1/3 倍频带的中心频率及上、下限截止频率。

2. 恒定带宽窄带频谱分析

随着数字信号处理技术及微型计算机的发展,各种 FFT(快速傅里叶变换)分析仪或信号处理机都实现了数字化的恒定带宽窄带分析,带宽为 50 Hz、10 Hz、5 Hz 或更细。在百分比带宽分析中,中心频率越高,对应的带宽越大,得出的数据越粗糙。而在恒定带宽分析中,高频域仍然保持同样的带宽,故可以达到很高的分析精度。

表 7.2.1　1/1 及 1/3 倍频带频率表

1/1 倍频带			1/3 倍频带		
下限截止频率/Hz	中心频率/Hz	上限截止频率/Hz	下限截止频率/Hz	中心频率/Hz	上限截止频率/Hz
11	16	22	14.1 17.8 22.4	16 20 25	17.8 22.4 28.2
22	31.5	44	28.2 35.5 44.7	31.5 40 50	35.5 44.7 56.2
44	63	88	56.2 70.8 89.1	63 80 100	70.8 89.1 112
88	125	177	112 141 178	125 160 200	141 178 224
177	250	355	224 282 355	250 315 400	282 355 447
355	500	710	447 562 708	500 630 800	562 708 891
710	1 000	1 420	891 1 122 1 413	1 000 1 250 1 600	1 122 1 413 1 778
1 420	2 000	2 840	1 778 2 239 2 818	2 000 2 500 3 150	2 239 2 818 3 548
2 840	4 000	5 680	3 548 4 467 5 623	4 000 5 000 6 300	4 467 5 623 7 079
5 680	8 000	11 360	7 079 8 913 11 220	8 000 10 000 12 500	8 913 11 220 14 130
11 360	16 000	22 720	14 130 17 780	16 000 20 000	17 780 22 390

必须强调指出，频谱数据表示的是某中心频率对应的分析带宽内的总能量级，数值上等于频谱密度与带宽的乘积。因此，提供频率分析结果一定要同时说明属于哪一类频谱，只有同类频谱方可比较。例如，同一个噪声信号的 1/3 倍频带数据肯定小于 1/1 倍频带数据，因为频谱密度相同，而前者带宽仅为后者带宽的 1/3。

7.2.5 声阻抗

声阻抗 Z_A 定义为声压 p(Pa)与体积速度 $U(m^3/s)$之比，即

$$Z_A = \frac{p}{U} \tag{7.2.31}$$

式中：$U=u \cdot S$，其中 u 为质点振动速度，S 为声学元件横截面面积。由于声压与体积速度成正比，两者的幅值都随声波的强弱变化而变化，但是它们的比值保持不变。因此声阻抗反映声学系统或元件本身的固有特性。一般来讲，声压与体积速度之比是一个复数，分为实部 R_A 和虚部 X_A 两部分，即

$$Z_A = R_A + iX_A \tag{7.2.32}$$

式中：实部 R_A 表示声阻，相当于电学中的电阻，声阻越大，声传播中的能量损耗也越多；虚部 X_A 表示声抗，相当于电学中的电抗，代表储存能量能力的大小。声抗由声质量 M_A（相当于电学中的电感）及声顺 C_A（相当于电学中的电容）作用引起。

在声学系统中，由于媒质具有惯性，它对任何体积速度的变化都会产生反抗作用，代表这种作用的声学元件为声质量 M_A。根据牛顿第二定律有

$$p \cdot S = m \cdot \frac{du}{dt} = \frac{m}{S}\frac{dU}{dt}$$

即

$$p = \left(\frac{m}{S^2}\right)\frac{dU}{dt} = M_A \cdot \frac{dU}{dt} \tag{7.2.33}$$

式中声质量为

$$M_A = \frac{m}{S^2}$$

例如，截面面积为 S、长度为 l 的短管，其声质量 $M_A=\rho lS/S^2=\rho l/S$。对于单频声波，设 $U=U_0 \cdot e^{i\omega t}$，则 $dU/dt=i\omega U$，代入式(7.2.33)有

$$p = i\omega M_A \cdot U \tag{7.2.34}$$

式中 $i\omega M_A$ 称为惯性声抗。

再看声顺。在声学系统中由于媒质具有弹性，它对声压引起的体积变化（称为体积位移 x_A，单位为 m^3）将起反抗作用。表示这种作用大小的倒数的为声学元件声顺 C_A，即

$$p = \frac{1}{C_A} \cdot x_A \tag{7.2.35}$$

对于单频声波，$x_A = x_{A0} \cdot e^{i\omega t}$，$U = \frac{dx_A}{dt} = i\omega x_A$，$x_A = \frac{U}{i\omega}$，故有

$$p = \frac{U}{i\omega C_A} \tag{7.2.36}$$

式中 $1/(i\omega C_A)$称为弹性声抗。

声学系统中的空腔就是声顺元件，下面求空腔的声顺。

声传播过程符合理想气体绝热压缩定律，即

$$\frac{P}{P_0} = \left(\frac{V_0}{V}\right)^{\gamma}$$

式中：绝对压力 $P = P_0 + p$；

体积 $V = V_0 - \mathrm{d}V$；

P_0、V_0 分别为平衡状态的压力和体积，$\mathrm{d}V$ 是在声压 p 作用下的体积改变量，即体积位移 $x_A(\mathrm{m}^3)$；

γ 为比热比。

上式可改写为

$$\frac{P_0 + p}{P_0} = \left(1 - \frac{\mathrm{d}V}{V_0}\right)^{-\gamma}$$

按照泰勒级数展开，得

$$1 + \frac{p}{P_0} = 1 + \gamma \frac{\mathrm{d}V}{V_0} + \cdots$$

忽略高阶微量后，得

$$p = \gamma P_0 \frac{\mathrm{d}V}{V_0} = \gamma P_0 \frac{x_A}{V_0}$$

与式(7.2.35)比较后得声顺

$$C_A = \frac{V_0}{\gamma P_0} = \frac{V_0}{\rho_0 c_0^2}$$

此式说明空腔的声顺只与容积 V_0 有关，而与空腔的具体形状无关。

需要指出，上述分析中提到的短管、空腔等声学元件的几何尺寸都必须远小于波长，只有这样才能把它们当作集总元件处理。当元件尺寸接近或大于波长时，应作分布参数系统处理，问题就要复杂得多。

类似地，在声学系统中以体积位移 x_A 表示的声压 p 的平衡方程为

$$M_A \frac{\mathrm{d}^2 x_A}{\mathrm{d}t^2} + R_A \frac{\mathrm{d}x_A}{\mathrm{d}t} + \frac{x_A}{C_A} = p_0 \cdot \mathrm{e}^{\mathrm{i}\omega t} \tag{7.2.37}$$

改用体积速度 $U = \mathrm{d}x_A/\mathrm{d}t$ 表示，上式变为

$$\mathrm{i}\omega M_A \cdot U + R_A \cdot \frac{\mathrm{d}x_A}{\mathrm{d}t} + \frac{x_A}{C_A} = p_0 \cdot \mathrm{e}^{\mathrm{i}\omega t} \tag{7.2.38}$$

同样，在声学中由式(7.2.38)得声阻抗 Z_A 的表达式为

$$Z_A = \frac{p}{U} = R_A + \mathrm{i}\omega M_A - \mathrm{i}\frac{1}{\omega C_A}$$

图 7.2.2 所示为由一个空腔和一根短管组成的声学系统，称为亥姆霍兹共振器。设短管的有效长度为 l_k（对于圆孔 $l_k = l + 0.8d$，d 为孔径），截面面积为 S，空腔容积为 V，则短管的声阻抗为

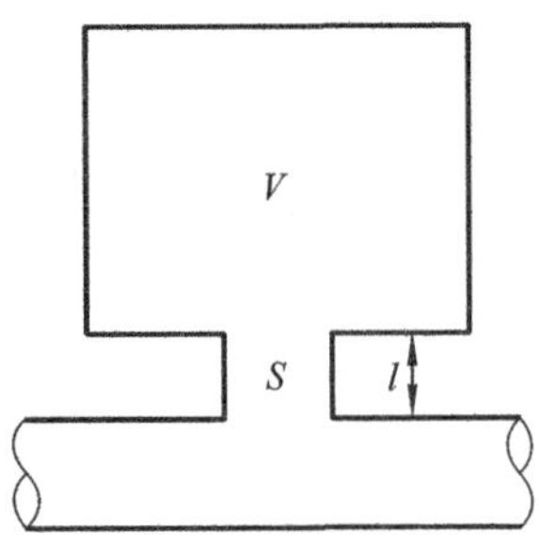

图 7.2.2　亥姆霍兹共振器

$$Z_{A1} = \mathrm{i}\omega M_A = \mathrm{i}\omega \frac{\rho_0 l_k}{S}$$

空腔的声阻抗为

$$Z_{A2} = \frac{1}{\mathrm{i}\omega C_A} = \frac{\rho_0 c_0^2}{\mathrm{i}\omega V}$$

整个系统的声阻抗为

$$Z_A = Z_{A1} + Z_{A2} = i\omega \frac{\rho_0 l_k}{S} + \frac{\rho_0 c_0^2}{i\omega V}$$

当系统发生共振时声阻抗为零，即

$$\frac{\omega \rho_0 l_k}{S} - \frac{\rho_0 c_0^2}{\omega V} = 0$$

解出系统共振频率为

$$f_r = \frac{\omega}{2\pi} = \frac{c_0}{2\pi}\sqrt{\frac{S}{V l_k}} \tag{7.2.39}$$

在 7.1.8 节中由式(7.1.25)定义的声阻抗率 Z_s 是声阻抗 Z_A 与横截面面积 S 的乘积，即有关系式

$$Z_s = \frac{p}{u} = Z_A \cdot S \tag{7.2.40}$$

思 考 题

1. 假设有一个无限导管，如题图 7.1 所示，在 x_0 处有激励源。求管道内声压和质点速度分布。

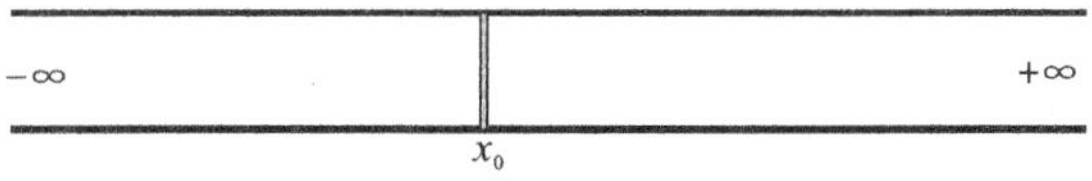

题图 7.1

2. 假设在 $x=0$ 处有一个初级单极源 p_p，在下游 $x=L$ 处有一个控制单极源 p_c，两个源均处于无限导管中，如题图 7.2 所示，试计算其压力分布的振幅。

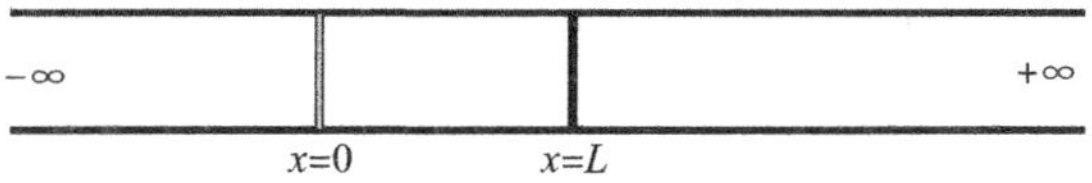

题图 7.2

3. 如题图 7.3 所示，考虑位于上游的初级源的反射影响。初级源和控制源分别位于 $x=x_0$ 和 $x=L$ 处，吸收表面在 $x=x_0$ 处有一个复杂的反射系数 R，试分析管道内的压力分布。

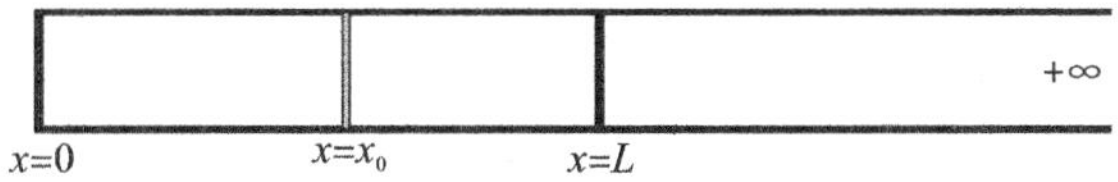

题图 7.3

4. 如题图 7.4 所示，在 $x=0$ 和 $x=L$ 处分别设初级源和控制源，试分析有限管道内的声压和声能分布。

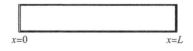

题图 7.4

第8章　声源模型及声场特性

8.1 声源模型

机械噪声源辐射的声场一般比较复杂，但是从工程角度考虑，尤其是研究噪声源远场特性时，往往可以由单极子、偶极子、四极子等简单声源模型来表示。

8.1.1 单极子源

设媒质中有一个均匀脉动球进行声辐射，波阵面为同心球面，这种声源模型称为单极子源，是一种体积源。由于它具有球对称的特点，以球坐标表示的波动方程可简化为

$$\frac{\partial^2 (rp)}{\partial r^2} - \frac{1}{c_0^2}\frac{\partial^2 (rp)}{\partial t^2} = 0 \tag{8.1.1}$$

式中：r 为至球心的距离，将乘积 rp 看作是一个变量，对照平面声波波动方程的解，可直接得出式(8.1.1)的解为

$$rp = f_1(c_0 t - r) + f_2(c_0 t + r)$$

即

$$p = \frac{1}{r} f_1(c_0 t - r) + \frac{1}{r} f_2(c_0 t + r) \tag{8.1.2}$$

式中：右边第一项表示由球心向外传播的波，这是需要研究的；右边第二项表示由外向球心传播的波，在自由声场条件下可忽略。设式(8.1.1)的解具有下列简谐形式：

$$p = \frac{A}{r}\cos(\omega t - kr + \varphi_1) \tag{8.1.3}$$

式中：A 为由源强度决定的声压振幅，它与脉动球球面上的振幅及其面积有关。根据球坐标运动方程

$$\rho_0 (\partial u / \partial t) + \partial p / \partial r = 0$$

可得出质点速度为

$$u(r,t) = \frac{Ak}{\rho_0 \omega r}\cos(\omega t - kr + \varphi_1) + \frac{A}{\rho_0 \omega r^2}\sin(\omega t - kr + \varphi_1) \tag{8.1.4}$$

在距离很远(r 很大)处，式(8.1.4)中右边第二项可以忽略，此时质点速度与声压同相位，并符合 $p/u = \rho_0 c_0$ 的关系(注意 $k = \omega / c_0$)。但在距离很近时这一项不可忽略，u 值显著增大，并且以正弦函数为主导，u 与 p 几乎成 90°相角关系，故声强为

$$I = \frac{1}{T}\int_0^T pu\,\mathrm{d}t = \frac{1}{2}\frac{A^2}{\rho_0 c_0 r^2}$$

均方声压为

$$p^2 = p_{\mathrm{rms}}^2 = \frac{1}{T}\int_0^T p^2\,\mathrm{d}t = \frac{1}{2}\frac{A^2}{r^2}$$

因而与平面波一样，有

$$I = \frac{p^2}{\rho_0 c_0} \tag{8.1.5}$$

由式(8.1.3)和式(8.1.5)可见，球面波的声压与距离成反比，声强与距离平方成反比，距离增加一倍，声压级降低 6 dB，这称为反平方定律。

声源辐射的总功率为

$$W_m = 4\pi r^2 I = \frac{2\pi A^2}{\rho_0 c_0} \tag{8.1.6}$$

设脉动球半径为 a，表面振动速度幅值为 u，则声源体积速度值为 $Q=4\pi a^2 u$，这也就是体积源的源强度。球表面的质点速度为

$$u(a,t) = \frac{Ak}{\rho_0 \omega a}\cos(\omega t - ka + \varphi_1) + \frac{A}{\rho_0 \omega a^2}\sin(\omega t - ka + \varphi_1)$$

设球半径很小，或频率很低，$ka=1$，上式中第一项可以忽略，因而

$$u = \frac{A}{\rho_0 \omega a^2} \tag{8.1.7}$$

$$Q = 4\pi a^2 u = \frac{4\pi A}{\rho_0 \omega} \tag{8.1.8}$$

$$p = \frac{\rho_0 f Q}{2r}\cos(\omega t - kr + \varphi_1) \tag{8.1.9}$$

$$W_m = \frac{\pi \rho_0 f^2 Q^2}{2c_0} = \frac{\rho_0 c_0 k^2 Q^2}{8\pi} \tag{8.1.10}$$

这就是单极子源(点声源)的辐射公式，任何形状的声源，只要尺寸比波长小得多，或者考虑的频率很低，满足条件 $ka=1$，都可以看作点声源。除脉动球以外，装在吸声及隔声性能良好的音箱内的扬声器，以及稳态喷口等在低频时都可近似地看作这种无指向性的点声源。

8.1.2　偶极子源

两个源强度皆为 Q 的单极子源相距 $l(l \ll \lambda)$ 并以反相位振动组合而成的声源称为偶极子源，如图 8.1.1 所示，由于其中两个单极子的振动相反，因此通过包含该偶极子在内的球面的净质量流为零。

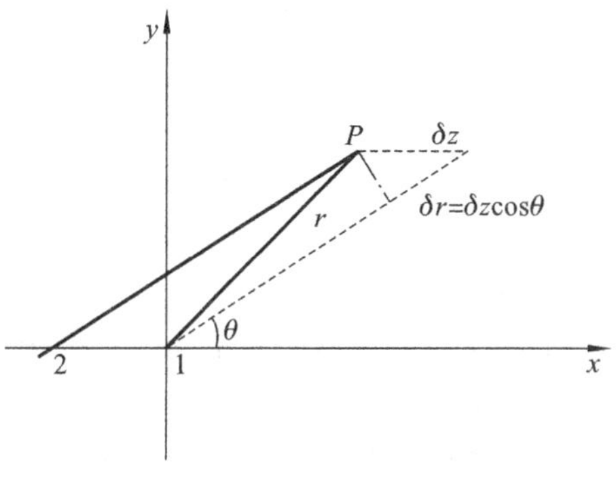

图 8.1.1　偶极子源

然而由于两个脉动球的运动相反，形成一个沿 z 方向的脉动力，因此偶极子源是一种脉动力源。单个扬声器振动膜对空气的推力或风扇叶片转动时对空气的作用力都是偶极子源的例子。

图 8.1.1 中 P 点的声压应为源 1 和源 2 产生声压的叠加。源 1 产生的声压为

$$p_1 = \frac{A}{r}\cos(\omega t - kr)$$

源 2 产生的声压为

$$p_2 = -\left(p_1 + \frac{\partial p_1}{\partial z}\cdot \delta z\right)$$

式中：$\delta z = l$ 为两点源之间的距离。而

$$\frac{\partial p_1}{\partial z} = \frac{\partial p_1}{\partial r}\cdot \cos\theta$$

故 P 点的总声压为

$$\begin{aligned} p = p_1 + p_2 &= -\frac{\partial p_1}{\partial r}\cos\theta \cdot l \\ &= \frac{Al\cos\theta}{r}\left[\frac{1}{r}\cos(\omega t - kr) - k\sin(\omega t - kr)\right] \end{aligned} \tag{8.1.11}$$

根据运动方程 $-\partial p/\partial r = \rho_0(\partial u/\partial t)$ 可求出质点速度为

$$u = \frac{Al\cos\theta}{\omega\rho_0}\left[\frac{2}{r^3}\sin(\omega t - kr) + \frac{2k}{r^2}\cos(\omega t - kr) - \frac{k^2}{r}\sin(\omega t - kr)\right] \tag{8.1.12}$$

在 P 点声强为

$$I = \frac{1}{T}\int_0^T pu\,\mathrm{d}t = \frac{(Al)^2}{2\rho_0 c_0}\frac{k^2}{r^2}\cos^2\theta \tag{8.1.13}$$

在声源附近，$kr \ll 1$，式(8.1.11)右边以第一项为主，均方声压为

$$p^2 = \frac{1}{T}\int_0^T \left(\frac{Al\cos\theta}{r^2}\right)^2 \cos^2(\omega t - kr)\mathrm{d}t = \frac{(Al)^2}{2}\frac{1}{r^4}\cos^2\theta \tag{8.1.14}$$

而在远场区，$kr \gg 1$，式(8.1.11)右边以第二项为主，均方声压为

$$p^2 = \frac{1}{T}\int_0^T \left(\frac{Al\cos\theta}{r}\right)^2 \sin^2(\omega t - kr)\mathrm{d}t = \frac{(Al)^2}{2}\frac{k^2}{r^2}\cos^2\theta \tag{8.1.15}$$

将上式代入式(8.1.13)，得到远场区的声强为

$$I = \frac{p^2}{\rho_0 c_0} \tag{8.1.16}$$

这与平面波中的关系式相同。

偶极子源声场有以下特点：

(1) 偶极子源在自由空间产生的声场具有指向性，$p = p(\theta)$。在 $\theta = \pm 90°$ 方向，从两个点源来的声波幅值相等、相位相反，因而全部抵消，合成声压为零，而在 $\theta = 0°$ 及 $180°$ 方向上合成声压最大，形成“∞”形反指向性图案。

(2) 偶极子源产生的声场在近场区与远场区有不同的发散规律，在近场区 p 与 $1/r^2$ 成正比，声压衰减很快；而在远场区 p 与 $1/r$ 成正比。

(3) 在近场区声强与声压的关系比较复杂。只在远场区有 $I = p^2/(\rho_0 c_0)$ 的关系存在，方可通过测量声压计算声强。

偶极子源发出的声功率为

$$W_a = \int_0^{2\pi}\int_0^{\pi} Ir^2 \sin\theta \mathrm{d}\theta \mathrm{d}\varphi$$

将式(8.1.13)代入得

$$W_a = \int_0^{2\pi}\int_0^{\pi} \frac{(Al)^2}{2\rho_0 c_0} \frac{k^2}{r^2}\cos^2\theta \cdot r^2 \cdot \sin\theta d\theta d\varphi = \frac{2}{3}\pi k^2 \frac{(Al)^2}{\rho_0 c_0}$$

再将式(8.1.8)代入，可得

$$W_a = \frac{\rho_0 c_0 k^4 (Ql)^2}{24\pi} \tag{8.1.17}$$

将式(8.1.17)与式(8.1.10)比较，得出在单个源的源强度相等的情况下，偶极子源与单极子源辐射声功率之比为

$$\frac{W_a}{W_m} = \frac{k^2 l^2}{3} \tag{8.1.18}$$

低频时 $kr \ll 1$，所以 $W_a \ll W_m$，偶极子源的辐射效率比单极子源低，这就说明了为什么低频时不带音箱的扬声器辐射效率很差的原因。

8.1.3　实际声源的指向性

描述实际声源的指向性有以下两个量。

1. 指向性因数 DF

DF 指在远场距离 r 处，方位角 θ、φ 的均方声压 $p_{\theta,\varphi}^2$ 与具有同样声功率无指向性声源在 r 处均方声压 p^2(即 $p_{\theta,\varphi}^2$ 沿所有 θ、φ 方位的平均值)之比，即

$$\mathrm{DF} = \frac{p_{\theta,\varphi}^2}{p^2} = \frac{I_{\theta,\varphi}}{\bar{I}} \tag{8.1.19}$$

式中：$I_{\theta,\varphi}$ 与 $\bar{I}$ 为相应的声强。

2. 指向性指数 DI

指向性指数 DI 表示某一方位上的声压级与平均声压级的级差，即

$$\mathrm{DI} = 10\lg \mathrm{DF} = L_{\theta,\varphi} - L(\mathrm{dB}) \tag{8.1.20}$$

式中：$L_{\theta,\varphi}$ 与 L 分别为与均方声压 $p_{\theta,\varphi}^2$ 和 p^2 对应的声压级。

8.2　自由场中的声传播

当声源处于自由场中时，随着传播距离的增加，波阵面面积不断扩大，声能分散，声强随距离增大而衰减。另外，由于媒质存在黏滞性等，传播过程将有一部分声能被媒质吸收，声压级会进一步衰减。

8.2.1　声波的扩散

将声源分为点声源、线声源和面声源，图 8.2.1 所示为这三类声源随距离衰减的规律。

1. 点声源

当声源尺寸相对声波波长很小时可视为点声源，如果点声源悬于空中向四面八方均匀辐射，此时产生的是球面波。假定媒质中没有能量损耗，声功率 W 保持为常数。在以 r 为半径的球面上声强 $I = W/4\pi r^2$，两边取对数，得

$$10\lg \frac{I}{10^{-12}} = 10\lg \frac{W}{10^{-12}} - 10\lg(4\pi r^2)$$

即

$$L_p = L_I = L_W - 20\lg r - 11 \tag{8.2.1}$$

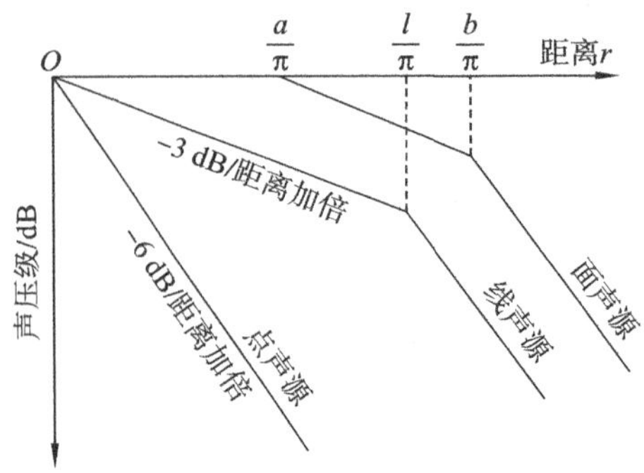

图 8.2.1 三种声源模型的声场衰减规律

此即点声源发出球面波时声压级与距离 r 的关系式。当点声源置于刚性反射平面上时，声源辐射的是半球面波，声强 $I=W/2\pi r^2$，相应的声压级为

$$L_p = L_W - 20\lg r - 8 \tag{8.2.2}$$

由式(8.2.1)和式(8.2.2)可见，点声源在自由场中的声传播距离每增加一倍，声压级衰减 6 dB，符合反平方定律。

2. 线声源

高速公路上连续不断行驶的车辆流、一长串火车车厢以及工厂里高架的长管道等辐射的噪声都可以当作线声源来分析。线声源悬于空中发出的是圆柱面波。对于无限长线声源，设其单位长度辐射的声功率为 W_l，离线声源 r 处波阵面面积为 $2\pi r \cdot l$，声强为

$$I = W_l \cdot l/(2\pi r \cdot l) = W_l/(2\pi r)$$

取对数后可得声压级与距离的关系式为

$$L_p = L_W - 10\lg r - 8 \tag{8.2.3}$$

线声源置于地上辐射半圆柱面波，则有

$$L_p = L_W - 10\lg r - 5 \tag{8.2.4}$$

可见，至线声源的距离加倍，声压级衰减 3 dB。

3. 面声源

设有长方形面声源，边长为 a、$b(a \leqslant b)$，测点离声源中心的距离为 r，声压级随距离的变化近似地分为以下三种情况：

(1) $r<a/\pi$ 时作为无限大面声源辐射平面波，因此距离变化，声压级无衰减；

(2) $a/\pi<r<b/\pi$ 时按线声源考虑，距离每增加一倍，声压级衰减 3 dB；

(3) $r>b/\pi$，可按点声源考虑，距离每增加一倍，声压级衰减 6 dB。

8.2.2 空气的吸收

空气对声波的吸收与声波的频率、环境温度及湿度等有关。对于高频声，空气媒质疏密变化次数频繁，因黏滞性造成的声能耗散大，故高频声比低频声衰减快。空气的温度越低，相对湿度越小，则声吸收相应增大。表 8.2.1 列出了每 100 m 空气吸收引起的声压级衰减量。

在实际问题中，声波扩散及空气吸收两方面引起的衰减同时存在，因此噪声在大气中的传播必须同时考虑这两个方面。然而在噪声控制工程中，当声波频率不太高(例如低于 1000 Hz)，并且传播距离也不太远时，空气吸收的影响一般可以忽略不计。

表 8.2.1　空气吸收引起的声压级衰减(dB/100 m)

频率/Hz	温度/℃	相对湿度/%				频率/Hz	温度/℃	相对湿度/%			
		30	50	70	90			30	50	70	90
500	0	0.31	0.19	0.16	0.15	2000	0	3.3	2.1	1.4	1.1
	10	0.22	0.20	0.20	0.21		10	2.1	1.2	0.9	0.8
	20	0.27	0.28	0.27	0.26		20	1.3	1.0	1.0	1.0
1000	0	1.08	0.6	0.42	0.36	4000	0	7.4	6.7	5.1	4.1
	10	0.61	0.41	0.38	0.38		10	7.0	4.2	3.0	2.5
	20	0.51	0.50	0.54	0.56		20	4.4	2.8	2.3	2.1

8.3　封闭空间声场

当噪声源处于自由空间时，声源向四周发出没有反射的声波，情况比较单纯。实际问题中声源往往置放在房间内，发生的声波在有限空间里来回多次反射，各方面辐射声波与反射声波相互交织、叠加后形成复杂声场。有时，已知制造厂给出的机器声功率级，需要估算机器在车间安装后一定距离处的声压级；有时对于高噪声车间需要预估采取一定吸声措施后的降噪效果，因此需要对封闭空间声场的特性进行研究。

8.3.1　吸声系数及房间吸声量

当声波撞击到墙面上时有一部分声能被反射，其余的部分被吸收。从能量的观点看，设入射、反射、吸收、耗散及透射声强分别为 I_i、I_r、I_a、I_d 及 I_t，如图 8.3.1 所示，吸声系数 α 和声能透射系数 τ 的定义如下：

$$\alpha = \frac{I_i - I_r}{I_i} \tag{8.3.1}$$

$$\tau = \frac{I_t}{I_i} \tag{8.3.2}$$

式中：$I_r = I_i - I_a$；$I_a = I_d + I_t$。由于声强与声压的平方成正比，因此有

$$\alpha = 1 - \frac{I_r}{I_i} = 1 - |\gamma|^2 \tag{8.3.3}$$

式中：γ 为由式(7.1.32)定义的声压反射系数。

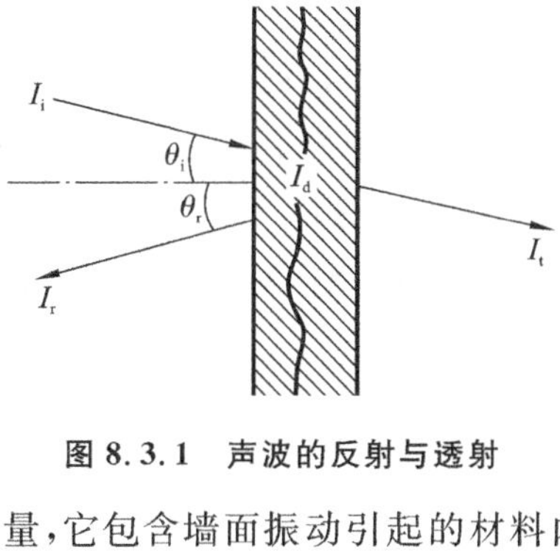

图 8.3.1　声波的反射与透射

吸声指的是没有反射的能量，它包含墙面振动引起的材料内部能量耗散及声能透射。如

果入射声能全部通过，没有反射（例如打开的窗口），则 $\alpha=1$，而当声波入射至绝对刚性墙时全部反射，则 $\alpha=0$。吸声系数大小与材料的物理性质、声波频率及入射角等有关。

1. 法向入射吸声系数 α_0 及斜入射吸声系数 α_θ

入射角是声波入射方向与材料表面法线方向的夹角 θ_i（见图 8.3.1）。法向入射吸声系数 α_0 表示声波垂直入射到材料上的吸声系数，通常用专门的测量装置——驻波管进行测量，这种测量对不同材料吸声性能的比较研究十分方便。另一种入射声波与表面法线成 θ 角时的吸声系数称为斜入射吸声系数 α_θ，该参数只用在理论分析中。

2. 无规入射吸声系数

α_R 定义为声波在所有方向以不规则方式入射时的吸声系数。对于比较大的房间，声波撞击到墙面多数处于无规入射状态，因此工程中都以无规入射吸声系数 α_R 作为设计计算的依据。材料的 α_R 需要按照一定标准在特殊的房间（混响室）里测量。当不具备条件时也可以从驻波管测出的法向入射吸声系数 α_0 进行换算。α_R 和 α_0 的关系见表 8.3.1。

表 8.3.1　管测法与混响法的吸声系数换算表

垂直入射吸声系数	0.00	0.01	0.02	0.03	0.04	0.05	0.06	0.07	0.08	0.09
α_0	无规入射吸声系数 α_R									
0.0	0	0.02	0.04	0.06	0.08	0.10	0.12	0.14	0.16	0.18
0.1	0.20	0.22	0.24	0.26	0.27	0.29	0.31	0.33	0.34	0.36
0.2	0.38	0.39	0.41	0.42	0.44	0.45	0.47	0.48	0.50	0.51
0.3	0.53	0.54	0.55	0.56	0.58	0.59	0.60	0.61	0.63	0.64
0.4	0.65	0.66	0.67	0.68	0.70	0.71	0.72	0.73	0.74	0.75
0.5	0.76	0.77	0.78	0.78	0.79	0.80	0.81	0.82	0.83	0.84
0.6	0.84	0.85	0.86	0.87	0.88	0.88	0.89	0.90	0.90	0.91
0.7	0.92	0.92	0.93	0.94	0.94	0.95	0.95	0.96	0.97	0.97
0.8	0.98	0.98	0.99	0.99	1.00	1.00	1.00	1.00	1.00	1.00
0.9	1.00	1.00	1.00	1.00	1.00	1.00	1.00	1.00	1.00	1.00

3. 吸声量 A

吸声系数只表示材料对声能吸收的比例，实际吸声能力的大小不仅与材料吸声系数有关，而且还与使用材料的面积有关。吸声量 A 定义为

$$A = S \cdot \alpha \tag{8.3.4(a)}$$

式中：S 是吸声系数为 α 的材料的面积（m^2），吸声量的单位是 m^2。

根据定义可知，向自由空间敞开的一平方米窗户（$\alpha=1$）的吸声量为 1 m^2。如果某种材料吸声系数为 0.4，则面积为 2.5 m^2 的这种材料具有 1 m^2 吸声量。

若在房间墙壁上布置有几种不同的材料，对应的吸声系数与面积分别为 α_1、α_2、…、α_n 和 S_1、S_2、…、S_n，则房间总吸声量为

$$A = \sum_{i=1}^{n} S_i \alpha_i \tag{8.3.4(b)}$$

房间平均吸声系数为

$$\bar{\alpha} = \frac{\sum_{i=1}^{n} S_i \alpha_i}{\sum_{i=1}^{n} S_i} \tag{8.3.5}$$

对于封闭空间声场的计算，除了考虑房间表面的声吸收以外，还要考虑室内物体及人体的吸声量。在经过吸声减噪的车间里可能悬挂着各种形状的空间吸声体，也应加在房间总吸声量中进行计算。

8.3.2　扩散声场的声强

扩散声场是各点声能密度均匀一致，各个方向声能流相等的理想化声场（见图 8.3.2）。设平均声能密度为 ε，墙面上有一块元面积 dS，与 dS 距离 r 处的空间中微元体 dV 作为一个点声源辐射球面波，在半径为 r 的球面上单位面积声能为 $\frac{\varepsilon dV}{4\pi r^2}$。该声波撞击到墙面元面积 dS 上，dS 接收的法向单位面积声能为 $\frac{\varepsilon dV}{4\pi r^2}\cos\theta$，$dS$ 上接收的总声强为包围 dS 的半球体内的积分，球半径的变化范围为从 $r = 0$ 到 $r = c$，c 为声速。由图 8.3.2 可见

$$dV = dr(rd\theta)(r\sin\theta d\varphi)$$

到达 dS 的能量微分为

$$\varepsilon dr(rd\theta)(r\sin\theta d\varphi)dS\cos\theta/(4\pi r^2)$$

在半球体内积分，得元面积 dS 上总声能为

$$TdS = \varepsilon\int_0^c \frac{r^2}{4\pi r^2}dr\int_0^{2\pi}d\varphi\int_0^{\pi/2}\sin\theta\cos\theta d\theta dS$$

由此得声强为

$$I = \varepsilon\left(\frac{c}{4\pi}\right)(2\pi)\int_0^{\pi/2}\frac{1}{2}\sin 2\theta \cdot d\theta = \frac{\varepsilon c}{4} \tag{8.3.6}$$

式中声能密度 ε 由下式给出：

$$\varepsilon = \frac{p_{rms}^2}{\rho c^2}$$

代入式(8.3.6)后得

$$I = \frac{p_{rms}^2}{4\rho c} \tag{8.3.7}$$

可见，扩散声场的声强为平面波声强的 1/4。

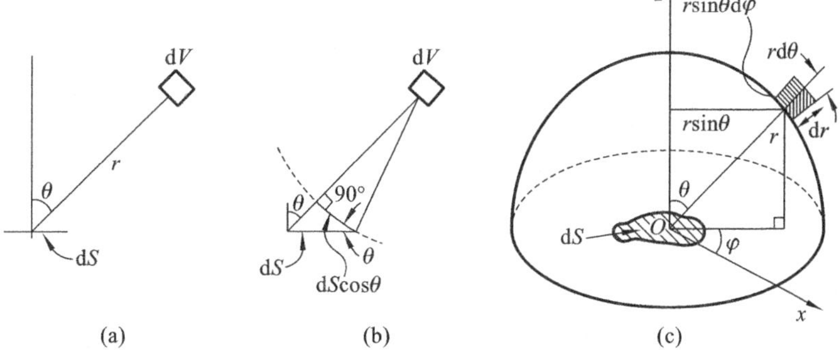

图 8.3.2　扩散声场的声强

8.3.3　混响时间

除了吸声量以外，表征房间声学特性的另一个参数是混响时间。混响时间定义为当声源突然停止发声后，室内声压级衰减 60 dB 经过的时间(s)，以 T_{60} 表示。

设房间体积为 V，总表面积为 S，平均吸声系数为 $\bar{\alpha}$，声源停止发声时声能密度为 ε_0。声波第一次撞击到墙面后声能密度下降至 $\varepsilon_0(1-\bar{\alpha})$，第二次撞击后下降至 $\varepsilon_0(1-\bar{\alpha})^2$……经过 n 次撞击吸收后声能密度将为

$$\varepsilon(t) = \varepsilon_0(1-\bar{\alpha})^n$$

声波在两次反射之间的平均距离称为平均自由程，以 d 表示，它与房间的容积和形状有关。声波每秒钟撞击墙面次数 $n_0 = c/d$。房间内总声能为 εV，按撞击次数计算，每秒吸收的声能为 $\varepsilon \cdot V \cdot \bar{\alpha} \cdot c/d$。另一方面，已知混响场(近似扩散场)墙面上的声强为 $I = \varepsilon \cdot c/4$，按照声强计算，每秒钟墙面吸收的声能为 $(\varepsilon \cdot c/4) \cdot S \cdot \bar{\alpha}$。平衡方程为

$$\varepsilon \cdot V \cdot \bar{\alpha} \cdot c/d = (\varepsilon \cdot c/4) \cdot S \cdot \bar{\alpha}$$

解出平均自由程为

$$d = \frac{4V}{S}$$

于是声波每秒钟撞击墙面次数为

$$n_0 = \frac{cS}{4V} \tag{8.3.8}$$

声源停止发声 t s 后声场的声能密度为

$$\varepsilon(t) = \varepsilon_0 \cdot e^{\frac{cS}{4V} t \cdot \ln(1-\bar{\alpha})}$$

由式(7.2.11)知声能密度与声压平方成正比，有

$$\frac{p^2(t)}{p_0^2} = e^{\frac{cS}{4V} t \cdot \ln(1-\bar{\alpha})}$$

取常用对数后得

$$L_{pn} - L_{p0} = 10\lg e^{\frac{cS}{4V} t \cdot \ln(1-\bar{\alpha})} = 4.34\frac{cS}{4V}[\ln(1-\bar{\alpha})] \cdot t$$

即

$$L_{p0} - L_{pn} = \frac{1.085c}{V}[-S \cdot \ln(1-\bar{\alpha})]t$$

式中：L_{p0} 为声源突然停止发声前的声压级；L_{pn} 为声源停止发声后经过 n 次反射的声压级。

按照混响时间定义，令 $L_{p0} - L_{pn} = 60$ dB 并将 20 ℃时声速 $c = 343$ m/s 代入，得

$$T_{60} = \frac{0.161V}{-S \cdot \ln(1-\bar{\alpha})} \tag{8.3.9(a)}$$

这就是混响时间计算的爱林(Eyring)公式。

当 $\bar{\alpha} < 0.2$ 时存在近似关系 $-S \cdot \ln(1-\bar{\alpha}) \approx S\bar{\alpha} = A$，则式(8.3.9(a))简化为

$$T_{60} = \frac{0.161V}{S \cdot \bar{\alpha}} = \frac{0.161V}{A} \tag{8.3.9(b)}$$

式中：A 为房间吸声量。这是常用的赛宾(Sabine)公式。该式表明，混响时间长短与房间的容积成正比，而与吸声量成反比。对用于语言或音乐方面的房间(录音室、剧场、音乐厅等)，混响时间是一个重要的音质评价指标。在工程实际中常用测量混响时间来估算房间内的实际吸

声量。

例如一个游泳馆，体积 $V=16200\ m^3$，吸声量 $A=1000\ m^2$，气温 20 ℃，湿度 30%。以频率为 4000 Hz 为例，由表 8.3.2 查出 4 m 值为 0.038。如果不考虑空气吸收，计算得 $T_{60}=2.6$ s，考虑空气吸收后计算出 $T_{60}=1.6$ s，可见影响较大。

表 8.3.2　空气吸收系数 4 m 值(室温 20℃)

频率/Hz	室内相对湿度				
	30%	40%	50%	60%	70%
2000	0.012	0.010	0.010	0.009	0.0035
4000	0.038	0.029	0.024	0.022	0.021
6300	0.084	0.062	0.050	0.043	0.040

8.3.4　封闭空间的稳态声场

房间内声源连续不断发声的情况下，任意点将接收到两种声波，一种是由声源直接传来的直达声，另一种是由边界墙面多次反射形成的混响声。根据测点至声源距离远近不同，这两部分声能密度的相对比例也不同。

从功率流的角度来分析，声源辐射的声功率对整个系统是功率输入，而房间边界或其他物体的吸收，则是功率输出，在稳定状态两者必须保持平衡。声场能量密度的大小表示声场能量的一种状态。状态本身并不消耗功率，但这种状态的高低又与整个系统的功率输出有关，这种情形可以用一个有进、出水管的水箱来比拟。进水管流量是输入，出水管流量是输出，水位高低是一种状态，它并不消耗水流。但是出水流量不仅与出水管口径有关，而且与水位高低有关，在出水管口径不变的条件下，水位愈高，则流出量愈大。类似地，在封闭空间边界墙面平均吸声系数一定的条件下，声能密度越大，则吸收的声能越多。这种封闭空间内稳态声场的功率平衡关系如图 8.3.3 所示，声源发出的 W 是功率输入，墙面第一次吸收 $W\bar{\alpha}$以及以后多次吸收$(\varepsilon_R V)\bar{\alpha}\cdot n_0$ 是功率输出。ε_D、ε_R 分别表示直达声场和混响声场声能密度，n_0 为声波每秒钟撞击墙面次数。

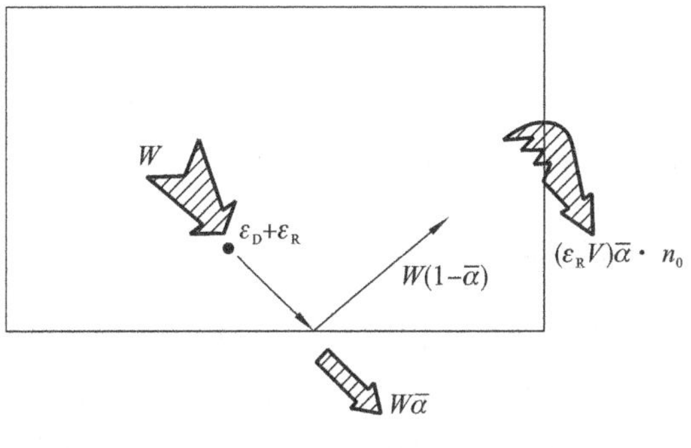

图 8.3.3　房间内的声功率平衡示意图

1. 直达声场的声能密度 ε_D

直达声场的声能密度为

$$\varepsilon_D=\frac{W\cdot Q}{4\pi r^2\cdot c} \tag{8.3.10}$$

式中：W 为声源声功率(W)；

r 为至声源距离(m)；

c 为声速(m/s)；

Q 是考虑声源位置影响的系数，与声源辐射的自由空间大小有关。

当声源悬挂于空中，向整个自由空间辐射时，$Q=1$；当声源放在地上，向半自由空间辐射时，$Q=2$；当声源置于墙边，向 1/4 自由空间辐射时，$Q=4$；当声源置于墙角，向 1/8 自由空间辐射时，$Q=8$。

2. 混响声场的声能密度 ε_R

由图 8.3.3 可见，声源发出的声功率 W 第一次撞击到边界时吸收掉声功率 $W\bar{\alpha}$，反射声功率为 $W(1-\bar{\alpha})$，后者将被每秒钟混响声场多次撞击边界的声吸收所平衡，即

$$W(1-\bar{\alpha}) = (\varepsilon_R \cdot V) \cdot \bar{\alpha} \cdot n_0$$

将式(8.3.8)代入得

$$W(1-\bar{\alpha}) = (\varepsilon_R \cdot V) \cdot \bar{\alpha} \cdot \frac{cS}{4V}$$

因此

$$\varepsilon_R = \frac{4W}{c} \cdot \frac{(1-\bar{\alpha})}{S\bar{\alpha}}$$

令 $R = S\bar{\alpha}/(1-\bar{\alpha})$，称为房间常数，则有

$$\varepsilon_R = \frac{4W}{cR} \tag{8.3.11}$$

3. 总声能密度与声压级

总声能密度为

$$\varepsilon = \varepsilon_D + \varepsilon_R = \frac{W}{c}\left(\frac{Q}{4\pi r^2} + \frac{4}{R}\right)$$

转换为均方声压，则

$$\frac{p^2}{\rho_0 c} = W\left(\frac{Q}{4\pi r^2} + \frac{4}{R}\right)$$

即

$$L_p = L_W + 10\lg\left(\frac{Q}{4\pi r^2} + \frac{4}{R}\right) \tag{8.3.12}$$

这是封闭空间稳态声场的声压级公式。

8.3.5 矩形房间内的驻波

封闭空间里声波传播时，遇到边界墙面引起反射，反射波与入射波频率相同，反射角等于入射角。由于声源一般包含多种频率成分，且对各个方向都在辐射，某些同频率声波在房间内相互干涉后，会形成空间各点具有固定振幅的驻波声场。下面以矩形房间为例，讨论封闭空间内的驻波。

假定房间墙壁坚硬光滑，各边边长分别为 l_x、l_y、l_z 。在直角坐标系中波动方程为

$$\frac{\partial^2 p}{\partial x^2} + \frac{\partial^2 p}{\partial y^2} + \frac{\partial^2 p}{\partial z^2} = \frac{1}{c^2}\frac{\partial^2 p}{\partial t^2}$$

若将坐标原点取在房间一角，由于刚性壁面上法向速度为零，即声压的法向导数为零，边界条

件为

$$\begin{cases} x = 0 \text{ 或 } l_x \text{ 时}, \dfrac{\partial p}{\partial x} = 0 \\ y = 0 \text{ 或 } l_y \text{ 时}, \dfrac{\partial p}{\partial y} = 0 \\ z = 0 \text{ 或 } l_z \text{ 时}, \dfrac{\partial p}{\partial z} = 0 \end{cases}$$

符合波动方程并满足边界条件的特解为

$$p_n(x,t) = A \cdot \Phi_n \cdot e^{i\omega t}$$

其中，Φ_n 为简正振型函数，即

$$\Phi_n = \cos\left(\frac{\pi n_x x}{l_x}\right)\cos\left(\frac{\pi n_y y}{l_y}\right)\cos\left(\frac{\pi n_z z}{l_z}\right) \tag{8.3.13}$$

波数为

$$k_n^2 = k_x^2 + k_y^2 + k_z^2 = \left(\frac{\pi n_x x}{l_x}\right)^2 + \left(\frac{\pi n_y y}{l_y}\right)^2 + \left(\frac{\pi n_z z}{l_z}\right)^2$$

简正频率为

$$f_n = \frac{k_n c}{2\pi} + \frac{c}{2}\left[\left(\frac{n_x x}{l_x}\right)^2 + \left(\frac{n_y y}{l_y}\right)^2 + \left(\frac{n_z z}{l_z}\right)^2\right]^{1/2} \tag{8.3.14}$$

式中：c 为声源声速；

f_n 为与正整数数组（n_x, n_y, n_z）对应的简正频率。

根据 n_x、n_y、n_z 是否为零，可将矩形房间里所有驻波（即简正振动方式）分为以下三类（共 7 种）。第一类轴向波（n_x、n_y、n_z 中有两个为零）是沿 x、y、z 轴中某一根轴线两个反向自由行波叠加而成的驻波。第二类切向波（n_x、n_y、n_z 中有一个为零）是处于某一坐标平面内的驻波。在 3 个坐标平面上共有 3 种切向波。第三类是沿空间某一方向的驻波（n_x、n_y、n_z 皆不为零），称为斜向波。三类驻波如图 8.3.4 所示。

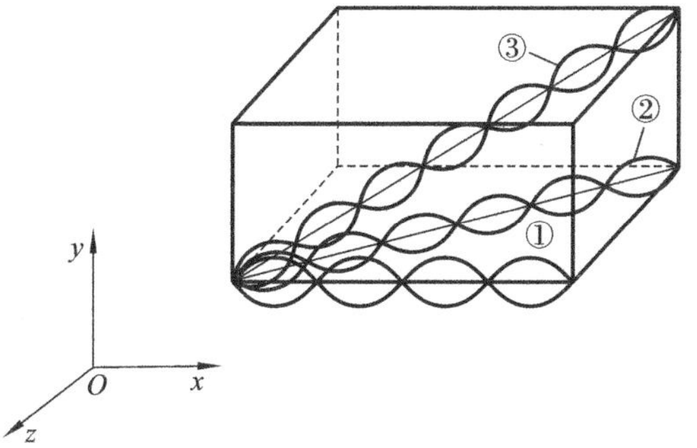

图 8.3.4　矩形房间驻波

注：图中①为轴向波，②为切向波，③为斜向波。

由此可见，封闭空间中的简正振动方式（即声学模态）的数目很多，在某一频率 f 时的总模态数可按下式计算：

$$N = \frac{4\pi f^3 V}{3c^3} + \frac{\pi f^2 A}{4c^2} + \frac{fL}{8c} \tag{8.3.15}$$

式中：V 为房间体积（m^3）；

A 为房间总表面积，$A = 2(l_x l_y + l_y l_z + l_z l_x)$（$m^2$）；

L 为房间边长和，$L=4(l_x+l_y+l_z)$(m)。

在给定频带 Δf 中的模态密度(单位频率模态数)$\Delta N/\Delta f$ 为

$$\frac{\Delta N}{\Delta f}=\frac{4\pi f^3 V}{c^3}+\frac{\pi f A}{2c^2}+\frac{L}{8c} \tag{8.3.16}$$

在高频段，上式以右边第一项为主，可见房间模态密度主要取决于房间体积，而与房间的形状无关。

思考题

1. 如何利用结构表面的速度来表示声辐射的声压分布？

2. 假设一个薄的矩形板，长 $L_X=0.5$ m，宽 $L_Y=0.4$ m，其中长边简支，短边固支。

(1) 绘制其前四阶振型；

(2) 当无量纲频率 $k_1=0.2$、0.8、4、8 时，绘制其前四阶辐射振型。

3. 简述辐射模态和结构模态有什么不同。

4. 给定一个长 $L_X=0.5$ m，宽 $L_Y=0.04$ m 的悬臂梁：

(1) 计算结构模态的自辐射效率；

(2) 计算结构模态的互辐射效率；

(3) 计算辐射模态的辐射效率。

第 9 章　机械噪声控制基本原理

9.1　机械噪声

9.1.1　机械噪声的分类

噪声是人们不想要的声音。噪声的效应与受者的主观要求密切相关，比如悦耳的钢琴声，对于夜晚想要入睡的人就是一种噪声，同一种声音在不同的时间或地点，效果可能有很大差别，这说明噪声的定义有相对性。然而概括起来，噪声还是具有一些共同特征的，主要为：

(1) 噪声的时域信号具有杂乱无章的特点；

(2) 噪声的频域信号往往包含一定的连续宽带谱；

(3) 对于具体场合噪声幅值超过了规定值。

机械噪声可以从不同角度去分类。

按设备种类分，可以分为柴油机噪声、汽轮机噪声、空压机噪声、通风机噪声、水泵噪声、齿轮噪声等。

从噪声产生的机理出发，机械噪声主要分为以下两大类。

(1) 机械结构振动性噪声：由机械零部件相互间撞击、摩擦以及力的传递，使机械构件(尤其是板壳构件)产生强烈振动而辐射的噪声。

(2) 空气动力性噪声：由气流中存在的非稳定过程、湍流或其他压力脉动、气体与管壁或其他物体相互作用而产生的管内噪声或进排气口处的辐射噪声。

按噪声源至接受点之间的传递路径划分，噪声可以分为空气声和结构声。

(1) 空气声：从噪声源经由空气途径(包括通过隔墙)传播到达接受点的噪声。控制空气声的措施以隔声为主。

(2) 结构声：由噪声源通过结构中的振动传递到达接受点附近的构件，再由构件声辐射产生的接受点处的噪声。降低结构声需要应用振动隔离或者使结构不连续等方法。

9.1.2　机械噪声的分析与控制方法

任何一个机械噪声问题都包含三个环节，即“声源—路径—受者”。声源和路径可能不止一个，受者在大多数情况下是人，但也可能是仪器。根据这三个环节进行分析，分别考虑可能采取的控制措施称为噪声控制的系统方法。

对机械噪声的控制，首先当然要考虑对噪声源本身的控制，这是根本的办法。最好在机械的技术设计阶段，将噪声级作为设计指标，根据设计图纸对噪声作出预报，然后进行修改，实现机械的低噪声设计。对于现存的高噪声机械设备，则需要通过细致的测量分析，识别主要噪声源，然后有针对性地采取措施进行降噪。对声源可能采取的措施有：

(1) 选用或更换为安静型机械。

(2) 降低激励力幅值。例如：减少运动部件之间的撞击、用连续运动代替不连续运动、改变加力过程、接触表面采用软材料以延长力的作用时间、减小运动件质量及碰撞速度等，改善运动部件平衡；提高加工精度，改善润滑及轴承对中，减少摩擦；采用动力吸振器(产生反相位力与激励力抵消)。

(3) 降低响应。例如：改变机器结构的固有频率，使之与激励力主要频率分开，防止共振；增加结构阻尼。

(4) 降低声辐射。例如：将大面积板件改为开孔板或金属网络，使板壳构件与激励力源隔离，等等。

噪声控制中考虑的第二个环节是对传播路径的控制，即在传播过程中对噪声进行隔离、吸收、阻挡等。这就是机械设备的降噪防护设计，它在目前的噪声控制领域中占有重要地位。主要措施有：①改变声源位置；②吸声；③安装隔声装置；④设置阻性或抗性消声器；⑤安装隔振器；⑥阻尼减振降噪；等等。

对于受者可以采取的防护措施有：①减少噪声暴露时间；②戴耳塞、耳罩或头盔；③设置隔声控制室；等等。

除了上述传统的被动控制方法以外，随着计算机技术的发展，近年来噪声与振动的主动控制方法迅速发展。噪声主动控制的基本原理是利用声的波动性，进行相消干涉，叠加降噪。用传声器测量的初级声场作为参考信号，另外由误差传声器在被控制区提供监测信号。计算机根据输入信号按照一定算法进行高速处理和调制，然后由控制器发出与初级声的幅值相等、相位相反的信号，驱动扬声器产生次级声场。初级声场与次级声场叠加，使得控制区域内达到一定的降噪量。主动控制要求采用收敛性良好的自适应算法，要求计算机有足够高的运算速度，才能对随机变化的声波实时跟踪。目前应用于管道消声，可在几十至 300 Hz 频率范围得到 20 dB 左右的降噪量。主动降噪耳罩可达 30～40 dB 降噪量。三维空间噪声的主动控制投资巨大，问题比较复杂，尚在研究探讨之中。

9.2 声强法噪声源识别

声强是描述声场的一个重要物理量，它比声压提供更多的信息。应用计算机及数字信号处理技术，从两个声压信号直接求出声强频谱是声学测量的一大进步。

9.2.1 声强的互谱关系式

现代声强法的基础是互谱关系式，即声场中某点在 r 方向的声强在频域与沿该方向的两个声压信号 p_1 和 p_2 的互功率谱函数之间的关系式：

$$I(\omega)=\frac{-\operatorname{Im}\{G_{12}\}}{\rho_0\omega\Delta r} \tag{9.2.1}$$

式中：$I(\omega)$为声强频谱；

ω 为角频率；

ρ_0 是标准状况下的空气密度；

Δr 为两个传声器中心距；

G_{12}表示 p_1 和 p_2 的互功率谱；

Im{ }表示复数的虚部。

上式成立的条件为 $\Delta r\leqslant\lambda/6$，$\lambda$ 为声波波长。

证明:对于单一频率平面行进波,设某点的声压与质点速度分别为

$$p = p_{\mathrm{m}}\cos(\omega t + \varphi_1)$$
$$u = u_{\mathrm{m}}\cos(\omega t + \varphi_2)$$

则声强为

$$I = \langle pu \rangle = \frac{1}{T}\int_0^T p_{\mathrm{m}} u_{\mathrm{m}} \cos(\omega t + \varphi_1)\cos(\omega t + \varphi_2)\,\mathrm{d}t$$
$$= \frac{1}{T}\int_0^T p_{\mathrm{m}} u_{\mathrm{m}}\,\frac{1}{2}[\cos(2\omega t + \varphi_1 + \varphi_2) + \cos(\varphi_1 - \varphi_2)]\,\mathrm{d}t$$

当 T 足够大时有

$$I = \frac{1}{2} p_{\mathrm{m}} u_{\mathrm{m}} \cos(\varphi_1 - \varphi_2)$$

将 p、u 用复数表示,则

$$p = \mathrm{Re}\{p_{\mathrm{m}} \mathrm{e}^{\mathrm{i}(\omega t + \varphi_1)}\}$$
$$u = \mathrm{Re}\{u_{\mathrm{m}} \mathrm{e}^{\mathrm{i}(\omega t + \varphi_2)}\}$$

那么,可得

$$I = \mathrm{Re}\left\{\frac{1}{2} p_{\mathrm{m}} u_{\mathrm{m}} \mathrm{e}^{\mathrm{i}(\varphi_1 - \varphi_2)}\right\} = \frac{1}{2}\mathrm{Re}\{PU^*\}$$

式中:P、U 分别为声压和质点速度的复数表示,$*$ 表示复共轭。

实际声场信号包含各种不同频率成分,因此有

$$I(\omega) = \frac{1}{2}\mathrm{Re}\{P(\omega)U^*(\omega)\} \tag{9.2.2}$$

式中:$I(\omega)$、$P(\omega)$ 及 $U(\omega)$ 分别为以 $f=\omega/2\pi$ 为中心频率的某一频带中的声强、声压及质点速度的频谱函数,等于相应的频谱密度函数与频带带宽的乘积。

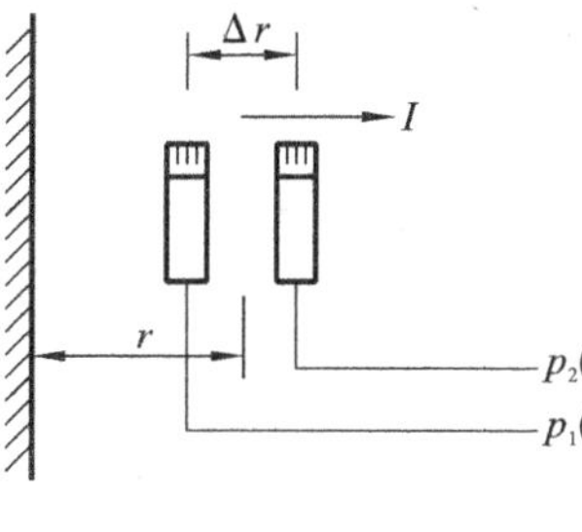

图 9.2.1　双传声器声强探头

设间距为 Δr 的两只传声器感受的声压分别为 p_1 和 p_2(见图 9.2.1),中点(距离 r 处)声压为 p。取有限差分一级近似 $\partial p/\partial r \approx (p_2 - p_1)/\Delta r$,代入运动方程式(7.1.7)得 r 处质点速度为

$$u_r \approx -\frac{1}{\rho_0}\int \frac{\partial p}{\partial r}\mathrm{d}t = -\frac{1}{\rho_0}\int \frac{p_2 - p_1}{\Delta r}\mathrm{d}t$$

设时域信号 u_r、p_1、p_2 和 p 经傅里叶变换再乘相应带宽后得到的频谱函数分别为 U、P_1、P_2 和 P,应用傅里叶变换性质(函数在时域积分的傅里叶变换等于该函数傅里叶变换乘因子 $1/\mathrm{i}\omega$),得

$$U = \frac{1}{\mathrm{i}\omega}\left(-\frac{1}{\rho_0}\frac{P_2 - P_1}{\Delta r}\right) = \frac{1}{\rho_0 \omega \Delta r}(P_2 - P_1) \tag{9.2.3}$$

此即用声压表示的质点速度频域表达式。

两传声器连线中点的声压 p 可以近似为 $p \approx (p_1 + p_2)/2$,经过傅里叶变换得

$$P \approx \frac{P_1 + P_2}{2} \tag{9.2.4}$$

将式(9.2.3)及式(9.2.4)代入式(9.2.2),有

$$\begin{aligned} I(\omega) &= \frac{1}{2}\mathrm{Re}\left\{\frac{P_1+P_2}{2}\left[\frac{\mathrm{i}}{\rho_0\omega\Delta r(P_1-P_2)}\right]^*\right\} \\ &= \frac{1}{2}\mathrm{Re}\left\{\frac{-\mathrm{i}}{2\rho_0\omega\Delta r}(P_1P_2{}^* + P_2P_2{}^* - P_2P_1{}^* - P_1P_1{}^*)\right\} \\ &= \frac{1}{2}\mathrm{Re}\left\{\frac{-\mathrm{i}}{2\rho_0\omega\Delta r}(P_1P_2{}^* - P_2P_1{}^*)\right\} \\ &= \frac{1}{2}\mathrm{Re}\left\{\frac{-\mathrm{i}}{2\rho_0\omega\Delta r}\cdot 2\mathrm{i}\cdot\mathrm{Im}\{P_1P_2{}^*\}\right\} = \frac{\mathrm{Im}\{P_1P_2{}^*\}}{2\rho_0\omega\Delta r} \end{aligned} \tag{9.2.5}$$

式中 Im{　}表示复数的虚部。

根据频谱分析理论，随机信号 p_1、p_2 的互功率谱 G_{12} 与 p_1、p_2 的傅里叶谱 P_1、P_2 的关系为

$$G_{12} = \frac{1}{2}P_1{}^*P_2,\quad G_{12}^* = \frac{1}{2}P_1P_2^*$$

同时有 $\mathrm{Im}\{G_{12}\} = -\mathrm{Im}\{G_{12}^*\}$，于是最后得

$$I(\omega) = \frac{\mathrm{Im}\{G_{12}^*\}}{\rho_0\omega\Delta r} = \frac{-\mathrm{Im}\{G_{12}\}}{\rho_0\omega\Delta r}$$

9.2.2　声强测量的应用

1. 声功率现场测定

现场测定运转机器设备辐射的声功率是声强法的第一个重要应用。根据声强的物理概念，沿任意封闭包络面对法向声强 I_n 积分可得到机器辐射的总声功率，即 $W = \oint_S I_n \cdot \mathrm{d}S$。必要条件是包络面内没有吸声材料，否则将有部分声功率被吸收掉。由图 9.2.2 可见，包络面以外干扰声源的声强沿整个包络面积分为零(声强矢量从一边穿入，另一边穿出)。实验结果表明，声强法的确可以消除周围环境声反射的影响。同时无论在声源近场或远场，只要包络面是封闭的，声功率测量结果应该相同。按照 ISO 标准用声压级测量换算声功率时，对测量距离有一定要求，对于大型机械设备往往达不到这个要求，而应用声强法现场测定机器声功率具有很大的优越性。

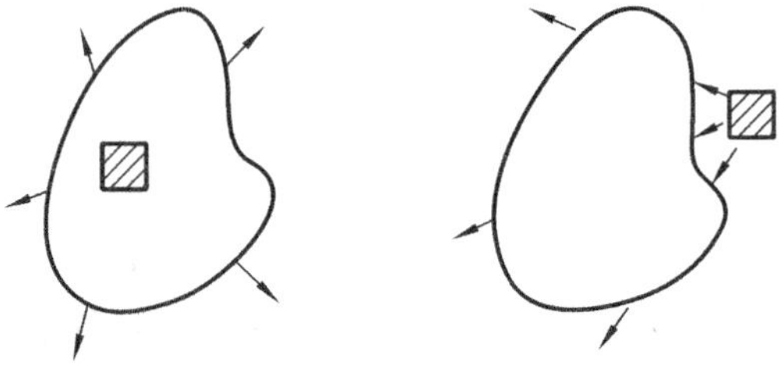

图 9.2.2　声强沿包络面的积分

2. 噪声源识别

应用声强法测量，能在机器运转条件下，方便地对机器上不同部件表面辐射的声功率进行识别。图 9.2.3 所示为单缸水冷柴油机分别用铅包覆法和声强法进行噪声源识别所得结果的比较，具有很大的工程实用价值。

3. 声透射损失测定

隔板的声透射损失测量通常在一对专用的混响室进行，应用声强法可以省去其中的一个

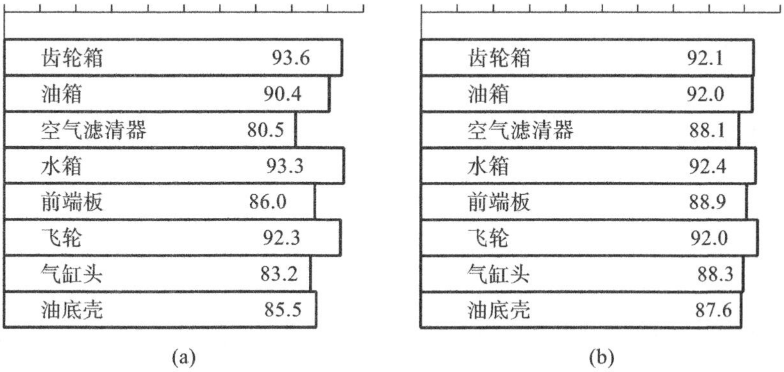

图 9.2.3　单缸水冷柴油机各部件声功率(dB(A))

(a) 声强法(定点近场测量);(b) 铅包覆法(17 点声压测量)

混响室(接收室),直接在隔板外表面测量透射声强。应用声强法测量还可以区分隔板总面积上不同部分的传声特性,为改进设计提供依据。

9.3　机械噪声源控制概述

机械噪声源的控制取决于具体机械的工作原理及结构特征。从发声机理来讲,主要是控制空气动力噪声和机械振动噪声两类。下面以内燃机为例进行分析。

内燃机应用广泛,是一种往复式发动机。从工作原理上看,活塞—连杆—曲轴机构的运动本身是一个不断加速和减速的周期性过程,也是一个力的不平衡过程。每个工作循环包含吸气、压缩、燃烧和排气四个阶段,形成发动机进、排气的周期性脉动。所有这些激励都使内燃机在运转中产生很大的振动与噪声。

9.3.1　空气动力噪声

内燃机空气动力噪声主要指进气噪声和排气噪声。每一循环中,当排气阀打开时气缸内燃烧产生的废气向大气排出,由气缸内外压力差产生周期性的排气噪声。排气噪声的高低取决于发动机功率、气缸容积、平均有效压力、排气口出口面积及转速等因素。排气噪声频率按下式计算:

$$f = \frac{N \cdot Z}{60i} \cdot k \tag{9.3.1(a)}$$

式中:N 为发动机转速(r/min);

i 为冲程系数(二冲程 $i=1$,四冲程 $i=2$);

Z 为气缸数;

k 为谐波次数。

当进气阀打开时气缸内存在负压,在外界空气吸入气缸的流动过程中产生进气噪声。由于存在空腔共振现象,进气噪声会达到很高的声级。空腔共振频率为

$$f = \frac{Zc}{2\pi}\sqrt{\frac{S}{lV}} \tag{9.3.1(b)}$$

式中:Z 为气缸数;

c 为声速(m/s)；

S 为开口截面积(m^2)；

l 为进气管长度(m)；

V 为气缸容积(m^3)。

当进气阀突然关闭后，进气管变成一端封闭一端开口管，这时，在管长等于 1/4 波长奇数倍的一系列频率上将发生共振，这种共振将成为进气噪声的一部分。此外，还可能存在涡轮增压器噪声、扫气泵噪声与冷却风扇噪声，其中涡轮增压器噪声最高，A 声级可达 110～120 dB。

对空气动力噪声的控制措施主要是安装消声器。进气消声器常与空气滤清器结合起来，按照进气噪声的频谱特性进行设计。除加阻性吸声材料外，还需设置共振腔以消除低频共振。对涡轮增压器通常安装片式阻性消声器吸收高频啸叫声。对排气噪声多数采用抗性消声器，因温度高达 400 ℃以上，一般由多节扩张室及共振腔联合构成。适当调整尾管长度在一定程度上也可改变消声器的消声量。此外，排气总管需进行隔声包扎，排气管固定应采用弹性悬挂，以减少结构声传递。

9.3.2 机械振动噪声

除了空气动力噪声以外，机械振动引起机器结构表面声辐射成为内燃机噪声的主要部分。喷油燃烧压力、活塞敲击力以及各种运动部件的惯性力，通过发动机结构传到机体及附属部件表面，引起强烈振动。按照激励力不同可分为燃烧噪声和机械噪声两种。

研究表明，燃烧噪声的高低与燃烧系统形式有很大关系，主要是因为各种燃烧系统的气缸压力变化曲线不同。如果压力曲线比较平滑，峰值较低，则燃烧噪声也较低。自然吸气直喷式柴油机燃烧噪声的声强与缸径的 5 次方成正比。间接喷射发动机的燃烧噪声比直接喷射发动机的燃烧噪声低 8 dB 左右。对燃烧噪声的主要控制措施是：缩短发火延迟期，改进气阀及燃烧室设计使燃烧初期压力变化较为平滑，设置预燃室，控制喷油的初始速率，以及废气再循环等。

内燃机中存在多种机械激励力，如活塞敲击力、气阀撞击力、高压燃油喷射力、链条传动敲击力等，其中影响最大的是活塞敲击力，它与活塞加速度 a 有关，即

$$a=\omega^2 R\left\{-\cos\theta-\frac{(R/L)^3\cdot\sin 2\theta}{4[1-(R/L)^2\sin^2\theta]^{3/2}}-\frac{(B/L)\cos 2\theta}{[1+(R/L)^2\sin^2\theta]^{1/2}}\right\} \tag{9.3.2}$$

式中：ω 为角速度；

B 为缸径；

R 为曲柄半径；

L 为连杆长度；

θ 为曲柄角。

由上式可见，随着 B/L 值的增加，不仅加速度 a 增大，引起较大的惯性力，而且在 $\theta=90°$ 及 270°时会发生加速度由正到负的突变。活塞的横向敲击正是由于加速度 a 的改变所致。

9.3.3 发动机的结构响应

各种激励力通过中间连接件传到发动机外表面，由强烈振动而产生声辐射的主要方式是弯曲振动。控制发动机结构响应，减小弯曲振动，从而控制发动机噪声是当前正在深入研究的课题。可能采取的措施有以下几项：

(1) 通过模态分析和模态修改，重新设计发动机结构。比如采用框架式或中分面式曲轴箱。

(2) 主要辐射表面如油底壳、气缸头罩等采用复合阻尼钢板制造。

(3) 重要的振动表面粘贴黏弹性阻尼材料。

(4) 管道隔振。

9.4 吸声减噪

一般声场里声压由两部分组成：一是从噪声源辐射的直达声，二是由边界反射形成的混响声。室内增加吸声材料，能提高房间平均吸声系数，增大房间常数，减小混响声声能密度从而降低总声压级。125 Hz、250 Hz、500 Hz、1 kHz、2 kHz、4 kHz 六个倍频程的中心频率的吸声系数的算术平均值，称为材料的平均吸声系数，用 $\bar{\alpha}$ 表示。$\bar{\alpha}>0.2$ 的材料方可称为吸声材料。最常用的吸声材料是玻璃棉、矿渣棉、泡沫塑料等多孔材料，以及它们的制成品吸声板、吸声毡等。利用薄板及空腔的共振特性也可以设计有效的吸声结构。

9.4.1 多孔吸声材料

多孔吸声材料结构的基本特征是多孔性。声波入射至多孔材料表面上，大部分声波将通过材料的筋络或纤维之间的微小孔隙传至材料内部，由于空气分子之间的黏滞力、空气与筋络之间的摩擦作用以及孔隙内空气媒质的涨缩，部分声能转化成热能耗散掉，这就是多孔材料的吸声机理。但是孔隙之间必须相互沟通，如果孔隙是封闭的，内部不连通，则不是良好的吸声材料。

影响多孔材料吸声性能的主要因素有流阻、孔隙率、结构因子、容重及厚度等。

1. 材料流阻

材料流阻 R 定义为：$R=\Delta p/v$。其中 Δp 为材料层两面的静压力差(Pa)，v 为穿过材料厚度方向气流的线速度(m/s)。流阻的单位为 kg/(m^2 · s)。单位厚度材料的流阻称为比流阻 r。通常 r 的数值范围为 $10\sim10^5$ Rayl/cm。多孔材料达到一定厚度时，比流阻 r 越小，吸声系数越大。

2. 孔隙率

多孔材料中孔隙体积 V_0 与材料总体积 V 的比值称为孔隙率 q。对于孔隙相互连通的吸声材料，孔隙率可根据密度计算，即

$$q=1-\frac{\rho_0}{\rho} \tag{9.4.1}$$

式中：ρ_0 为吸声材料整体密度(kg/m^3)；

ρ 为制造吸声材料的物质的密度(kg/m^3)。

例如超细玻璃棉的整体密度为 25 kg/m^3，玻璃密度为 2.5×10^3 kg/m^3，孔隙率则为 99%。一般多孔材料的孔隙率都在 70%以上。

3. 结构因子

吸声理论中假定材料中的孔隙是沿厚度方向平行排列的，而实际结构中孔隙的排列方式却极为复杂。结构因子是为修正毛细管理论而导入的系数，表示材料中孔的形状及方向性分布的不规则情况。

4. 材料容重

多孔吸声材料容重增加时材料内部孔隙率相应降低，结果使低频吸声系数得到提高，而高频吸声系数有所降低。

5. 材料厚度

厚度增加，材料吸声系数曲线将向低频方向平移。大致上材料厚度每增加一倍，吸声系数曲线峰值将向低频方向移动一个倍频程。

6. 材料背后空气层的影响

在多孔吸声材料与坚硬墙壁(刚性壁)之间留有空气层会提高吸声效果，当空气层厚度等于 1/4 波长的奇数倍时，由于刚性壁表面质点速度为零，多孔材料位置恰处于该频率声波质点速度峰值，可获得最大吸声系数。而当空气层厚度等于 1/2 波长整数倍时，吸声系数最小。为了使普通噪声中特别多的中频成分得到最大吸收，一般推荐在多孔材料与刚性壁之间留有 70～150 mm 空气层。

9.4.2　薄板共振吸声结构

金属板、胶合板等薄板周边固定在框架上，背后设置一定厚度的空气层，就构成了薄板共振吸声结构。薄板相当于质量，空气层相当于弹簧。当入射声波频率接近于薄板-空气层系统固有频率时发生共振，这时声能将显著被吸收，薄板结构的共振频率 f_r 近似为

$$f_r = \frac{600}{\sqrt{MD}} \tag{9.4.2}$$

式中：M 为薄板的面密度(kg/m^3)；

D 为空气层厚度(m)。

这种吸声结构的共振吸声系数为 0.2～0.5。

9.4.3　穿孔板吸声结构

穿孔板吸声结构是在钢板、胶合板等类薄板上穿以一定数量的孔，并在其后设置一定厚度的空腔。它可以看作是许多亥姆霍兹共振器的并联。声学共振频率 f_r 可按下式计算：

$$f_r = \frac{c}{2\pi} \cdot \sqrt{\frac{P}{D \cdot l_k}} \tag{9.4.3}$$

式中：c 为声速(m/s)；

P 为穿孔率；

D 为穿孔板背后空气层的厚度(m)；

l_k 为颈口(孔沿板厚度方向)有效长度(m)。

当孔径 d 大于板厚 t 时，$l_k = t + 0.8d$；当空腔内壁粘贴多孔材料时，$l_k = t + 1.2d$。穿孔率 P 根据孔的排列方式(正方形、等边三角形、狭缝形等)、孔径 d 及孔心距 B 计算。

共振时吸声系数为

$$\alpha = \frac{4r_A}{(1 + r_A)^2} \tag{9.4.4}$$

式中：r_A 为相对声阻，即声阻 R 与空气特性阻抗 $\rho_0 c$ 之比。

穿孔板的相对声阻为

$$r_A = \frac{r}{\rho_0 c} \cdot \frac{l_k}{P} \tag{9.4.5(a)}$$

式中：r 为穿孔板的比流阻(Rayl/cm)。

吸声系数高于 0.5 的穿孔板吸声结构的频带宽度为

$$\Delta f = 4\pi \frac{f_r}{\lambda_r} \cdot D \tag{9.4.5(b)}$$

式中：λ_r 为与共振频率 f_r 对应的波长(m)。

将多孔吸声材料填入共振腔，能在一定程度上拓宽吸声频带，材料的位置贴近穿孔板背面与贴近刚性壁比较，以贴近穿孔板背面效果较好。

9.4.4 吸声减噪量计算

为了明确采取吸声措施的合理性，在吸声设计的各项步骤中，首先要估算吸声减噪量。设吸声处理前后房间平均吸声系数分别为 $\bar{\alpha}_1$ 和 $\bar{\alpha}_2$，房间常数为 R_1 和 R_2，同一测点声压级为 L_{p1} 和 L_{p2}，声源位置的指向性系数为 Q，测点至声源中心的距离为 r，根据式(8.3.12)得吸声减噪量为

$$D = L_{p1} - L_{p2} = 10\lg \frac{\dfrac{Q}{4\pi r^2} + \dfrac{4}{R_1}}{\dfrac{Q}{4\pi r^2} + \dfrac{4}{R_2}} \tag{9.4.6}$$

由上式可见，D 随距离 r 变化，在离声源很近时直达声占主导地位，$D \approx 0$；随距离 r 增大，D 逐渐增加；当达到混响场为主的区域，$4/R \gg Q/(4\pi r^2)$，减噪量达到最大值，即

$$D_{\max} = 10\lg \frac{R_2}{R_1} = 10\lg \frac{\bar{\alpha}_2(1-\bar{\alpha}_1)}{\bar{\alpha}_1(1-\bar{\alpha}_2)}$$

9.5 隔声原理

机械噪声控制工程中采用隔声装置往往十分有效。一种方式是用隔声结构将机械噪声源封闭起来，使噪声局限在一个小空间里，这种装置称为隔声罩。有时机器噪声源数量很多，则可采取另一种方式，将需要安静的场所用隔声结构围起来，使外界噪声很少进入，这种装置称为隔声间。所以隔声罩与隔声间的差别只是噪声源的相对位置不同。此外，在噪声源与受干扰位置之间有时用不封闭的隔声结构进行阻挡，称为声屏障。

隔板的声透射损失 TL(也称隔声量)按下式定义：

$$\mathrm{TL} = 10\lg\left(\frac{I_i}{I_t}\right) \quad (\mathrm{dB}) \tag{9.5.1}$$

式中：I_i、I_t 分别为入射声强和透射声强。

根据式(8.3.2)有

$$\mathrm{TL} = 10\lg \frac{1}{\tau} \quad (\mathrm{dB}) \tag{9.5.2}$$

式中：τ 为声能透射系数。

声透射损失测量在专用的一对混响室(分别称为发声室和接收室)进行，隔板试件安装在两室之间。混响室下面有隔振装置，隔墙很厚，因此，除试件以外，其他侧向传声可以忽略不计。测量出的发声室与接收室的平均声压级级差，反映了通过隔板透射的声能。试件面积 S (m^2)和接收室吸声量 A(m^2)对声透射有一定影响。声透射损失 TL 按下式计算：

$$TL = L_1 - L_2 + 10\lg\frac{S}{A} \quad (dB) \tag{9.5.3}$$

式中:L_1 和 L_2 分别代表发声室和接收室内空间的平均声压级(dB)。

9.5.1 单层均质薄板的质量定律

设一束平面声波入射到一块无限大均质薄板上,这是一个二维声场问题,波动方程为

$$\frac{\partial^2 p}{\partial x^2} + \frac{\partial^2 p}{\partial y^2} = \frac{1}{c^2}\frac{\partial^2 p}{\partial t^2} \tag{9.5.4}$$

设 p_i、p_r、p_t 分别表示入射波、反射波和透射波的声压,它们可以分别表示为

$$\left.\begin{aligned} p_i &= A_1 \cdot e^{i(\omega t - k_x \cdot x + k_y \cdot y)} \\ p_r &= B_1 \cdot e^{i(\omega t - k_x \cdot x + k_y \cdot y)} \\ p_t &= A_2 \cdot e^{i(\omega t - k_x \cdot x + k_y \cdot y)} \end{aligned}\right\} \tag{9.5.5}$$

式中:k_x、k_y 分别为 x 和 y 方向的波数分量。

隔板两边存在的边界条件为:

(1) 两边法线方向空气质点振动速度相等,并等于板的振动速度,即

$$\frac{p_t}{\rho_0 c} - \frac{p_r}{\rho_0 c} = \frac{p_t}{\rho_0 c} = \frac{V_M}{\cos\theta} \tag{9.5.6}$$

式中:V_M 为板的振动速度;

θ 为入射角。

由于板很薄,以 $x=0$ 代入式(9.5.5),再代入式(9.5.6)可得

$$B_1 = A_1 - A_2 \tag{9.5.7}$$

(2) 作用在板上的总压力等于单位面积阻抗与板的振动速度的乘积,即

$$p_i + p_r - p_t = V_M \cdot Z_M \tag{9.5.8}$$

式中:Z_M 为隔板的单位面积阻抗。

根据板的运动方程可以导出 Z_M,一般情况下有

$$Z_M = \frac{R}{S} + i\omega\left(\frac{M'}{S} - \frac{K}{\omega^2 S}\right)$$

式中:S 为板的面积;

M' 为板的质量;

R 为板的阻尼;

K 为板的刚度。

如果忽略板的阻尼与刚度,认为板做整体振动,此时有

$$Z_M \approx i\omega M$$

式中:M 为板的单位面积质量。

以 $x=0$ 代入式(9.5.5),另由式(9.5.6)得

$$V_M = \left(\frac{p_t}{\rho_0 c}\right)\cos\theta$$

代入式(9.5.8)得

$$A_1 + B_1 - A_2 = i\omega\frac{M}{\rho_0 c}A_2 \cdot \cos\theta$$

将式(9.5.7)代入上式,消去 B_1 后可得

$$\frac{A_1}{A_2} = 1 + \frac{\mathrm{i}\omega M \cdot \cos\theta}{2\rho_0 c}$$

故入射波与透射波的声强比为

$$\frac{I_{\mathrm{i}}}{I_{\mathrm{t}}} = \frac{1}{\tau} = \frac{|A_1|^2}{|A_2|^2} = 1 + \left(\frac{\omega M \cdot \cos\theta}{2\rho_0 c}\right)^2$$

声透射损失为

$$\mathrm{TL} = 10\lg\left(1 + \frac{\omega^2 M^2 \cdot \cos^2\theta}{4\rho_0^2 c^2}\right)$$

对于板在空气中的情况，固体声阻抗比空气特性阻抗大得多，即 $\omega M \gg 2\rho_0 c$，故近似有

$$\mathrm{TL} \approx 10\lg \frac{\omega^2 M^2 \cdot \cos^2\theta}{4\rho_0^2 c^2}$$

当声波垂直入射时 $\theta=0$，此时有

$$\mathrm{TL} = 20\lg M + 20\lg f - 42.5 \quad (\mathrm{dB}) \tag{9.5.9}$$

式(9.5.9)即为隔声理论中著名的质量定律。对于一定频率，板的面密度提高一倍，TL 将增大 6 dB；如果板的面密度不变，频率每提高一个倍频程，TL 也增大 6 dB。由于实际情况下多数为无规入射，$\theta=0°\sim90°$各个方向都有，按照入射角积分计算出的 TL 值比单纯垂直入射 TL 值低 5 dB 左右，故隔板实际声透射损失为

$$\mathrm{TL} = 20\lg M + 20\lg f - 48 \quad (\mathrm{dB}) \tag{9.5.10}$$

9.5.2 吻合效应

在 9.5.1 节中忽略板的刚度及阻尼，薄板作为整块质量起作用。事实上，声波入射时将激起隔板的弯曲振动。对于某一频率，声波沿 θ 角入射时，如板中弯曲波波长 λ_{B} 正好等于空气中声波波长 λ 在板上的投影长度，这时板振动与空气振动达到高度耦合，声波十分容易透过，形成透射损失曲线上的低谷，这个现象称为吻合效应。由图 9.5.1 可见，产生吻合效应的条件为 $\lambda/\sin\theta = \lambda_{\mathrm{B}}$，或表示为

$$\sin\theta = \frac{\lambda}{\lambda_{\mathrm{B}}} = \frac{c}{c_{\mathrm{B}}}$$

式中：λ、c 表示空气中声波的波长和速度；

λ_{B} 和 c_{B} 表示板中弯曲波的波长和波速。

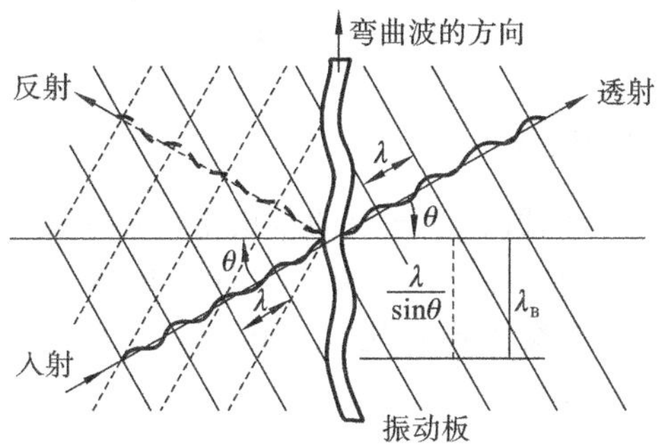

图 9.5.1　平面声波与无限大板的吻合效应

由上式可见，发生吻合现象时每一个频率(或波长 λ)对应于一定的入射角 θ。当 $\theta=90°$时 $\lambda=\lambda_{\mathrm{B}}$，表明声波“掠入射”时得到最低吻合频率，称为临界频率 f_{c}。当 $f<f_{\mathrm{c}}$ 时，$\lambda>\lambda_{\mathrm{B}}$，不可能

发生吻合现象(因为 $\sin\theta$ 不可能大于 1),只有 $f>f_c$ 时才可能产生吻合。临界频率 f_c 由下式确定:

$$f_c=\frac{c^2}{1.8t}\sqrt{\frac{\rho_m}{E}}\quad(\text{Hz})\tag{9.5.11}$$

式中:c 为空气中的声速(m/s);

t 为板厚(m);

ρ_m 为隔板材料密度(kg/m^3);

E 为材料的弹性模量(N/m^2)。

例如,厚度为 1.25 cm 的普通胶合板的 f_c 约为 3000 Hz,而同样厚度的玻璃板的 f_c 在 1300 Hz 左右,差别是由面密度和弹性模量的不同造成的。

9.5.3 单层板隔声特性曲线

单层均质板的透射损失随频率变化的趋势如图 9.5.2 所示。低频 TL 值主要由板的刚度控制,称为刚度控制区。在声波激发下隔板的作用相当于一个等效活塞。刚度越大,频率越低,则隔声量越高。随着频率的提高,曲线进入由隔板各阶简正振动方式(模态)决定的共振频段。共振频率由隔板材料及尺度确定,一般在几十赫兹左右(例如 3 m×4 m 砖墙约为 40 Hz,1 m×1 m 钢板或玻璃板约为 25 Hz)。共振段以上为质量控制区,符合质量定律。当频率超过临界频率 f_c 时,曲线进入吻合区,主要由吻合效应控制。阻尼大小主要对板的共振段以及吻合区产生影响。

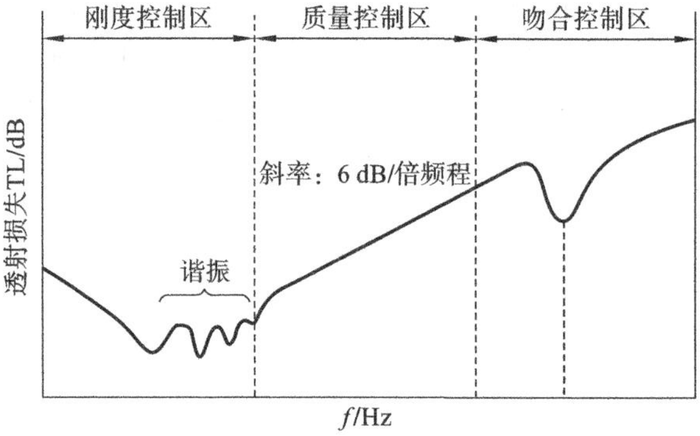

图 9.5.2 单层板透射损失

9.5.4 双层板及组合结构

在面密度相同的条件下,中间留有空气层的双层结构比单层板的隔声量要大 5～10 dB。原因在于两层板间的空气层(及吸声材料)有缓冲振动作用(及吸声作用),使声能得到一定衰减后再传到第二层结构,因此能突破质量定律的限制,提高隔声量。双层板隔声量按下式计算:

$$\text{TL}=10\lg\left[\frac{(M_1+M_2)\pi f}{\rho_0 c}\right]^2+\Delta\text{TL}\tag{9.5.12}$$

式中:M_1、M_2 分别为各层板的面密度(kg/m^3);

ΔTL 为附加隔声量(dB)。

ΔTL 随空气层厚度的加大而增加,但厚度以 10 cm 为极限,超过 10 cm,ΔTL 曲线趋于平坦。空气层厚度一般取为 5～10 cm，相应 $\Delta TL \approx 8 \sim 10$ dB。双层结构边缘与基础之间要求进行弹性连接（嵌入毛毡或软木等弹性材料），否则隔声量要降低 5 dB 左右。

不同隔声量构件组合成的隔声结构，例如带有门窗的墙，总隔声量为

$$TL = 10\lg\frac{1}{\tau} = 10\lg\frac{\sum_{i=1}^{n} S_i}{\sum_{i=1}^{n} \tau_i S_i} \tag{9.5.13(a)}$$

式中：τ_i 为对应面积 S_i 的透射系数。

要达到组合结构合理设计，要求结构各部分实现等隔声量原则，即

$$S_1\tau_1 = S_2\tau_2 = \cdots = S_n \cdot \tau_n \tag{9.5.13(b)}$$

9.5.5　隔声罩

隔声罩由板状隔声构件组成，通常用 1.5～3 mm 厚钢板（或铝板、层压板等）作为面板（隔声罩外表面），另外用一层穿孔率大于 20%的穿孔板作内壁板，两层板覆盖在预制框架两边，间距为 5～15 cm，当中填充吸声材料，材料表面覆一层多孔纤维布或纱网，以免细屑或纤维由穿孔板中逸出。这种单层隔声构件的隔声量主要取决于外层密实板材的面密度，吸声材料的作用则是减小罩内混响。第二种隔声构件是在上述结构中吸声材料与密实板材之间增加 5～10 cm 空腔，以改善低频隔声性能。第三种隔声构件没有上述结构中的吸声面，两块面板都是密实板，中间填充吸声材料，称为双层隔声结构。这种形式常用于隔声量要求较大的局部场合，如隔声门等。

1. 隔声罩的降噪量（NR）

隔声罩的降噪量可由下式计算：

$$NR = L_1 - L_2 \quad (dB) \tag{9.5.14}$$

式中：L_1 和 L_2 分别为罩内及罩外声压级（dB）。

在隔声罩安装后，分别测量罩内、外声压级，就可得出隔声罩的实际降噪量。但在设计阶段罩内声压级未知，NR 值不易计算。

2. 隔声罩的插入损失（IL）

对于隔声罩的实际降噪效果常常以插入损失来衡量。插入损失 IL 是在离声源一定距离处的同一测点安装隔声罩前后的声压级误差，即

$$IL = L_2 - L_2' \quad (dB) \tag{9.5.15}$$

设隔声罩表面积为 S_1，声透射系数为 τ，材料吸声系数为 α_1，罩内声强为 I_1。稳定状态下声功率平衡式为

$$W_1 = I_1 S_1 (\alpha_1 + \tau)$$

式中：W_1 为声源声功率（W）。

由上式得

$$I_1 = \frac{W_1}{S_1(\alpha_1 + \tau)} \tag{9.5.16(a)}$$

没有安装隔声罩时，室内混响声场在测点处的声强为 I_2，稳定状态下 W_1 全部被墙面吸收，设房间表面积为 S_2，墙面吸声系数为 α_2，则有

$$I_2 = \frac{W_1}{S_2 \cdot \alpha_2} \tag{9.5.16(b)}$$

安装隔声罩后，透射声功率 $W_t = I_1\tau S_1$，测点处声强变为 I_2'（见图 9.5.3），即

$$I_2' = \frac{W_t}{S_2 \cdot \alpha_2} = \frac{I_1\tau S_1}{S_2 \cdot \alpha_2} \tag{9.5.16(c)}$$

将式(9.5.16(a))代入，得

$$I_2' = \frac{W_1}{S_1(\alpha_1+\tau)} \cdot \frac{\tau S_1}{S_2\alpha_2} = \frac{W_1}{S_2\alpha_2}\frac{\tau}{(\tau+\alpha_1)} \tag{9.5.17}$$

根据插入损失定义，得

$$\begin{aligned} \mathrm{IL} &= L_2 - L_2' = 10\lg\left(\frac{I_2}{I_2'}\right) = 10\lg\left(\frac{\tau+\alpha_1}{\tau}\right) \\ &= \mathrm{TL} + 10\lg(\tau+\alpha_1) \quad (\mathrm{dB}) \end{aligned} \tag{9.5.18}$$

式中：TL 为隔声构件的透射损失(dB)。

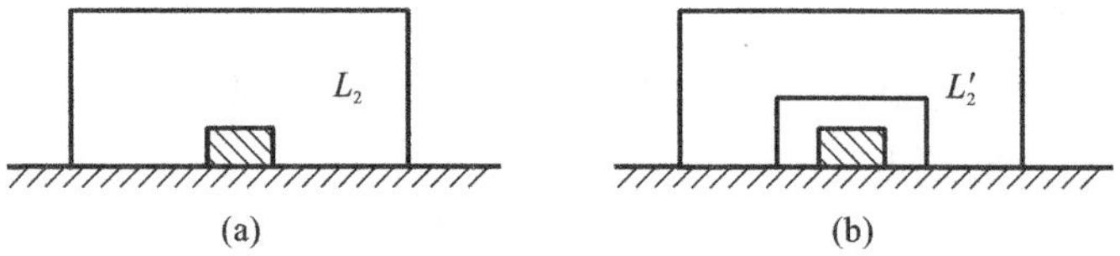

图 9.5.3　隔声罩的插入损失

式(9.5.18)中 $\alpha_1+\tau<1$，其对数为负值，因此隔声罩的插入损失 IL 总是小于隔声构件的透射损失 TL。例如，构件透射损失 TL=30 dB，$\alpha_1=0.03$，$\tau=10^{-3}$时 IL=15 dB，插入损失仅为构件透射损失的一半。若将 α_1 提高到 0.6，则 IL 将增加至 27.8 dB。

在隔声罩内壁铺设吸声材料后 $\alpha_1 \gg \tau$，故式(9.5.18)可简化为

$$\mathrm{IL} = \mathrm{TL} + 10\lg\alpha_1 \tag{9.5.19}$$

式(9.5.19)表明，隔声罩的插入损失不仅取决于隔声构件的声透射损失，而且取决于罩内的平均吸声系数。吸声系数越高，插入损失就越接近于构件的声透射损失，说明隔声罩内铺设吸声材料的必要性。

3. 隔声罩的通风散热问题

机器设备实际上是一个热源，加隔声罩后设备的环境温度就会上升。维持罩内温升不要太高，使轴承及其他相对运动部件不发生过热，才能保证机器正常运转，因此通风散热是动力机械隔声罩设计中的一个重要问题。换气量 V 的大小取决于机器的散热量，估算公式如下：

$$V = \frac{Q}{c_p \cdot \rho \cdot \Delta t} = 860N \cdot \frac{1-\eta}{\eta} \cdot \frac{1}{c_p \cdot \rho \cdot \Delta t} \quad (\mathrm{m^3/h}) \tag{9.5.20}$$

式中：Q 为机器散热量(kcal/h)；

N 为机器功率(kW)；

η 为机械效率；

c_p 为空气比热容(kcal/(kg · ℃))；

ρ 为空气密度(kg/m^3)，通常取 $c_p=0.24$ kcal/(kg · ℃)，$\rho=1.18$ kg/m^3；

Δt 为容许的空气温升(℃)，Δt 根据设备的具体要求确定。

另外一种是按照换气次数计算通风量的经验估算法。设隔声罩容积为 V_0(m^3)，要求每小时换气 n 次，则通风量 Q 为

$$Q = n \cdot V_0 \quad (\mathrm{m^3/h}) \tag{9.5.21}$$

式中：换气次数 n 为 40～120。隔声罩容积小时 n 取大值，容积大时取小值。

散热通风机大多选用低噪声轴流风机，进风口及排风口应设置阻性片式消声器或消声弯道，以降低气流噪声。进风口和排风口位置应使气流从机器表面温度较低部分流向高温表面然后排出，以达到良好的散热效果。

4. 隔声罩上的开口

孔洞或缝隙的声透射系数为 1，对隔声量影响很大。假设隔声罩原来的降噪量为 40 dB，如果有了面积比为 1%的开口，降噪量将下降至 20 dB。因此，从工艺上保证隔声装置上的隔声门及隔声窗等的良好密封性是至关重要的。对于半隔声罩，由于本身是不封闭的，对隔声构件的声透射损失不应要求过高，无须超过 20 dB。

5. 紧凑型隔声罩

如果隔声罩紧密地贴合在机器周围，那么隔声罩罩壳和机器表面通过中间的空气层耦合成一个系统。在以两个平行表面之间距离作为半波长整数倍的那些频率上发生驻波效应，将使隔声量大大下降。这种情况可以用填充吸声材料加以改善。

6. 罩的隔振

对于有强烈振动的设备，如柴油机，隔声罩不可直接刚性固定在机座上。否则，由于振动传递而引起的罩壳声辐射，可能会使低频隔声量成为负值。隔声罩应尽量与机器分离，必须连接时应加隔振器。设备的管道通过隔声罩处都应采用软连接。

9.5.6 声屏障

在声源与接受点之间，插入一个有足够面密度的密实材料的板或墙，使声传播有一个显著的附加衰减，这种障碍物称为声屏障。声波遇到屏障时，产生反射、透射和绕射，屏障的作用是阻止直达声，隔离透射声，并使绕射声有足够的衰减。要求障板有较大的面密度（一般要求大于 20 kg/m^3）并由不漏声的材料构成，目的是使屏障的隔声量比屏障绕射产生的附加衰减量大 10 dB 以上，这样在计算分析时屏障的透射声就可以忽略不计，只考虑绕射效应。

对于无限长声屏障，不必考虑屏障两侧的绕射而只计算屏障上部的绕射，设为点声源情况。引入无量纲参数菲涅尔（Fresnel）数 N，即

$$N = \frac{2(A+B-r)}{\lambda} = \frac{2\delta}{\lambda} \tag{9.5.22(a)}$$

式中：λ 为声波波长（m）；

δ 为声源 S 与接受点 R 之间经屏障绕射的距离（$A+B$）与直线距离 r 之差，称为声程差（m）。

根据波动光学的类似分析，可以得出声屏障附加衰减量 D 与 N 的关系，绘出曲线如图 9.5.4所示。由图可见，当频率较高（$N \geqslant 1$）时有近似关系

$$D = 10\lg N + 13 \quad (\text{dB}) \tag{9.5.22(b)}$$

表明当 N 值增大时附加衰减量 D 近似随 N 的对数上升，N 值每增加一倍，D 值增加 3 dB。但实验表明，D 值不会随 N 值无限制地增加，最大衰减量极限值为 24 dB，相应的 N 值为 12。这就是说式（9.5.22(b)）的适用范围为 $1 \leqslant N \leqslant 12$。

对于有限声屏障，根据声场理论分析，在半混响声场中声屏障的插入损失 IL 可按下式计算：

$$\text{IL} = 10\lg \frac{\dfrac{Q}{4\pi r^2} + \dfrac{4}{R}}{\dfrac{Q_B}{4\pi r^2} + \dfrac{4}{R}} \quad (\text{dB}) \tag{9.5.23}$$

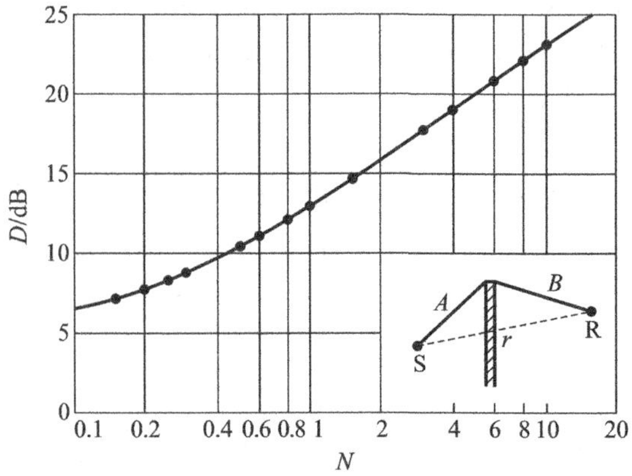

图 9.5.4　声屏障的附加衰减量

式中：r 为声源至接受点距离(m)；

R 为房间常数(m^2)；

Q 为声源位置的指向性系数；

Q_B 为合成的指向性系数。

Q_B 按下式计算：

$$Q_B = Q \cdot \sum_{i=1}^{3} \frac{\lambda}{3\lambda + 20\delta_i} \tag{9.5.24}$$

式中：δ_1、δ_2、δ_3 为有限尺度声屏障在三个方向的声程差(m)。

在自由场中，$R\rightarrow\infty$，插入损失的近似公式为

$$\mathrm{IL} = -10\lg\left(\sum_{i=1}^{3} \frac{\lambda}{3\lambda + 20\delta_i}\right) \quad (\mathrm{dB}) \tag{9.5.25}$$

9.6　消　声　器

消声器是降低空气动力性噪声的主要手段，它允许气流通过，同时减少噪声向管路下游传播。在原理上消声器主要分为阻性消声器和抗性消声器两种。消声器在技术上要求达到三方面性能：

(1) 声学性能：要求在较宽的频率范围内有足够大的消声量；

(2) 空气动力性能：要求安装消声器后增加的气流阻力损失控制在允许范围内；

(3) 结构性能：体积小，重量轻，加工性好，坚固耐用。

消声器声学性能的评价量有以下三种。

(1) 透射损失 TL(也称传声损失或消声量)：定义为消声器入射声功率 W_i 与透射声功率 W_t 之比的对数，即

$$\mathrm{TL} = 10\lg\left(\frac{W_i}{W_t}\right) \quad (\mathrm{dB}) \tag{9.6.1}$$

在这里假定消声器出口端是无限均匀管道或消声末端，不存在末端反射，因此 TL 仅仅是消声器本身的声学特性。用透射损失 TL 进行理论分析比较方便。

(2) 插入损失 IL：在到管口某一距离的同一测点处，安装消声器前后声压级之差为插入损失，即

$$\text{IL} = L_2 - L_2' \quad \text{(dB)} \tag{9.6.2}$$

IL 值不仅反映消声器本身的特性，也包含了周围声学环境的影响。对插入损失进行测量比较方便。

（3）降噪量 NR：定义为

$$\text{NR} = L_1 - L_2 \quad \text{(dB)} \tag{9.6.3}$$

式中：L_1 为消声器入口声压级，包括入射波与反射波声能之和；L_2 为消声器出口声压级。

透射损失、插入损失及降噪量三者之间不存在简单关系，它们之间的联系取决于内阻抗和末端阻抗。通常有 NR－TL≈3 dB，而当声源内阻抗与管道末端阻抗相等时有 TL＝IL。

9.6.1　阻性消声器

阻性消声器是管道中插入的一段结构，内部沿气流通道铺设吸声材料。噪声沿管道传播时声波进入多孔材料内部，激发起孔隙中的空气及材料细小纤维的振动，因摩擦和黏滞力作用使声能耗散掉，转变成热能。

1. 消声量公式

消声量可按以下公式计算：

$$\text{TL} = \varphi(\alpha_0) \cdot \frac{P}{S} l \quad \text{(dB)} \tag{9.6.4}$$

式中：P 为消声器横截面周长(m)；

S 为横截面面积(m^2)；

l 为消声器长度(m)；

$\varphi(\alpha_0)$为消声系数，其中 α_0 为吸声材料的法向入射吸声系数。

$\varphi(\alpha_0)$可由表 9.6.1 查出。

表 9.6.1　$\varphi(\alpha_0)$与 α_0 的关系

α_0	0.1	0.2	0.3	0.4	0.5	0.6	0.7	0.8	0.9	1.0
$\varphi(\alpha_0)$	0.1	0.3	0.4	0.55	0.7	0.9	1.0	1.2	1.5	1.5

2. 高频失效现象

消声器实际消声量不仅取决于式(9.6.4)，还与频率有关。对于横截面一定的消声器，当噪声频率增大到某一数值后，声波集中在通道中部以窄声束形式穿过，以至于壁面吸声材料不能充分发挥作用，于是实际消声量急剧下降。这称为高频失效现象。消声量开始下降时的频率称为高频失效频率，记作 $f_{失}$，$f_{失}$ 可按下式估算：

$$f_{失} = 1.85(c/D) \quad \text{(Hz)} \tag{9.6.5}$$

式中：c 为声速(m/s)；

D 为消声器通道的当量尺寸(m)，对于圆形通道 D 为直径，矩形通道则为各边边长的平均值。

为了克服高频失效，对于流量大的粗管道，不可选用直管式消声器，通常在消声器通道中加装消声片，或设计成蜂窝式、折板式、弯头式消声器，使每个单独通道的当量尺寸 D 减小，以提高高频失效频率。

3. 气流再生噪声

气流再生噪声产生的机理包括两方面：一是摩擦阻力和局部阻力产生湍流脉动引起的噪

声，以中、高频为主；二是消声器内壁或其他构件在气流冲击下产生振动而辐射噪声，以低频为主。气流速度越高，消声器内部结构越复杂，气流噪声越大。就阻性消声器沿程声压级衰减规律来看，随着消声器长度增加，声压级逐步衰减；但到达一定长度后，由于气流噪声占主导地位，因此管内声压级不再下降，此时再增加消声器长度已毫无意义。这一点在消声器设计中要引起注意。为了降低气流再生噪声，必须对流速加以限制。空调系统消声器流速不应超过 5 m/s，压缩机或鼓风机不应超过 20～30 m/s，对内燃机消声器则可选为 30～50 m/s。

9.6.2　抗性消声器

抗性消声器本身并不吸收声能，它的作用是借助管道截面突变或旁接共振腔，产生声阻抗不匹配，使沿管道传播的声波向声源反射回去，从而在消声器出口端达到消声目的。这种消声器比较适用于消减中、低频噪声，常用的有扩张室式和共振腔式两类。

1. 扩张室式消声器

图 9.6.1 所示为最简单的单节扩张室消声器，由在截面积为 S_1 的管道中接入一段截面积为 S_2、长度为 l 的管道构成。下面用平面波传播理论来求消声器的消声量。

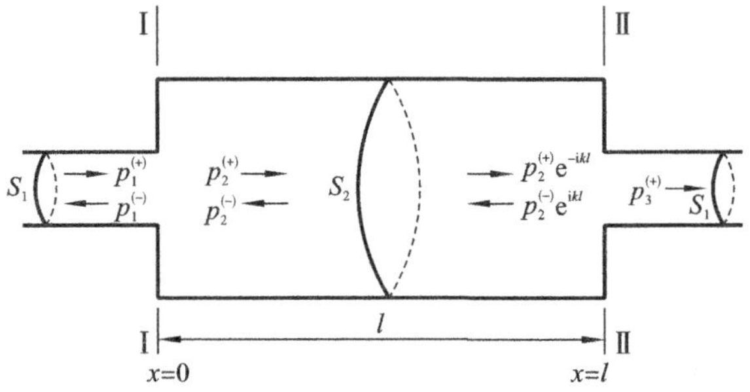

图 9.6.1　单节扩张室消声器

令 $m = S_2/S_1$，称为扩张比，设正向传播波以上标$^{(+)}$表示，反向传播波以上标$^{(-)}$表示。进口端入射波声压为 $p_1^{(+)}$，反射波声压为 $p_1^{(-)}$，穿过界面 Ⅰ-Ⅰ 的透射波声压为 $p_2^{(+)}$，反射波声压为 $p_2^{(-)}$，界面 Ⅱ-Ⅱ 处相位比界面 Ⅰ-Ⅰ 处相差 kl（k 为波数，$k=\omega/c$），因此在界面 Ⅱ-Ⅱ 处入射波声压为 $p_2^{(+)} \cdot e^{-ikl}$，反射波声压为 $p_2^{(-)} \cdot e^{ikl}$。穿过界面 Ⅱ-Ⅱ 的透射波声压为 $p_3^{(+)}$。

在界面 Ⅰ-Ⅰ 处，根据声压连续条件得

$$p_1^{(+)} + p_1^{(-)} = p_2^{(+)} + p_2^{(-)} \tag{9.6.6}$$

由体积速度连续条件可得

$$S_1 \frac{p_1^{(+)}}{\rho_0 c} - S_1 \frac{p_1^{(-)}}{\rho_0 c} = S_2 \frac{p_2^{(+)}}{\rho_0 c} - S_2 \frac{p_2^{(-)}}{\rho_0 c}$$

即

$$p_1^{(+)} - p_1^{(-)} = m[p_2^{(+)} - p_2^{(-)}] \tag{9.6.7}$$

在界面 Ⅱ-Ⅱ 处，根据声压和体积速度连续条件分别得

$$p_2^{(+)} \cdot e^{-ikl} + p_2^{(-)} \cdot e^{ikl} = p_3^{(+)} \tag{9.6.8}$$

$$m[p_2^{(+)} \cdot e^{-ikl} - p_2^{(-)} \cdot e^{ikl}] = p_3^{(+)} \tag{9.6.9}$$

由式(9.6.6)～式(9.6.9)联立，可以解出声压比，即

$$\frac{p_1^{(+)}}{p_3^{(+)}}=\cos kl+\mathrm{i}\,\frac{m^2+1}{2m}\cdot\sin kl \tag{9.6.10}$$

消声器的消声量即声透射损失，用入射声强与透射声强之比来衡量，即

$$\mathrm{TL}=10\lg\left[\frac{p_1^{(+)}}{p_3^{(+)}}\right]^2$$

将式(9.6.10)代入上式，最后得

$$\mathrm{TL}=10\lg\left[1+\frac{1}{4}\left(m-\frac{1}{m}\right)^2\cdot\sin^2 kl\right]\quad(\mathrm{dB}) \tag{9.6.11}$$

这就是单节扩张室消声器的消声量公式。由该式可见，消声量大小取决于扩张比 m，消声频率特性则由扩张室长度 l 决定。由于 $\sin kl$ 为周期函数，故消声量随频率周期性变化。图 9.6.2 所示为消声量频率特性曲线的一个周期。由图可见：

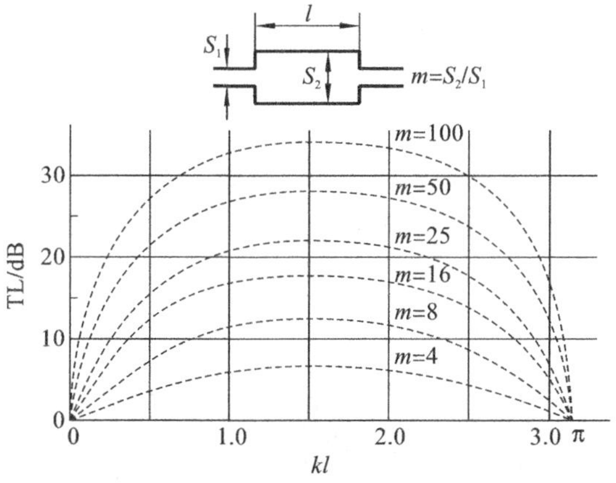

图 9.6.2　单节扩张室消声器的消声量频率特性曲线

(1) 当 kl 为 $\pi/2$ 的奇数倍，即 $kl=\pi(2n+1)/2(n=0,1,2,\cdots)$ 时，$\sin^2 kl=1$，获得最大消声量。此时频率为 $f=c(2n+1)/4l(\mathrm{Hz})$，还可以变换为 $l=\lambda(2n+1)/4$。说明当扩张室长度等于声波波长 1/4 的奇数倍时，在相应频率上获得最大消声量。

(2) 当 kl 为 $\pi/2$ 的偶数倍，即 $kl=n\pi(n=0,1,2,\cdots)$ 时，$\sin^2 kl=0$，消声量为零。相应频率称为通过频率，即

$$f_{\mathrm{n}}=\frac{nc}{2l}\quad(n=1,2,3,\cdots) \tag{9.6.12}$$

上式可变换为 $l=n\cdot\lambda/2$ 。表明当扩张室长度等于声波半波长的整数倍时，消声器不起作用。

(3) 扩张室消声器存在上限截止频率。当扩张比 m 增大到一定值后，声波集中在中部穿过，出现与阻性消声器相似的高频失效现象。上限截止频率 $f_{上}$ 可按下式估算：

$$f_{上}=1.22\,\frac{c}{D}\quad(\mathrm{Hz}) \tag{9.6.13}$$

式中：c 为声速(m/s)；

D 为扩张室直径(m)。

(4) 扩张室消声器还存在下限截止频率。低频时如果声波波长比扩张室长度大很多，此时扩张室和连接管成为集总声学元件构成的声振系统，在该系统共振频率附近，消声器不仅不能消声，反而对声音起放大作用。下限截止频率 $f_{下}$ 可按下式估算：

$$f_{下}=\frac{\sqrt{2}c}{2\pi}\sqrt{\frac{S}{Vl}}\quad(\mathrm{Hz}) \tag{9.6.14}$$

式中：c 为声速(m/s)；

S 为连接管截面面积(m^2)；

l 为连接管长度(m)；

V 为扩张室容积(m^3)。

(5) 气流的影响。气流速度过大使有效扩张比降低，从而降低消声量。当马赫数 $M<1$ 时扩张室的有效扩张比为 $m_e=m/(1+m\cdot M)$(m 为理论扩张比)。

改善扩张室式消声器性能的方法有：

(1) 扩张室插入内接管。理论分析表明，当插入内接管长度为 $l/4$ 时可消除式(9.6.12)中 n 为偶数的通过频率，当内接管长度为 $l/2$ 时能消除 n 为奇数的通过频率。

(2) 多节不同长度扩张室串联。可使各节通过频率相互叉开，不但能改善消声器频率特性，而且能提高总消声量。

(3) 用穿孔率大于 25%的穿孔管把内插管连接起来，可以减少气流阻力。同时由于穿孔率足够大，也能获得近似于断开状态的消声量。

2. 共振腔式消声器

图 9.6.3 所示为一种多节式共振腔消声器。密封的空腔经过内管上的小孔与气流通道相连通；小孔孔颈中的空气柱如同活塞，起声质量作用，而空腔中的空气则起声学弹簧作用。当孔心距为孔径 5 倍以上时，可以认为各孔之间声辐射互不干涉，于是可以看作许多亥姆霍兹共振腔并联。单节共振腔的共振频率为

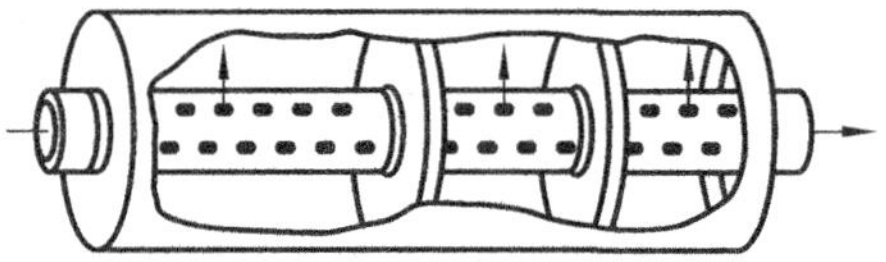

图 9.6.3 多节式共振腔消声器

$$f_0=\frac{c}{2\pi}\sqrt{\frac{G}{V}}\quad(\text{Hz})\qquad(9.6.15)$$

式中：c 为声速(m/s)；

V 为共振腔容积(m^3)；

G 为小孔的传导率。$G=ns_0/(t+0.8d)$，其中 n 为孔数，s_0 为每个小孔面积(m^2)，t 为穿孔板厚度(m)，d 为小孔直径(m)。

当声波频率与共振腔的共振频率 f_0 一致时系统发生共振，达到最大消声量。为了改善性能，通常采用多节共振腔串联的办法，克服单腔共振消声器共振频带窄的缺点，拓宽消声频带。

9.6.3 微穿孔板消声器

微穿孔板消声器是微穿孔板吸声结构的一种应用。特点是阻力损失小，再生噪声低，适用于高速气流场合(最大流速可达 80 m/s)。这样，就可减小大型动力设备消声器的结构尺寸，从而降低造价，也节省安装空间。同时微穿孔板消声器耐高温，不怕潮湿和蒸汽，耐腐蚀，而且非常清洁，不会污染环境，因此应用越来越广泛。应用实例有：大型燃气轮机进排气消声器、柴油机排气消声器、通风空调系统消声器、高温高压蒸汽放空消声器、除尘导风消声器等。双层微穿孔板消声器有可能在 500 Hz 至 8 kHz 的宽频带范围达到 20～30 dB 消声量。

9.7 阻尼减振降噪

对于固体结构的振动和声辐射，阻尼起着重要作用。汽车、船舶、飞机以及机器的外壳等结构一般由金属薄板构成，金属薄板材料阻尼很小，运转时会由于振动而辐射噪声。增加阻尼可以明显地抑制薄板的弯曲振动，降低辐射噪声。

船舶机械设备的壳体、用金属板制成的机罩，以及船上的众多管路等金属结构，常会因为振动的传导发生剧烈的振动，辐射出较强的噪声。金属结构的振动往往存在着一系列的共振峰，相应地，其辐射的噪声也具有与结构振动一样的频率结构，即噪声谱也有一系列的峰值，每个峰值频率对应于一个结构共振频率，这种结构振动称为结构噪声。结构噪声的大小与结构、材料的阻尼特性密切相关，在同样外界激励的情况下，材料的阻尼越大，其结构振动越弱，辐射的噪声也越低。由于阻尼对系统的振动响应有重要影响，因此适当增加系统的阻尼是振动控制的一种重要手段。增加系统阻尼的方法很多，如采用高阻尼材料制造零件、选用阻尼特性较优的结构形式、在系统中增加阻尼、增加运动件的相对摩擦，甚至安装专门的阻尼器等。这种依靠阻尼力来抑制振动、降低噪声的方法，称为振动噪声的阻尼控制。

在抑制振动的过程中，阻尼的主要作用是：减少沿结构传递的振动能量，减小共振频率附近的振动响应，以及降低结构自由振动或由冲击引起的振幅。

9.7.1 阻尼减振原理

阻尼是指系统损耗能量的能力。从减振的角度看，就是将机械振动的能量转变成热能或其他可以损耗的能量，从而达到减振的目的。阻尼技术就是充分运用阻尼耗能的一般规律，从材料、工艺、设计等各方面发挥阻尼在减振方面的潜力，以改善机械结构的动态特性，降低机械产品的振动，增强机械或机械系统的稳定性。

阻尼减振原理就是依靠增加阻尼力抑制振动系统的响应。下面以单自由度振动系统的阻尼与振动响应间的关系来阐明阻尼减振原理。相应的力学模型为

$$m\ddot{x}(t) + c\dot{x}(t) + kx(t) = F(t) \tag{9.7.1}$$

对该式进行拉氏变换，便可导出振动系统的传递函数

$$G(s) = \frac{1}{ms^2 + cs + k} \tag{9.7.2}$$

若令 $s=\mathrm{i}\omega$，由式(9.7.2)可导出系统的频响特性。其中幅频特性为

$$G(\mathrm{i}\omega) = \frac{1}{[(k - m\omega^2)^2 + c^2\omega^2]^{1/2}} \tag{9.7.3}$$

如果激振力是简谐的，即 $F(t)=F_0\cos\omega t$，那么可写出位移振幅 x_0 的解析式：

$$x_0 = \frac{F_0}{[(k - m\omega^2)^2 + c^2\omega^2]^{1/2}} \tag{9.7.4}$$

系统受大小等于 F_0 的常值力作用时的静态位移为

$$x_{\mathrm{st}} = \frac{F_0}{k} \tag{9.7.5}$$

单位简谐力产生的振幅与单位常值力产生的静态位移之比称为系统的动力放大系数。比较式(9.7.4)和式(9.7.5)，得单自由度系统动力放大系数的解析式：

$$\mathscr{M}=\frac{x_0}{x_{st}}=\frac{1}{[(1-\overline{\omega})^2+4\zeta^2\overline{\omega}^2]^{1/2}} \tag{9.7.6}$$

式中：$\overline{\omega}=\frac{\omega}{\omega_n}$为频率比；

$\zeta=\frac{c}{2\sqrt{mk}}$为阻尼比。

以阻尼比 ζ 作参数，按式(9.7.6)绘制的动力放大系数曲线如图 1.2.1 所示。该图表明，如果振动系统的阻尼比 ζ 较小，当激振力频率接近振动系统的固有频率时，系统发生共振，动力放大系数急剧上升。

为抑制共振振幅而增加的阻尼 c_1，通常称为附加阻尼，如图 9.7.1 所示。

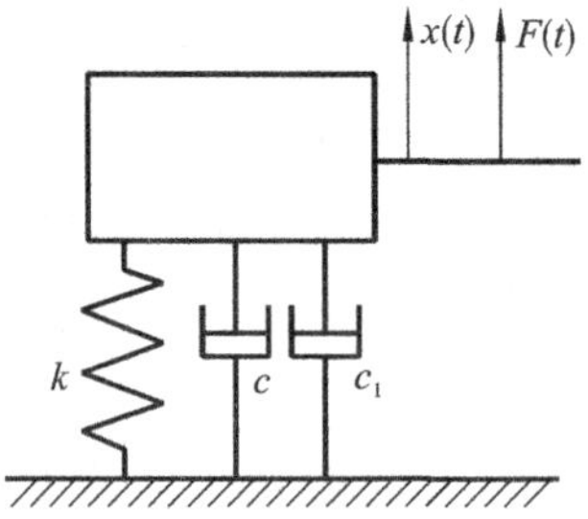

图 9.7.1 附加阻尼的单自由度振动系统

如果系统原有的阻尼比为 ζ，那么，增加阻尼 c_1 后的阻尼比为

$$\zeta'=\left(1+\frac{c_1}{c}\right)\zeta \tag{9.7.7}$$

上式表明，如果附加阻尼 c_1 比原先的阻尼 c 大得多，阻尼比 ζ'将远大于 ζ，动力放大系数将显著减小，从而达到减振的目的。

抵制随机振动要求降低随机激励全部频带(尤其是低频段)上的幅频特性。不难看出，动力放大系数 $\mathscr{M}$ 实际上是单自由度振动系统位移 x 对激振力 $F(t)$的幅频特性。增加系统的阻尼，动力放大系数在全部频带上都被压低了。因此，增加振动系统的阻尼也能抑制它的随机振动。

以上结论虽然是根据单自由度振动系统的力学模型导出的，但是对多自由度振动系统和弹性振动系统做类似的分析，也能得到上述结论。因而阻尼减振技术也能应用于多自由度振动系统和弹性振动系统。

9.7.2 黏弹性阻尼

黏弹性阻尼材料近几十年来迅速发展，主要是橡胶类和塑料类材料。它们是高分子聚合物，相对分子质量超过 10000。受到外力时，曲折状分子链会产生拉伸、扭曲等变形，分子之间的链段又会产生相对滑移及错位。外力去除后，变形的分子链恢复原位，分子之间的相对运动也会部分复原，释放外力所做的功，这就是材料的弹性。但分子链段之间的滑移和错位不能完全复原，会产生永久变形，这部分功转变为热能耗散掉，这就是材料的黏性。黏弹性材料的模量很低，不宜作为工程结构材料，只能黏附于薄板上制成复合结构。

1. 自由阻尼层和约束阻尼层

直接将阻尼材料黏附在薄板上，称为自由阻尼层结构。发生弯曲振动时阻尼层承受的是拉压变形。另一种是在基板上黏附阻尼层，阻尼层上再黏附一层金属薄板(约束层)构成约束阻尼层结构，这种结构发生弯曲振动时阻尼层承受剪切变形。由于剪切变形比拉压变形消耗较多能量，因此两者相比后者阻尼效果更好。

2. 损耗因子

衡量材料阻尼性能的参数是损耗因子。对于约束阻尼层，假设阻尼材料的复剪切弹性模量为 G，则有

$$G = G' + \mathrm{i}G'' = G'(1 + \mathrm{i} \cdot \tan\alpha) \tag{9.7.8}$$

式中：G' 和 G'' 分别为材料复剪切弹性模量的实部与虚部；

α 是受激励后材料应变滞后于应力的相位角。

剪切损耗因子 β 的物理意义是系统阻尼耗损能量 ΔW 与弹性变形能 W 的比值，而在数值上等于阻尼材料复弹性模量的虚部与实部之比，即

$$\beta = \frac{G''}{G'} = \tan\alpha \tag{9.7.9}$$

阻尼材料在正弦力激励下产生剪切应力及应变，由于存在滞后，“应力 τ-应变 γ”曲线是一个封闭曲线。可以证明，单位体积材料在一个振动周期内耗损的能量为

$$\Delta W = \int_0^{2\pi} \tau \mathrm{d}\gamma = \tau_0 \gamma_0 \pi \sin\alpha$$

式中：τ_0 与 γ_0 分别表示剪应力与剪应变的幅值；

α 为应变滞后于应力的相位角。

由于

$$G' = \frac{\tau_0}{\gamma_0}\cos\alpha, G'' = \frac{\tau_0}{\gamma_0}\sin\alpha$$

因此有

$$\Delta W = \pi G' \beta \gamma_0^2 \tag{9.7.10}$$

可见，阻尼材料消耗的能量正比于复剪切弹性模量实部 G' 与损耗因子 β 的乘积，因此 G' 和 β 是衡量阻尼材料性能的主要指标。

对于自由阻尼层受拉压应力的情况，类似地可以用材料杨氏弹性模量的实部 E' 和损耗因子 η 作为性能指标。对于自由阻尼层结构，阻尼层与基板厚度比越大，则结构损耗因子也越大。但是厚度比的增加也有一定限度，超过限度再增大无益。当阻尼层与基板的弹性模量之比小于 10^{-2} 时，一般阻尼层厚度比取为 5 左右。大多数材料常温下在 30～500 Hz 频率范围内 η 接近于常数。金属材料 η 值的数量级为 10^{-5}～10^{-4}，木材为 10^{-3}～10^{-2}，软橡胶为 10^{-2}～10^{-1}，而黏弹性材料的 η 峰值一般可达 1～1.8，即为 10^0 数量级。

3. 阻尼材料性能曲线

黏弹性材料的剪切弹性模量 G' 和损耗因子 β 随温度、频率及应变幅值的变化而变化，但大多数阻尼结构的应变幅值较小，所以主要考虑温度和频率的影响。图 9.7.2 所示为某一频率下黏弹性阻尼材料性能随温度的变化曲线。由图可见，在三个不同温度区材料性能有明显差别。第Ⅰ区称为玻璃态，在此区内模量高而损耗因子比较小；第Ⅲ区称为橡胶态，此区内模量和损耗因子都不高。上述两个区域之间是过渡态，在过渡态范围中，材料模量急剧下降，而损耗因子达到最大值 $\beta_{\max}$，此时的温度称为玻璃态转变温度 T_g。

除最大损耗因子 $\beta_{\max}$ 以外，黏弹性材料还有另一个重要特性参数，即 β 达到 0.7 以上的温度宽度 $\Delta T_{0.7}$，表示材料适用的温度范围。在工程应用中有时需要选择尽可能大的 $\Delta T_{0.7}$，甚至比追求更大的 $\beta_{\max}$ 还重要。

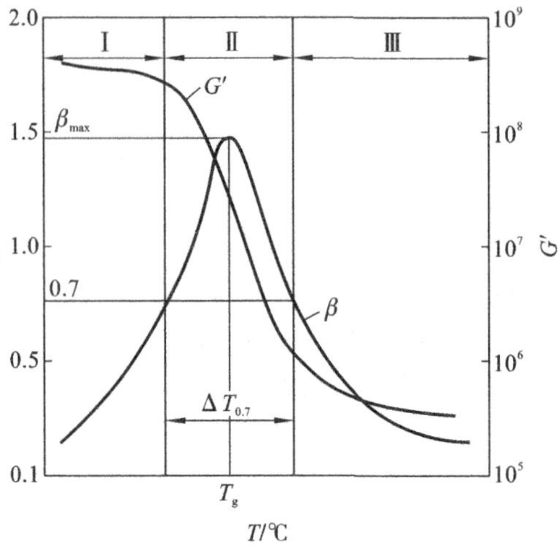

图 9.7.2　G'与β随温度的变化

除温度这个重要因素以外，其次是频率。在一定温度条件下，材料模量通常随频率提高而增大，损耗因子并不随频率单调变化，而是在某一频率时达到最大值。

对于大多数阻尼材料，温度与频率对性能的影响存在等效关系，高温相当于低频，低温相当于高频。因此可将温度和频率合为一个参数，称为当量频率 f_{aT}。对于某种阻尼材料，同时测量温度、频率及阻尼性能，就可画出综合反映温度与频率影响的阻尼材料性能总曲线图，也称为示性图，如图 9.7.3 所示。图中的纵坐标，左边是 $\lg G'$和 $\lg\beta$，右边是 $\lg f$（f 为实际工作频率），斜线坐标是测量温度，横坐标为 $\lg f_{aT}$（f_{aT}为当量频率）。例如求频率为 C、工作温度为 T_{-1}时的特性，只需在右边频率坐标上找出 C 点，作水平线与 T_{-1}斜线相交，由通过交点的垂直线，得到与 β 曲线和 G'曲线的交点 A 和 B，由这两点所对应的左边纵坐标上的 A'、B'值，即可求得 β 与 G'值。

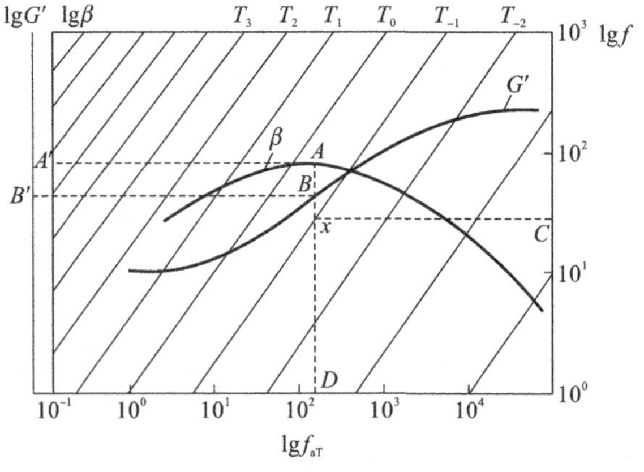

图 9.7.3　阻尼材料性能总曲线图

思 考 题

1. 如题图 9.1 所示，一个两端都简支的梁，尺寸 $L_X=500$ mm，$L_Y=40$ mm，$h_Z=4$ mm，密

度 $\rho=7800\ kg/m^3$，杨氏模量 $E=2\times10^{11}\ N/m^2$，试计算简支梁在不同控制策略、不同位置的控制作用下的声功率和振动能量。

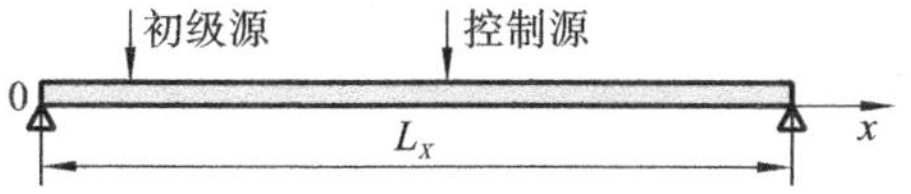

题图 9.1

2. 考虑一个平面声波入射到平板上，试设计一个采用点力主动控制以减少平板振动的方案。

主要参考文献

[1] 陈怀海，贺旭东. 振动及其控制[M]. 北京：国防工业出版社，2015.

[2] 朱石坚，何琳. 船舶机械振动控制[M]. 北京：国防工业出版社，2006.

[3] 张力，林建龙，项辉宇. 模态分析与实验[M]. 北京：清华大学出版社，2011.

[4] 陈端石，赵玫，周海亭. 动力机械振动与噪声学[M]. 上海：上海交通大学出版社，1996.

[5] 吕宽州. Vibration active control of smart structures[M]. 郑州：黄河水利出版社，2016.

[6] MEIROVITCH L. Fundamentals of vibrations[M]. Singapore：McGraw-Hill，2001.

[7] OGATA K. Modern control engineering[M]. 5th ed. New Jersey：Prentice-Hall，2010.

[8] SKOGESTAD S，POSTLETHWAITE I. Multivariable feedback control：analysis and design[M]. 2nd ed. New York：John Wiley & Sons，2005.

[9] GAWRONSKI W K. Advanced structural dynamics and active control of structures[M]. New York：Springer，2004.